编审委员会

高职高专规划教材

ZHUANGSHI ZHUANGXIU GONGCHENG SHIGONG

装饰装修工程施工

刘建伟　主编

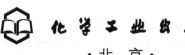

化学工业出版社

·北京·

本书依据高职高专建筑装饰工程技术专业教学基本要求编写而成，共九个单元，简要介绍了建筑装饰装修施工知识，包括概述、抹灰工程施工、吊顶工程施工、轻质隔墙与隔断工程施工、楼地面工程施工、裱糊工程施工、涂饰工程施工、门窗工程施工、细部工程施工等内容。

本书具有体系完备、结构新颖、语言精练、内容翔实、深入浅出、可操作性强、理论结合实际、适用面广等特点。

本书为高职高专建筑装饰工程技术等相关专业教材，也可作为成人教育土建类及相关专业的教材，还可作为建筑装饰企业岗位培训教材和有关人员的自学用书。

图书在版编目（CIP）数据

装饰装修工程施工/刘建伟主编. —北京：化学工业
出版社，2011.8（2024.2重印）
高职高专规划教材
ISBN 978-7-122-11973-5

Ⅰ．装… Ⅱ．刘… Ⅲ．建筑装饰-工程施工-高等
职业教育-教材 Ⅳ．TU767

中国版本图书馆 CIP 数据核字（2011）第 151654 号

责任编辑：李仙华 卓 丽 王文峡　　　　　　　文字编辑：吕佳丽
责任校对：吴 静　　　　　　　　　　　　　　装帧设计：尹琳琳

出版发行：化学工业出版社（北京市东城区青年湖南街 13 号　邮政编码 100011）
印　　装：北京建宏印刷有限公司
787mm×1092mm　1/16　印张 12¼　字数 291 千字　　2024 年 2 月北京第 1 版第 7 次印刷

购书咨询：010-64518888　　　　　　　售后服务：010-64518899
网　　址：http://www.cip.com.cn
凡购买本书，如有缺损质量问题，本社销售中心负责调换。

定　　价：39.00 元

前言

近 20 年来，随着国民经济的发展，我国城市化的速度和规模空前增长，城市建设、住宅区的建设速度与规模也是空前加大。我国建筑装饰装修行业作为一个重要的新兴行业，截至 2010 年总产值已经突破 2.1 万亿元，平均每年增长 15％左右，容纳了约 1400 万劳动力就业。

为了满足建筑装饰高等职业教育的需要，本书从专业教学特点出发，汲取了教育改革的成果和建筑装饰装修专业的教学经验，注重学生技术应用能力的培养，在保证构造理论系统性的基础上，精简内容，规范章节，突出课题方案的设计实训，采用现行最新规范、标准和规程，注重理论结合实际，图文并茂，施工工艺具有实用性。

本书由刘建伟主编，编写分工如下：单元一、三、六、八由刘建伟编写，单元二、四由金鹏编写，单元五、七、九由刘勇编写。

本书编写的过程中，参考了部分相关资料书籍，得到了天津市建筑工程职工大学魏鸿汉院长的大力帮助，得到了化学工业出版社编辑的大力支持，在此一并表示诚挚的感谢。

由于本书编者水平有限，不妥之处敬请广大师生和同仁批评指正。

本书提供有 PPT 电子教案，可发信到 cipedu@163.com 免费获取。

编者
2011 年 6 月

目 录

单元三　吊顶工程施工 —————— 26

单元四　轻质隔墙工程施工 —————— 50

单元五　楼地面工程施工——————————— 76

单元八　门窗工程施工 ——————————————— 140

单元九　细部工程施工 ——————————————— 169

概述

　　建筑装饰工程在建筑工程中的重要性；建筑装饰工程施工的特点；建筑外部装饰装修的作用；建筑内部装饰装修的作用。

教学目标

　　通过了解建筑装饰工程的基本知识，使学生对装饰工程所涉及的领域、施工的特点、装饰等级等有一个全面的认识。

　　通过全面理解建筑装饰工程在施工方面的基本规定以及住宅装饰工程在施工、防火安全、污染控制方面的基本要求，为学生以后学习各分项工程的施工及验收打下良好的基础。通过学习建筑装饰的施工顺序，使学生对整个教材的内容和知识点有一个基本了解。

课题一　建筑装饰工程的基本知识

一、什么是建筑装饰工程

　　随着经济建设的深入发展，人们对建筑的功能有了更高的要求，装饰的内容不断更新，装饰服务的对象越来越广，涉及的行业和学科领域也更加广泛，建筑装饰成为一个综合性很强、多学科相结合的边缘学科。

　　建筑装饰装修工程是建筑装饰工程和建筑装修工程的总称。装饰是指为满足人们的视觉要求，建筑师们遵循美学和实用的原则，创造出优美的空间环境，使人们的精神得到调节，思维得到延伸，身心得到平衡，智慧得以发挥，进而对建筑物主体结构加以保护所从事的某种加工和艺术处理；装修则是指在建筑物的主体结构完成之后，为满足其使用功能的要求而对建筑物所进行的装修与装饰。从完善建筑物的使用功能和提高现代建筑艺术的意义上看，建筑装饰与装修已构成不能截然分开的具有实体性的系统工程。

二、建筑装饰工程在建筑工程中的重要性

　　建筑装饰工程是现代建筑工程的有机组成部分，是现代建筑工程的延伸、深化和完善。它是为保护建筑物的主体结构、完善建筑物的使用功能和美化建筑物，采用装饰装修材料，对建筑物的内外表面及空间进行的各种处理过程。建筑工程分为地基与基础、主体结构、建筑装饰装修、建筑屋面、建筑给水排水及采暖、建筑电气、智能建筑、通风与空调系统、电

1

梯等分部工程。由此可见，建筑装饰工程属于建筑工程，是建筑工程非常重要的分部工程。目前，建筑装饰已经成为集产品、技术、文化、艺术、工程为一体的重要行业。研究施工技术的内在规律，掌握先进的施工方法和工艺，对保证建筑装饰工程质量，促进装饰行业健康发展有着重要的意义。

三、建筑装饰工程的划分

（一）按建筑装饰施工的项目划分

建筑装饰装修工程大致分为抹灰工程、吊顶工程、轻质隔墙工程、饰面工程、楼地面工程、涂饰工程、裱糊与软包工程、门窗工程、细部工程、幕墙工程等。

（二）按建筑装饰施工的部位划分

对室外而言，如外墙面、台阶、入口、门窗、屋顶、檐口、雨篷、建筑小品等都需要进行装饰。对室内而言，内墙面、顶棚、楼地面、隔断墙、楼梯以及与这些部位有关的灯具、家具陈设等也在装饰施工的范围之内。

四、建筑装饰工程施工的特点

（1）建筑装饰工程施工条例的建筑性；

（2）建筑装饰工程施工操作的规范性；

（3）建筑装饰工程施工态度的严谨性；

（4）建筑装饰工程施工管理的复杂性；

（5）建筑装饰工程使用功能与造价的同步性。

课题二　建筑装饰装修的作用、 等级及基本规定

一、建筑装饰装修的分类

建筑物按其装饰部位的不同分为外部装饰装修和内部装饰装修两大部分。

（一）建筑外部装饰装修

建筑物外部装饰装修部位包括外墙面、外墙门窗、阳台、勒脚、腰线、雨篷和散水坡等。外部装饰装修的作用首先是保护建筑物的主体结构，延长建筑物的使用寿命。主体结构经过装饰材料的包覆，直接避免了风吹、雨淋、湿气的侵蚀和有害气体的腐蚀，同时可以有效地增强建筑物的保温、隔热、隔声、防火和防潮的功能。外部装饰还是构成建筑艺术和优化环境、美化城市的重要手段。建筑物整体造型的优美，色彩的华丽或典雅，装饰材料或饰面层的质感、纹理，装饰线条与花纹、图案的巧妙处理，以及体形、尺度与比例的掌握等，无疑会使建筑物获得理想的艺术价值而富有永恒的魅力，成为城市建筑艺术的一个重要组成部分。

（二）建筑内部装饰装修

建筑物的内部装饰装修包括墙面、顶棚、楼地面、内门窗和楼梯等部位。内部装饰装修不仅有保护主体结构的作用，还可以起到改善室内的使用条件，美化空间，创造一个整洁、舒适的工作、生活环境的作用。内墙、顶棚经过装饰后，可以调节室内光线，增强室内的亮度。对于有音响效果要求的建筑，如影剧院、音乐厅、大型演播室等，通过装饰装修可以大大改善墙体和顶棚的声学功能。装饰材料选用得当，还可以改善室内的热工功能，进而实现建筑节能。楼地面的装饰，不仅保护了楼板，使地坪不受损坏，而且会使其强度、耐磨性提

高，光滑、平整程度、被污染后易清洁等性能也得到了满足。一些特殊的楼地面，如浴室、卫生间、厨房和车间等，通过装饰装修还可以满足防渗、防水、防静电以及耐油、耐酸碱腐蚀等要求。

二、建筑装饰装修等级

建筑物装饰装修等级大体上划分为一级、二级和三级三个等级。各级相应的主要建筑见表 1-1。

表 1-1　各级相应的主要建筑

装饰等级	建筑物类型
一级	高级宾馆、别墅、纪念性建筑物、交通与体育建筑、一级行政机关办公楼、高级商场等
二级	科研建筑、交通与体育建筑、广播通信建筑、医疗建筑、商业建筑、旅馆建筑、中小学、幼托建筑、局级以上的行政办公大楼等
三级	生活服务性建筑、普通行政大楼、普通居民住宅建筑等

三、建筑装饰装修工程的基本条件

为确保装饰装修工程施工能顺利地进行，装饰装修施工质量达到设计的要求，装饰装修施工必须具备以下条件。

建筑物主体结构工程业已完成，屋面封顶后不渗漏，经过检查、验收合格，装饰施工时不受雨水的影响。建筑物的维护墙、室内隔墙已砌筑完毕，主体结构施工时的各预留孔洞也已经处理并验收合格。门窗框已安装完毕，经校正各排门窗框的平面、立面及各框垂度偏差都在规定的安装偏差以内。给水、排水、电气系统，采暖、通风、空调系统等暗线或管道系统已经安装完毕，所有的管道接口、暗线接头已经预埋好，隐蔽设备管道的打压试验已验收完毕且合格，未留隐患。建筑装饰装修设计方案经过优选、论证、审核、批准，业已定案。装饰材料按装饰装修设计方案要求已经落实了品种、规格、生产厂家、供货方式和供货日期，并已部分到位入库，不会影响施工，施工过程不会造成停工待料。装饰装修施工时所用的机械设备，手持电、气动机具已运至现场，经安装、调试、试运转正常，可以随时投入施工使用。各项装饰装修施工作业层的操作技术和工艺已向操作人员进行了交底，包括口头的、书面的和实物类的各种形式。

四、住宅装饰工程在施工方面的基本规定

施工前应进行设计交底工作，并应对施工现场进行核查，了解物业管理的有关规定。各工序、各分项工程应进行自检、互检及交接检。施工中，严禁损坏房屋原有绝热设施，严禁损坏受力钢筋，严禁超荷载集中堆放物品，严禁在预制混凝土空心楼板上打孔安装埋件。施工中，严禁擅自改动建筑主体、承重结构或改变房间的主要使用功能；严禁擅自拆改燃气、暖气、通信等配套设施。

管道、设备工程的安装及调试，应在建筑装饰装修工程施工前完成；必须同步进行时，应在饰面层施工前完成。装饰装修工程不得影响管道、设备的使用和维修。涉及燃气管道的装饰装修工程必须符合有关安全管理的规定。施工人员应遵守有关施工安全、劳动保护、防火、防毒的法律法规。

五、施工现场用电规定

施工现场用电应从户表接出以后设立临时施工用电系统。安装、维修或拆除临时施工用电系统，应由电工完成。临时施工供电开关箱中应当装设漏电保护器。进入开关箱的电源

线，不得使用插销连接。临时用电线路应避开易燃、易爆物品堆放地。暂停施工时应切断电源。

六、施工现场用水规定

不得在未做防水的地面蓄水。临时用水管不得有破损、滴漏。暂停施工时应切断水源。

七、文明施工和现场环境要求

施工人员应衣着整齐。施工人员应服从物业管理或治安保卫人员的监督、管理。应控制粉尘、污染物、噪声、振动对相邻居民、居民区和城市环境的污染及危害。施工堆料不得占用楼道内的公共空间，不得封堵紧急出口。室外的堆料应当遵守物业管理的规定，避开公共信道、绿化地等市政公用设施。

不得堵塞、破坏上下水管道、垃圾道等公共设施，不得损坏楼内各种公共标识。工程垃圾宜密封包装，并堆放在指定的垃圾堆放地。工程验收前应将施工现场清理干净。

八、建筑装饰施工的顺序

（1）自上而下的流水顺序；
（2）自下而上的流水顺序；
（3）室内装饰与室外装饰施工的先后顺序；
（4）室内装饰工程各分项工程的顺序；
（5）顶棚墙面与地面装饰工程的施工顺序。

小　　结

本章应了解建筑装饰工程在建筑工程中的重要性，建筑装饰工程施工的特点，建筑外部装饰装修的作用，建筑内部装饰装修的作用。

通过了解建筑装饰工程的基本知识，使学生对装饰工程所涉及的领域、施工的特点、装饰等级等有一个全面的认识。

通过全面理解建筑装饰工程在施工方面的基本规定，以及住宅装饰工程在施工、防火安全、污染控制方面的基本要求，为学生以后学习各分项工程的施工及验收打下良好的基础。

能力训练题

一、填空题

1. 建筑装饰装修工程是_____和_____的总称。
2. 建筑装饰工程是现代建筑工程的_____，是现代建筑工程的_____。
3. 建筑装饰装修工程大致分为_____、吊顶工程、轻质隔墙工程、_____、_____、涂饰工程、裱糊与_____、细部工程、_____等。
4. 对室外而言，如外墙面、_____、屋顶、檐口、雨篷、_____等都需要进行装饰。
5. 建筑物按其装饰部位的不同分为_____和_____两大部分。
6. 建筑物的内部装饰装修包括_____等部位。
7. 施工现场用电应从户表接出以后设立_____。
8. 施工人员应衣着整齐。施工人员应服从_____或_____人员的_____。应控制_____对相邻居民、居民区和_____的污染及危害。
9. 从完善建筑物的_____和提高现代建筑艺术的_____上看，建筑装饰与装修已构成不能截然分开的具有_____的系统工程。
10. 建筑装饰工程属于_____，是建筑工程非常重要的_____。

二、选择题

1. 研究施工技术的内在规律，掌握先进的（　　），对保证建筑装饰工程质量，促进装饰行业健康发展有着重要的意义。

    A. 施工方法和工艺　　　　B. 施工技术和工艺　　　　C. 施工方法和管理

    D. 施工管理和工艺

2. 对室内而言，内墙面、顶棚、楼地面、隔断墙、楼梯以及与这些部位有关的（　　）等也在装饰施工的范围之内。

    A. 上水、下水　　　　B. 强电、弱电　　　　C. 灯具、洁具　　　　D. 灯具、家具陈设

3. 外部装饰装修的作用首先是保护建筑物的（　　），延长建筑物的使用寿命。

    A. 外部结构　　　　B. 主体结构　　　　C. 外部风格　　　　D. 外部材料

4. 外部装饰是构成建筑艺术、优化环境和（　　）的重要手段。

    A. 美化城市　　　　B. 优化城市　　　　C. 绿色城市　　　　D. 绿色生活

5. 内部装饰装修同样有保护主体结构的作用，还可以起到改善室内的（　　），美化空间，创造一个整洁、舒适的工作、生活环境的作用。

    A. 生活条件　　　　B. 居住条件　　　　C. 主体结构　　　　D. 使用条件

6. 建筑物装饰装修等级大体上划分为（　　）个等级。

    A. 四　　　　　　B. 三　　　　　　C. 五　　　　　　D. 七

7. 下列不是建筑工程的内容是（　　）。

    A. 地基与基础、主体结构　　　　　　　　B. 建筑装饰装修、建筑屋面

    C. 建筑给水排水及采暖　　　　　　　　　D. 施工工艺、施工管理

8. 下列不是建筑装饰工程施工的特点是（　　）。

    A. 建筑施工的艺术性　　　　　　　　　　B. 建筑装饰工程施工条例的建筑性

    C. 建筑装饰工程施工操作的规范性　　　　D. 建筑装饰工程施工态度的严谨性

9. （　　）经过装饰后，可以调节室内光线，增强室内的亮度。

    A. 地面　　　　B. 窗户　　　　C. 入户门　　　　D. 内墙、顶棚

10. 施工前应进行设计交底工作，并应对施工现场进行核查，了解（　　）的有关规定。

    A. 甲方　　　　B. 业主　　　　C. 乙方　　　　D. 物业管理

三、简答题

1. 简述建筑装饰施工的项目划分。

2. 简述建筑装饰施工的部位划分。

3. 简述建筑装饰工程施工的特点。

4. 简述建筑装饰装修等级。

5. 简述施工现场用水应符合的规定。

6. 简述建筑装饰施工的顺序。

单元二

抹灰工程施工

课题一　抹灰工程的分类和分层

　　抹灰工程是用灰浆涂抹在房屋建筑的墙、地、顶棚表面上的一种传统做法的装饰工程。我国有些地区把它习惯地称为"粉饰"或"粉刷"。随着国民经济水平的提高和科学技术的发展，抹灰工程促进了建筑业的发展。新材料、新技术、新工艺和新设备的不断出现，中、高级装饰建筑日益增多，使抹灰工程逐渐走向专业化。

一、抹灰工程的分类

　　抹灰的形式和种类繁多。按抹灰作用不同可分为：内墙抹灰、外墙抹灰和装饰抹灰等；按施工程度不同可分为：一般抹灰和精细抹灰等；按抹灰质量要求不同可分为：普通抹灰、中级抹灰和高级抹灰等；按抹灰构成材质不同可分为：石灰黏土灰抹灰、石灰砂浆抹灰、水泥混合砂浆抹灰、聚合物水泥砂浆抹灰、纸筋灰或麻刀灰抹灰、膨胀珍珠岩水泥砂浆抹灰、石膏灰抹灰等；按照抹灰分层不同可分为：基层抹灰、中层抹灰和罩面层抹灰等。在抹灰装饰工程施工中，要对各种抹灰分别进行介绍，以期能全方位了解抹灰的各种功用。一般抹灰示意图如图 2-1 所示。

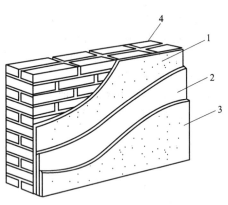

图 2-1　一般抹灰示意图

1—底层；2—中层；3—面层；4—基础墙

　　（一）按抹灰作用分类

　　1. 内墙抹灰

　　内墙抹灰是指将石灰、石膏、水泥砂浆及水泥石灰混合砂浆等无机胶凝材料涂抹在墙面上进行装饰的一种施工方法。通常把位于室内各部位的抹灰称为内墙抹灰，如楼地面、顶棚、墙裙、踢脚线、内楼梯等。

内墙抹灰主要有两种：内墙一般抹灰和内墙装饰抹灰。内墙一般抹灰包括内墙面、墙裙、踢脚线等平面抹灰；内墙装饰抹灰主要有拉毛、拉条和扫毛等。内墙装饰抹灰比内墙一般抹灰更富于装饰效果。

建筑物内墙经过抹灰处理后，墙面光滑平整，线脚匀称垂直，干净美观，不仅能有效地改善采光条件，同时增强了墙面的隔声、隔热、防潮等功能，并且能使建筑物防腐蚀，更能防止辐射线，保护居住使用者，给人们提供更舒适的生活和工作环境。

2. 外墙抹灰

外墙抹灰主要是保护外墙身不受风、雨、雪的侵蚀，提高墙面防潮、防风化、隔热的能力，提高墙身的耐久性，也是对各种建筑表面进行艺术处理的措施之一。

外墙抹灰主要有两种：外墙一般抹灰和外墙装饰抹灰。外墙一般抹灰包括外墙面基层抹灰、外墙面找平抹灰等平面抹灰；外墙装饰抹灰主要有拉条、分割和造型等。

建筑物外墙抹灰更重要的是凸显抹灰的功用性，即加强建筑物本身的强度，提高建筑物本身的使用寿命，配合装饰涂料达到美化环境的目的。随着都市的发展、高层建筑的林立，尤其是高层居住空间的需求，对于外墙抹灰的技术要求也是越来越严格，对于外墙的装饰性也提出了更高的要求。

3. 装饰抹灰

装饰抹灰是指使用水泥、石灰砂浆等抹灰的基本材料，利用不同的施工操作方法将其直接做成饰面层。装饰抹灰实际上是融合于内墙抹灰和外墙抹灰的一种抹灰施工。之所以将它独立作为一种分类，是因为装饰抹灰更偏重于装饰性。装饰抹灰面层的厚度、色彩和图案形式，应符合设计要求，并应施工于已经硬化、粗糙且平整的中层灰浆面上。

由于装饰抹灰不论从施工工艺上，还是施工环境上都有严格要求，因此多用于音响效果要求较高的场所，如电影院、剧院、图书馆、会议室、宾馆和礼堂等，其具有明显的降噪吸声特性。

（二）按施工程度不同分类

1. 一般抹灰

一般抹灰所使用的材料为石灰砂浆、混合砂浆、聚合物水泥砂浆以及麻刀灰、纸筋灰、石膏灰等。其施工工艺要求精度相对较低，多作为装饰施工基础。一般抹灰按质量要求分为普通抹灰、中级抹灰和高级抹灰三级；按部位分为墙面抹灰、顶棚抹灰和地面抹灰等。

2. 精细抹灰

精细抹灰区别于一般抹灰，为抹灰施工的精细施工。精细抹灰一般附着于基层抹灰之上，其施工工艺要求精度相对较高，其抹灰的材料组成相对精细，其施工效果相对精准，多作为装饰效果显露。

（三）按抹灰质量要求不同分类

1. 普通抹灰

通常规定普通抹灰厚度不大于 18mm，且要求表面光滑、洁净，接槎平整。

2. 中级抹灰

通常规定中级抹灰厚度不大于 20mm，且要求表面光滑、洁净、接槎平整，线角顺直清晰。

3. 高级抹灰

通常规定高级抹灰厚度不大于 25mm，且要求表面光滑、洁净、颜色均匀，无抹纹，线角和灰线平直方正，清晰美观。

（四）按抹灰构成材质不同分类

此分类最为庞杂，一般直接将不同材料构成的抹灰料进行分类。这种分类一是便于区分抹灰材料的特性，同时也可以帮助深入地了解不同材料的施工工艺。

（五）按照抹灰分层不同分类

1. 基层抹灰

基层抹灰直接接触建筑物表面，主要对建筑物的物面进行初步找平，作为后续抹灰的基础层。

2. 中层抹灰

中层抹灰是在基层抹灰的基础上，对建筑物表面进行精细找平，又称为找平层。

3. 罩面层抹灰

罩面层抹灰又称为面层抹灰，包括麻刀灰面层、纸筋灰面层、石灰砂浆面层、水泥砂浆面层或石膏面层等。早期的建筑内墙装饰，大部分直接以罩面层抹灰为墙面装饰。随着时代的发展，罩面层抹灰装饰性也发生变化，多作为基层，施以涂料、壁纸进行装饰，也有根据风格直接进行装饰的，其装饰特点往往更为古朴。

抹灰工程分类按照其不同的划分标准有着不同的分类内容，同时随着时代的发展，新兴科技的不断创新，也不断发生着变化。

二、抹灰工程的分层

抹灰工程施工在某些结构构件上（如顶棚、墙面等）进行抹灰，必须分层进行，其原因主要有以下几方面。

（1）抹灰层往往分为不同构造层次，一般分为底层、中层及面层等。底层主要是起物面初步找平作用；中层主要是使物面的表面平整；面层则是起艺术装饰作用。各层的作用不同，则所用材料及其配合比也不相同，不相同的抹灰材料理所当然要分层进行涂抹。

（2）即使抹灰层的各层材料相同，也不能一次抹上去，一次抹成操作困难，不易压实与干燥。灰层干燥不透彻，往往影响其黏结力，而且越厚的抹灰层本身自重就越大。当抹灰层的自重超过抹灰层与物面的黏结力时，抹灰层就会掉落下来。

（3）若分层抹灰，每层抹灰不仅自重小，而且能充分干燥，从而达到抹灰层与物面及各抹灰层之间的黏结力足够使抹灰层不会掉下来。

（4）抹灰砂浆如掺有石灰膏等气硬材料时，由于石灰膏在气化时需要吸收空气中的二氧化碳，而二氧化碳在空气中含量又少，使石灰膏的化学反应进行缓慢，尤其是抹灰层深处，长时间不能结硬，为了加快石灰膏气化，使每层抹灰层薄一些，即将抹灰层分成若干分层来涂抹。而且各抹灰分层之间有一定施工间歇，使各层有充分硬化的环境条件。

课题二 抹灰工程的施工工艺

一、抹灰工程材料与机具要求

（一）材料要求

1. 水泥

宜采用普通硅酸盐水泥，也可采用矿渣硅酸盐水泥、火山灰质硅酸盐水泥、粉煤灰硅酸盐水泥及复合硅酸盐水泥。水泥宜采用325标号以上颜色一致、同一批号、同一品种、同一强度等级、同一厂家生产的产品。水泥进厂需对产品名称、代号、净含量、强度等级、生产许可证编号、生产地址、出厂编号、执行标准、日期等进行外观检查，同时验收合格证。

2. 砂

宜采用平均粒径 0.35～0.5mm 的中砂，在使用前应根据使用要求过筛，筛好后保持洁净。

3. 磨细石灰粉

其细度过 0.125mm 的方孔筛，累计筛余量不大于 13%，使用前用水浸泡使其充分熟化，熟化时间最少不小于 3d。浸泡方法：提前备好大容器，均匀地往容器中撒一层生石灰粉，浇一层水，然后再撒一层，再浇一层水，依次进行，当达到容器的 2/3 时，将容器内放满水，使之熟化。

4. 石灰膏

石灰膏与水调和后具有凝固时间快，并在空气中硬化，硬化时体积收缩的特性。用块状生石灰淋制时，用筛网过滤，贮存在沉淀池中，使其充分熟化。熟化时间常温一般不少于 15d，用于罩面灰时不少于 30d，使用时石灰膏内不得含有未熟化的颗粒和其他杂质。在沉淀池中的石灰膏要加以保护，防止其干燥、冻结和污染。

5. 纸筋

采用白纸筋或草纸筋施工时，使用前要用水浸透（时间不少于三周），并将其捣烂成糊状，并要求洁净、细腻。用于罩面时宜用机械碾磨细腻，也可制成纸浆。要求稻草、麦秆应坚韧、干燥、不含杂质，其长度不得大于 30mm，稻草、麦秆应经石灰浆浸泡处理。

6. 麻刀

必须柔韧干燥，不含杂质，行缝长度一般为 10～30mm，用前 4～5d 敲打松散并用石灰膏调好，也可采用合成纤维。

（二）主要机具

麻刀机、砂浆搅拌机、纸筋灰拌和机、窄手推车、铁锹、筛子、水桶（大小）、灰槽、灰勺、刮杠（大 2.5m，中 1.5m）、靠尺板（2m）、线坠、钢卷尺（标❶、验❷）、方尺（标❶、验❷）托灰板、铁抹子、木抹子、塑料抹子、八字靠尺、方口尺（标❶、验❷）、阴阳角抹子、长舌铁抹子、金属水平尺（标❶、验❷）、软水管、长毛刷、鸡腿刷、钢丝刷、茅草帚、喷壶、小线、钻子（尖、扁）、粉线袋、铁锤、钳子、钉子、托线板等。主要机具如图 2-2 所示。

（三）作业条件

（1）主体结构必须经过相关单位（建筑单位、施工单位、质量监理、设计单位）检验合格。

（2）抹灰前应检查门窗框安装位置是否正确，需埋设的接线盒、电箱、管线、管道套管是否固定牢固。连接处缝隙应用 1:3 水泥砂浆或 1:1:6 水泥混合砂浆分层嵌塞密实。若缝隙较大时，应在砂浆中掺少量麻刀嵌塞，将其填塞密实，并用塑料贴膜或铁皮将门窗框加以保护。

---

❶ 标：指检验合格后进行的标识。

❷ 验：指量具在使用前应进行检验合格。

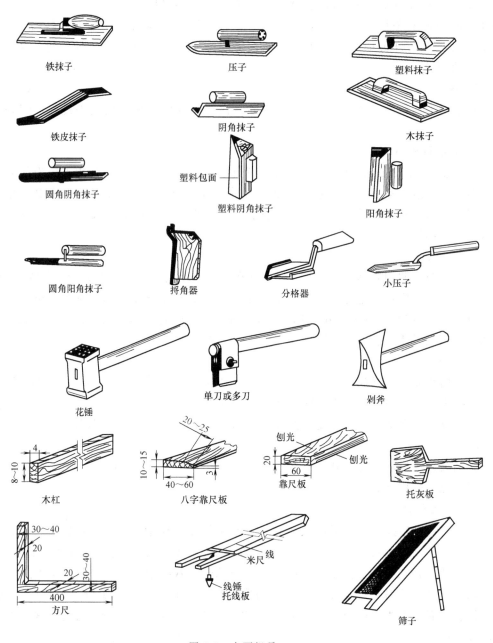

图 2-2　主要机具

（3）将混凝土过梁、梁垫、圈梁、混凝土柱、梁等表面凸出部分剔平，将蜂窝、麻面、露筋、疏松部分剔到实处，并刷胶黏性素水泥浆或界面剂。然后用 1：3 的水泥砂浆分层抹平。脚手眼和废弃的孔洞应堵严，外露钢筋头、铅丝头及木头等要剔除，窗台砖补齐，墙与楼板、梁底等交接处应用斜砖砌严补齐。

（4）配电箱（柜）、消火栓（柜）以及卧在墙内的箱（柜）等背面露明部分应加钉钢丝网固定好，涂刷一层胶黏性素水泥浆或界面剂，钢丝网与最小边搭接尺寸不应小于 10cm。窗帘盒、通风篦子、吊柜、吊扇等埋件，螺栓位置，标高应准确牢固，且防腐、防锈工作完毕。

（5）对抹灰基层表面的油渍、灰尘、污垢等应清除干净，对抹灰墙面结构应提前浇水均匀湿透。

（6）抹灰前屋面防水及上一层地面最好已完成，如没完成防水及上一层地面需进行抹灰时，必须有防水措施。

（7）抹灰前应熟悉图纸、设计说明及其他设计文件，制定方案，做好样板间，经检验达到要求标准后方可正式施工。

（8）抹灰前应先搭好脚手架或准备好高马凳，架子应离开墙面20~25cm，便于操作。

（9）抹灰工程的环境温度不应低于5℃，当必须在低于5℃的气温下施工时，应有保证工程质量的有效措施。

二、内墙抹灰操作工艺

（一）工艺流程

用于外墙修整时，应清除空鼓墙皮，使用切割锯，不准用铁锤剔凿。清理基层→洒水润湿（结合层TG胶）→灰饼→冲筋→抹底子灰→抹中间层及罩面灰。

（二）施工方法及技术措施

（1）根据基层的平整程度，先进行吊直垂线找规矩，经检验后确定抹灰厚度，墙面度太大处要分层打底，每层不超过10mm。

（2）用线锤、方尺及拉通线等方法贴灰饼，先在1.8m处做上灰饼，在踢脚板上口做下灰饼，用靠尺找垂直，灰饼水平距离1.2~1.5m，然后冲筋，冲筋根数根据房间尺寸来定，筋宽50mm。

（3）在墙面润湿的情况下，随抹砂浆打底，用大杠刮平找直，用木抹子搓平。待底子灰实干后抹罩面灰，用铁抹子压实抹光。

（4）墙体阳角处，要用1:2水泥砂浆做护角，护角向两侧的包裹长度大于50mm。

（三）施工工艺要求

（1）抹灰所用材料品种、质量必须符合设计要求和材料标准规定。

（2）各抹灰层之间必须粘接牢固，无脱层、空鼓，面层无爆灰和裂缝等缺陷。

（3）表面光滑、洁净，接槎平整，线条清晰、顺直。

（四）操作步骤

1. 基层处理、湿润

（1）检查门窗框与墙体连接处填嵌处理是否符合要求。混凝土结构和砌体结合处以及电线管、消火栓箱、配电箱背后钉好钢板网，接线盒固定堵严，并检查接线盒位置的高低。

（2）清扫基层上浮灰污物和油渍等。

（3）对于表面光滑的基体应进行毛化处理，混凝土表面应凿毛或在表面洒水润湿后涂刷界面剂（可采用1:1水泥浆加适量胶黏剂）。

（4）砖砌体墙面应充分湿润，使渗水深度达到8~10mm，抹灰时墙面不显浮水。

2. 找规矩、做灰饼、冲筋、四角规方、横线找平、立线垂直，弹出基准线和墙裙、踢脚板线。

不同抹灰施工流程对应的步骤不同，具体如下所述。

（1）普通抹灰

① 托线板检查基体平整、垂直度，根据检查结果决定抹灰厚度（最薄处一般不小于

7mm)。

② 在墙的上角各做一个标准灰饼（用打底砂浆或 1：3 水泥砂浆），遇有门窗洞口垛角处要补做灰饼，大小 50mm 见方，厚度以墙面平整垂直度决定。

③ 根据上面的两个灰饼用托线板或线坠挂垂线，做墙面下角两个标准灰饼（高低位置一般在踢脚线上口），厚度以垂线为准。

④ 用钉子钉在灰饼左右墙缝，然后挂通线，并根据通线位置每隔 1.2～1.5m 上下加做若干个标准灰饼。

⑤ 灰饼稍干后，在上下（或左右）灰饼之间抹上宽约 50mm 的与抹灰层相同的砂浆冲筋，用刮杠刮平，厚度与灰饼相平，稍干后可进行底层抹灰，如图 2-3 所示。

（2）高级抹灰

① 将房间一面墙做基线，用方尺规方即可。

② 如房间面积较大，应在地上弹出十字线，作为墙角抹灰准线，在离墙角约 100mm，用线坠吊直，在墙上弹一立线，再按房间规方地线（十字线）及墙面平整程度向里反线，弹出墙角抹灰准线，并在准线上下两端排好通线后做标准灰饼并冲筋。

3. 做护角

室内墙面、柱面的阳角和门洞口的阳角，如设计无规定时，一般应用 1：2

图 2-3　根据标块做标筋

水泥砂浆护角，护角高度不应低于 2m，每侧宽度不小于 50mm。

（1）将阳角用方尺规方，靠门窗框一边以框墙空隙为准，另一边以冲筋厚度为准，在地面划好基准线，根据抹灰层厚度粘稳靠尺板，并用托线板吊垂直。

（2）在靠尺板的另一边墙角分层抹护角的水泥砂浆，其外角与靠尺板外口平齐。

（3）一侧抹好后把靠尺板移到该侧用卡子稳住，并吊垂线调直靠尺板，将护角另一面水泥砂浆分层抹好。

（4）轻手取下靠尺板。待护角的棱角稍收水后，用钢皮抹子抹光、压实或用阳角抹子将护角捋顺直。

（5）在阳角两侧分别留出护角宽度尺寸，将多余的砂浆以 45°斜面切掉。

（6）对于特殊用途房间的墙（柱）阳角部位，其护角可按设计要求在抹灰层中埋设金属护角线。高级抹灰的阳角处理，亦可在抹灰面层镶贴硬质 PVC 特制装饰护角条。

4. 抹底层灰

底层的抹灰层强度不宜低于面层的抹灰层强度。水泥砂浆拌好后，应在初凝前用完，凡结硬砂浆不得继续使用。冲筋有一定的强度后，在两冲筋之间用力抹上底灰，用抹子压实搓毛。抹灰砂浆中使用掺合料应充分水化，防止影响黏结力。水泥砂浆抹灰每遍厚度宜为 5～7mm，水泥混合砂浆每遍厚度宜为 7～9mm。严格控制各层抹灰厚度，防止一次抹灰过厚，致使干缩增大，造成空鼓、干裂等质量问题。

（1）砖墙基层，墙面一般采用水泥混合砂浆抹底灰，抹完后用刮杠垂直刮找一遍，用木抹子搓毛。

（2）混凝土基层，宜先刷建筑胶素水泥浆一道，用水泥砂浆或水泥混合砂浆抹底层灰。分层与冲筋赶平，并用刮杠刮平整，木抹子搓毛。

（3）加气混凝土基层，应在湿润后刷界面剂，稍待片刻，抹水泥混合砂浆，刮杠刮平，木抹子搓毛，终凝后开始养护。

（4）金属网基层，宜用麻刀灰或玻璃纤维丝灰打底，并将灰浆挤入基层网孔内。

（5）平整光滑的混凝土基层抹灰，根据设计要求进行处理。

5. 抹中层灰

（1）中层灰应在底层灰干至6～7成后进行，抹灰厚度稍高于冲筋。

（2）中层灰做法基本与底层灰相同，加气混凝土中层灰宜用中砂。

（3）砂浆抹平后，用刮杠按冲筋刮平，并用木抹子搓压，使表面平整密实。

（4）在墙的阴角处用方尺上下核对方正，然后用阴角抹子上下拖动搓平，使室内四角方正。

6. 抹窗台板、踢脚线或墙裙

（1）窗台板采用1：3水泥砂浆抹底层，表面搓毛，隔1d后，刷素水泥浆一道，再用1：2.5水泥砂浆抹面层。面层宜用原浆压光，上口成小圆角，下口要求平直，不得有毛刺，凝结后洒水养护不少于4d。

（2）踢脚线或墙裙采用1：3水泥砂浆或水泥混合砂浆打底，1：2水泥砂浆抹面，厚度比墙面凸出5～8mm，并根据设计要求的高度弹出上口线，用八字靠尺靠在线上用铁抹子切齐并修整压光。

7. 抹面层灰（罩面灰）

从阴角开始，宜两人同时操作，一人在前面上灰，另一人紧跟在后面找平并用铁抹子压光。罩面时应由阴、阳角处开始，先竖向（或横向）薄薄刮一遍底，再横向（或竖向）抹第二遍。阴阳角处用阴阳角抹子捋光，墙面再用铁抹子压一遍，然后顺抹纹压光，并用毛刷蘸水将门窗等圆角处清理干净。

采用水泥砂浆面层时，须将底子灰表面扫毛或划出纹道。面层应注意接槎，表面压光不得少于两遍，罩面后次日洒水养护。面层灰抹完后，要派专人把预留孔洞、配电箱、槽、盒周边50mm宽的砂浆刮平，并清除干净，用大毛刷蘸水沿周边刷水湿润，然后用砂浆把洞口、箱、盒、槽周边压抹平整、光滑。

8. 清理、养护

抹灰工作完成后，应将粘在门窗框、墙面上的灰浆及落地灰及时清除，打扫干净。根据气温条件确定对抹灰面进行养护处理，防止砂浆产生干缩裂缝。

三、外墙抹灰操作工艺

（一）工艺流程

基层处理、湿润→找规矩、做灰饼、冲筋→抹底层灰→抹中层灰→弹分格线、嵌分格条→抹面层灰→起分格条、修整→做滴水线→养护。

（二）操作步骤

外墙抹灰施工应先上部，后下部，先檐口，再墙面（包括门窗周围、窗台、阳台、雨篷等）。大面积的外墙可分片同时施工。高层建筑垂直方向宜适当分段，如一次抹不完时，可在刚阳角交接处或分隔线处间断施工。

13

1. 基层处理、湿润

基层表面应清扫干净，混凝土墙面突出的地方要剔平刷净，蜂窝、凹洼、缺棱掉角处，应先刷一道建筑胶溶液，并用1:3水泥砂浆分层补平；加气混凝土墙面缺棱掉角和缝隙处，宜先刷一道掺水泥质量20%的建筑胶素水泥浆，再用水泥混合砂浆分层修补平整。

2. 找规矩、做灰饼、冲筋

（1）在墙面上部拉横线，做好上面两角灰饼，再用托线板按灰饼的厚度吊垂直线，做下边两角的灰饼。

（2）分别在上部两角及下部两角灰饼间横挂小线，每隔1.2～1.5m做出上下两排灰饼，然后冲筋。门窗口上沿、窗口及柱子均应拉通线，做好灰饼及相应的冲筋。

（3）高层建筑可按一定层数划分一个施工段，垂直方向控制用经纬仪或用线坠吊垂线，水平方向拉通线同一般做法。

3. 抹底层灰

宜采用水泥砂浆或混合砂浆打底，用刮杠垂直刮平，用木抹搓毛。

4. 抹中层灰

中层灰宜采用水泥砂浆或混合砂浆，分层与冲筋赶平，用刮杠垂直刮平，用木抹子搓毛。

5. 弹分格线、嵌分格条

中层灰达6～7成干时，根据尺寸用粉线包弹出分格线。分格条使用前用水浸透，分格条两侧用黏稠水泥浆（宜掺建筑胶）与墙面抹成45°角，横平竖直，接头平直。当天不抹面的"隔夜条"，两侧素水泥浆与墙面抹成60°的斜面。

6. 抹面层灰

抹面层灰前，应根据中层砂浆的干湿程度浇水湿润。面层抹灰厚度为5～8mm，应比分格条稍高。抹灰后，先用刮杠刮平，紧接着用木抹子搓平，再用钢抹子初步压一遍。稍干后，再用刮杠刮平，用木抹子搓磨出平整、粗糙均匀的表面。再用钢抹子由上往下顺抹，抹纹顺直，先压两遍，最后稍洒水压光。

7. 起分格条、修整

按施工方案需取出分格条的，当面层灰抹好后即可起分格条，并用素水泥浆把分格缝勾平整。若采用"隔夜条"的罩面层，则必须待面层砂浆达到适当强度后方可起分格条。

8. 做滴水线

外墙窗台、窗楣、雨篷、阳台压顶和突出腰线等，上面应做流水坡度，下面应做滴水线或滴水槽。抹灰时先抹立面，后抹顶面，再抹底面。顶面应抹出流水坡度，底面外沿边应做出滴水线槽。滴水线槽的做法：在底面距边口20mm处粘贴分格条，分格条为10mm×10mm，成活后取掉即成；或用分格器将这部分砂浆挖掉，用钢抹子修整。

9. 养护

面层抹光后视气候环境浇水养护。养护时间应根据气温条件而定，一般不应小于7d。

四、梁、柱、阳台细部抹灰操作要点

（一）压顶

压顶表面应平整光洁，棱角清晰，水平成线，抹灰前应拉水平线找齐，压顶表面流水坡向正确。

（二）梁

（1）找规矩　顺梁的方向弹出梁的中心线，根据弹好的线控制梁两侧面的抹灰厚度。

（2）挂线　梁底面两侧挂水平线，水平线由梁头往下 10mm 左右，视梁底水平高低情况，阳角规方，决定梁底抹灰厚度。

（3）做灰饼　灰饼可做在梁的两侧，且保持在一个立面上。

（4）抹灰　可采用反贴八字靠尺方法，先将靠尺板卡固在梁底面边口，抹梁的两个侧面；再在两侧面下口卡固八字靠尺，抹底面。其分层抹灰方法与抹混凝土顶棚相同。底侧面抹完，即用阳角抹子将阳角捋直压光。

（三）方柱

（1）弹线　独立的方柱，根据设计图样所标志的柱轴线，测量柱的几何尺寸和位置，在楼地面上弹出垂直两个方向的中心线，放出抹灰后柱子的边线。成排的方柱，应先根据柱子的间距找出各柱中心线，并在柱子的四个立面上弹中心线。

（2）做灰饼　在柱顶卡固短靠尺，用线坠往下垂吊，在四角距地坪和顶棚各 150mm 左右做灰饼。成排方柱，距顶棚 150mm 左右做灰饼，再以此灰饼为准，垂直挂线做下外边角的灰饼，然后上下拉水平通线做所有柱子正面上下两端灰饼，每个柱子正面上下共做四块灰饼。

（3）抹灰　先在侧面卡固八字靠尺、抹正反面，再把八字靠尺卡固正、反面，抹两侧面，抹灰要用刮杠刮平，木抹子搓平，第二天抹面层压光。

（四）圆柱

（1）独立圆柱找规矩，先检查垂直度，找出纵横两个方向的中心线，并在柱上弹纵横两个方向的四条中心线，按四面中心线，在地面上弹出圆柱的外切四边线。根据外切四边线确定抹灰后圆柱的直径，接此尺寸制作圆柱的抹灰套板，套板根据柱的直径大小按 1/4 或 1/2 圆周长制作，以方便施工操作为宜。

（2）圆柱做灰饼，可根据地面上放好的线，在柱的四面中心线处，先在下面做灰饼，然后挂线坠做柱上部四个灰饼。在上下灰饼挂线，中间每隔 1.2m 左右做几个灰饼，根据灰饼冲筋。

（3）圆柱抹灰分层做法与方柱相同，用刮杠随抹随找圆，随时用抹灰圆形套板核对。抹底层灰时，用底层圆形套板；抹面层灰时，应用圆形套板沿柱上下滑动，将抹灰层压抹成圆形，上下滑磨顺平。

（五）阳台

阳台抹灰要求各个阳台上下成垂直线，左右成水平线，进出一致，各个细部统一，颜色一致。抹灰前应将混凝土基层清扫干净并用水冲洗，用钢丝刷子将基层刷到露出混凝土新槎。

阳台抹灰找规矩的方法如下。

（1）由最上层阳台突出阳角及靠墙阴角往下挂垂线，找出上下各层阳台进出误差及左右垂直误差，以大多数阳台进出及左右边线为依据，误差小者可左右兼顾，误差大者应进行必要的处理。对各相邻阳台要拉水平通线，对于进出及高低差太大的应进行处理。

（2）根据找好的规矩，确定各部位大致抹灰厚度，再逐层逐个找好规矩，做灰饼抹灰。

15

五、装饰抹灰施工工艺

（一）拉毛抹灰与洒毛灰装饰抹灰施工工艺

（1）拉毛灰适用于有音响要求的厅堂及有装饰要求的内外墙面和顶棚抹灰。将底层用水湿透，抹上1:（0.05～0.3）:（0.5～1）水泥石灰罩面砂浆，再随即用硬棕刷或铁抹子进行拉毛。棕刷拉毛时，用刷蘸砂浆往墙上连续处置拍拉，拉出毛头。铁抹子拉毛时，则不蘸砂浆，只用抹子粘接在墙面随即抽回，要做到拉得快慢一致、均匀整齐、色泽一致、不露底，在一个平面上要一次成活，避免中断留槎。

（2）洒毛灰（又称撒云片）是用茅草小帚蘸1:1:4水泥石灰砂浆，由上往下洒在湿润的底层上，洒出的云朵须错乱多变、大小相称、空隙均匀，形成大小不一而有规律的毛面。亦可在未干的底层上刷上颜色，再不均匀地洒上罩面灰，并用抹子轻轻压平，使其部分地露出带色的底子灰，使洒出的云朵具有浮动感。

（二）装饰面层施工工艺

水刷石、干粘石、斩假石（剁斧石）、水磨石等室外抹灰饰面，用1:3水泥砂浆打底，养护1d后浇水湿润，然后做各种装饰面层。

（1）水刷石面层　先在底层上刮一道素水泥浆，随即抹1:（1.25～1.5）水泥石渣面层，石渣粒径为4～6mm。面层厚度为8mm。面层稍干后，用铁抹子压实拍平，再用刷子蘸水刷一遍后，再拍压一遍，重复2～3次，使石子在砂浆中转动到大面均匀朝外，等面层凝固到刷石子不掉时，用喷雾器由上往下均匀喷水冲洗，把表面水泥砂浆冲掉，露出石子粒径的1/3～1/2为止，最后用小水壶从上往下把表面残水泥浆冲洗干净即成。

（2）干粘石面层　在已抹好的底层上先抹1:（1.5～2）:（0.05～0.1）（水泥:砂子:107胶）的黏结砂浆，然后往黏结层上甩石渣（粒径宜为4mm，略加石屑），将石渣拍入黏结层1/3～1/2，拍平拍实。

（3）斩假石面层　先在底层上抹素水泥浆黏结层一道，随即抹1:1.25水泥石渣浆面层，石子粒径为2mm，养护2～3d后，用斧子将石层剁出各种条纹。

（4）水磨石　水磨石具有整体性好、耐磨不起灰、光滑美观、可根据设计要求支撑各种图案、装饰效果好等优点。按装饰效果可分为普通水磨石和美术水磨石，按施工方法分为预制和现浇两种。白色或浅色的水磨石面层应采用白水泥，深色的水磨石面层宜采用硅酸盐水泥或矿渣硅酸盐水泥，铜颜色的面层应使用同一批水泥，以保证面层色泽一致。水磨石面层所用的石粒应采用均匀、密实、磨面光亮，但硬度不太高的大理石、白云石、方解石加工而成，硬度过高的石英岩、长石、刚玉等不宜采用，石粒粒径规格习惯上用大八厘、中八厘、小八厘、米粒石来表示。颜料对水磨石面层的装饰效果有很大影响，应采用耐光、耐碱和着色力强的矿物质颜料，颜料的掺入量对面层的强度影响也很大，面层中颜料的掺入量宜为水泥质量的3%～6%。同时不得使用酸性颜料，因其与水泥中的水化产物起作用，使面层易产生变色、褪色现象。现浇水磨石施工时，在水泥砂浆底层上洒水湿润，刮水泥浆一层（厚1～1.5mm）作为黏结层，找平后按设计要求布置并固定分格嵌条（铜条、铝条、玻璃条），随后将不同色彩的水泥石子浆（水泥:石子=1:1.25）填入分格中，厚为8mm（比嵌条高出1～2mm），抹平压实。待罩面灰1～2d有一定强度后，用磨石机浇水开磨至光滑发亮为止。每次磨光后，用同色水泥浆填补砂眼，视环境温度不同每隔一定时间再磨第二遍、第三遍，要求磨光遍数不少于三遍，补浆两次，此即"二浆三磨"法。最后，有的工程还要求用草酸擦洗和进行打蜡。

（三）喷涂饰面、滚涂饰面、弹涂饰面等装饰抹灰施工工艺

1. 喷涂饰面

喷涂饰面是用喷枪将聚合物砂浆均匀地喷涂在底层上，此种砂浆由于掺入聚合物乳液因而具有良好的和易性及抗冻性，能提高装饰面层的表面强度与黏结强度。通过调整砂浆的稠度和喷射压力的大小，可喷成砂浆饱满、波纹起伏的"波面"，或表面不出浆而满布细碎颗粒的"粒状"，亦可在表面涂层上再喷以不同色调的砂浆点，形成"花点套色"。

2. 滚涂饰面

滚涂饰面是将带颜色的聚合物砂浆均匀地涂抹在底层上，随即用平面或带有拉毛、刻有花纹的橡胶、泡沫塑料滚子，滚出所需的图案和花纹。其分层做法为：

（1）10～13mm 厚水泥砂浆打底，木抹搓平；

（2）粘贴分格条（施工前再分格处先刮一层聚合物水泥浆，滚涂前将涂有聚合物胶水溶液的电工胶布贴上，等饰面砂浆收水后揭下胶布）；

（3）3mm 厚色浆罩面，随抹随用辊子滚出各种花纹；

（4）待面层干燥后，喷涂有机硅水溶液。

3. 弹涂饰面

彩色弹涂饰面是用电动弹力器将水泥色浆弹到墙面上，形成 1～3mm 左右的圆状色点。由于色浆一般由 2～3 种颜色组成，不同色点在墙面上相互交错、相互衬托，犹如水刷石、干粘石，亦可做成单色光面、细麻面、小拉毛拍平等多种形式。这种工艺可在墙面上做底灰，再做弹涂饰面，也可直接弹涂在基层平整的混凝土板、加气板、石膏板、水泥石棉板等板材上。其施工流程为：基层找平修正或做砂浆底灰→调配色浆刷底色→弹力器做头道色点→弹力器做二道色点→弹力器局部找匀→树脂罩面防护层。

六、冬期抹灰施工要点

（1）进行室内抹灰前，应将窗口封好，门窗口的边缝及脚手眼、孔洞等亦应堵好，施工洞口、运料口及楼梯间等处做好封闭保温。在进行室外施工前，应尽量利用外架搭设暖棚。

（2）施工环境温度不应低于 5℃。

（3）用临时热源（如火炉）供热时，应当随时检查抹灰层的湿度，及时洒水湿润，防止发生裂纹。

（4）抹灰工程所用的砂浆，应在正温度的室内或临时暖棚中拌制。砂浆使用时的温度，应在 5℃ 以上。

（5）砂浆抹灰层硬化初期不得受冻。抹灰工程完成后，在 7d 内室（棚）内温度不应低于 5℃。

七、成品保护

（1）抹灰时应保护好铝合金门窗框的保护膜，使之完整。

（2）要保护好墙上的预埋件，电线盒、槽、水暖设备等预留孔洞不得抹死。

（3）要注意保护好楼地面面层，不得在楼地面上直接拌灰。

八、安全环保措施

（1）脚手架搭设必须牢固，脚手板铺设不应有空隙、探头板，挡架高度必须满足操作要求。脚手架不得搭设在门窗、暖气片、洗脸池等非承重的器物上。阳台通廊部位抹灰，外侧必须挂设安全网。严禁踩踏脚手架的护身栏杆和阳台拦板进行操作。

（2）采用井字架、龙门架、外用电梯垂直运输材料时，卸料平台通道的两侧边安全防护必须齐全、牢固，吊盘（笼）内小推车必须加挡车掩，不得向井内探头张望。

（3）作业过程中遇有脚手架与建筑物之间拉接，未经主管同意，严禁拆除。

（4）室内抹灰采用高凳上铺脚手板时，宽度不得少于两块（500mm）脚手板，间距不得大于2m，移动高凳时上面不得站人，作业人员最多不得超过2人。高度超过2m时，应由专业架子工设脚手架。外墙抹灰采用吊篮时，其吊篮升降由专业架子工负责，非专业架子工不得擅自拆改或升降。遇有六级以上强风、大雨、大雾，应停止室外高空作业。

（5）脚手架上的工具、材料堆载不应集中，堆载不应超过200kg/m²。工具要搁置稳当，以防止掉落伤人。在两层脚手架上操作时，应尽量避免在同一垂直线上作业。施工人员必须戴安全帽。

（6）注意用电安全。临时用移动照明灯时，必须用不大于36V的安全电压。机械操作人员须持证上岗。非操作人员不得动用现场各种用电机械设备。严禁酒后作业和高血压患者上架作业。

（7）用斗车装运砂浆不宜过满，以免泼洒污染施工道路和施工现场。做到工完、料尽、场地清、垃圾分类堆放，并及时处理。

课题三　抹灰工程的质量验收

一、抹灰工程质量验收的一般规定

（1）本章适用于一般抹灰和装饰抹灰等分项工程的质量验收。

（2）抹灰工程验收时应检查下列文件和记录：

① 抹灰工程的施工图、设计说明及其他设计文件。

② 材料的产品合格证书、性能检测报告、进场验收记录和复验报告。

③ 隐蔽工程验收记录。

④ 施工记录。

（3）抹灰工程应对水泥的凝结时间和安定性进行复验。

（4）抹灰工程应对下列隐蔽工程项目进行验收：

① 抹灰总厚度大于或等于35mm时的加强措施。

② 不同材料基体交接处的加强措施。

（5）各分项工程的检验批应按下列规定划分：

① 相同材料、工艺和施工条件的室外抹灰工程每500～1000m²应划分为一个检验批，不足500m²也应划分为一个检验批。

② 相同材料、工艺和施工条件的室内抹灰工程每50个自然间（大面积房间和走廊按抹灰面积30m²为一间）应划分为一个检验批，不足50间也应划分为一个检验批。

（6）检查数量应符合下列规定：

① 室内每个检验批应至少抽查10%，并不得少于3间；不足3间时应全数检查。

② 室外每个检验批每100m²应至少抽查一处，每处不得小于10m²。

（7）外墙抹灰工程施工前应先安装钢木门窗框、护栏等，并应将墙上的施工孔洞堵塞密实。

（8）抹灰用的石灰膏的熟化期不应少于15d，罩面用的磨细石灰粉的熟化期不应少于3d。

（9）室内墙面、柱面和门洞口的阳角做法应符合设计要求。设计无要求时，应采用1：2水泥砂浆做暗护角，其高度不应低于2m，每侧宽度不应小于50mm。

（10）当要求抹灰层具有防水、防潮功能时，应采用防水砂浆。

（11）各种砂浆抹灰层，在凝结前应防止快干、水冲、撞击、振动和受冻，在凝结后应采取措施防止玷污和损坏。水泥砂浆抹灰层应在湿润条件下养护。

（12）外墙和顶棚的抹灰层与基层之间及各抹灰层之间必须粘接牢固。

二、一般抹灰工程

主要适用于石灰砂浆、水泥砂浆、水泥混合砂浆、聚合物水泥砂浆和麻刀石灰、纸筋石灰、石膏灰等一般抹灰工程的质量验收。一般抹灰工程分为普通抹灰、中级抹灰和高级抹灰，当设计无要求时，按普通抹灰验收。检验工具如图 2-4 所示。其主控项目及检验方法、一般项目及检验方法和允许偏差及检验方法见表 2-1～表 2-3。

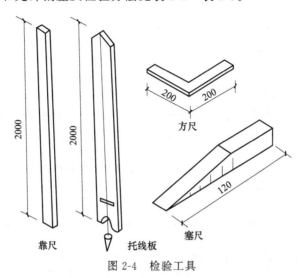

图 2-4　检验工具

表 2-1　一般抹灰工程主控项目及检验方法

项次	项目内容	检验方法
1	抹灰前基层表面的尘土、污垢、油渍等应清除干净，并应洒水润湿	检查施工记录
2	一般抹灰所用材料的品种和性能应符合设计要求。水泥的凝结时间和安定性复验应合格。砂浆的配合比应符合设计要求	检查产品合格证书、进场验收记录、复验报告和施工记录
3	抹灰工程应分层进行。当抹灰总厚度大于或等于 35mm 时，应采取加强措施。不同材料基体交接处表面的抹灰，应采取防止开裂的加强措施，当采用加强网时，加强网与各基体的搭接宽度不应小于 100mm	检查隐蔽工程验收记录和施工记录
4	抹灰层与基层之间及各抹灰层之间必须粘接牢固，抹灰层应无脱层、空鼓，面层应无爆灰和裂缝	观察；用小锤轻击检查；检查施工记录

表 2-2　一般抹灰工程一般项目及检验方法

项次	项目内容	检验方法
1	普通抹灰表面应光滑、洁净、接槎平整，分格缝应清晰。高级抹灰表面应光滑、洁净、颜色均匀、无抹纹，分格缝和灰线应清晰美观	观察；手摸检查
2	护角、孔洞、槽、盒周围的抹灰表面应整齐、光滑；管道后面的抹灰表面应平整	观察
3	抹灰层的总厚度应符合设计要求；水泥砂浆不得抹在石灰砂浆层上；罩面石膏灰不得抹在水泥砂浆层上	检查施工记录
4	抹灰分格缝的设置应符合设计要求，宽度和深度应均匀，表面应光滑，棱角应整齐	观察；尺量检查
5	有排水要求的部位应做滴水线（槽）。滴水线（槽）应整齐顺直，滴水线应内高外低，滴水槽的宽度和深度均不应小于 10mm	观察；尺量检查

表 2-3　一般抹灰的允许偏差及检验方法

项次	项　目	允许偏差/mm		检 验 方 法
		普通抹灰	高级抹灰	
1	立面垂直度	4	3	用 2m 垂直检测尺检查
2	表面平整度	4	3	用 2m 靠尺和塞尺检查
3	阴阳角方正	4	3	用直角检测尺检查
4	分格条(缝)直线度	4	3	拉 5m 线,不足 5m 拉通线,用钢直尺检查
5	墙裙、勒脚上口直线度	4	3	拉 5m 线,不足 5m 拉通线,用钢直尺检查

注：1. 普通抹灰,本表第 3 项阴角方正可不检查。
　　2. 顶棚抹灰,本表第 2 项表面平整度可不检查,但应平顺。

三、装饰抹灰工程

主要适用于面层为水刷石、水磨石、斩假石、干粘石、假面砖、拉条灰、拉毛灰、洒毛灰、喷砂、喷涂、滚涂、弹涂、仿石和彩色抹灰等施工的质量验收。其主控项目及检验方法、一般项目及检验方法和允许偏差及检验方法见表 2-4～表 2-6。

表 2-4　装饰抹灰工程主控项目及检验方法

项次	项 目 内 容	检 验 方 法
1	抹灰前基层表面的尘土、污垢、油渍等应清除干净,并应洒水润湿	检查施工记录
2	装饰抹灰工程所用材料的品种和性能应符合设计要求。水泥的凝结时间和安定性复验应合格。砂浆的配合比应符合设计要求	检查产品合格证书、进场验收记录、复验报告和施工记录
3	抹灰工程应分层进行。当抹灰总厚度大于或等于 35mm 时,应采取加强措施。不同材料基体交接处表面的抹灰,应采取防止开裂的加强措施,当采用加强网时,加强网与各基体的搭接宽度不应小于 100mm	检查隐蔽工程验收记录和施工记录
4	各抹灰层之间及抹灰层与基体之间必须粘接牢固,抹灰层应无脱层、空鼓和裂缝	观察;用小锤轻击检查;检查施工记录

表 2-5　装饰抹灰工程一般项目及检验方法

项次	项 目 内 容	检 验 方 法
1	(1)水刷石表面应石粒清晰、分布均匀、紧密平整、色泽一致,应无掉粒和接槎痕迹。 (2)干粘石表面应色泽一致、不露浆、不露胶,石粒应粘接牢固、分布均匀,阳角处无明显黑边 (3)斩假石表面剁纹应均匀顺直、深浅一致,应无漏剁处,阳角处应横剁并留出宽窄一致的不剁边条,棱角应无损坏 (4)假面砖表面应平整、沟纹清晰、留缝整齐、色泽一致,应无掉角、脱皮、起砂等缺陷	观察;手摸检查
2	装饰抹灰分格条(缝)的设置应符合设计要求,宽度和深度应均匀,表面应平整光滑,棱角应整齐	观察
3	有排水要求的部位应做滴水线(槽)。滴水线(槽)应整齐顺直,滴水线应内高外低,滴水槽的宽度和深度均不应小于 10mm 检验方法:观察;尺量检查	观察;尺量检查

表 2-6　装饰抹灰的允许偏差及检验方法

项次	项　目	允许偏差/mm				检 验 方 法
		水刷石	斩假石	干粘石	假面砖	
1	立面垂直度	5	4	5	5	用 2m 垂直检测尺检查
2	表面平整度	3	3	5	4	用 2m 靠尺和塞尺检查
3	阳角方正	3	3	4	4	用直角检测尺检查
4	分格条（缝）直线度	3	3	3	3	拉 5m 线,不足 5m 拉通线,用钢直尺检查
5	墙裙、勒脚上口直线度	3	3	—	—	拉 5m 线,不足 5m 拉通线,用钢直尺检查

课题四　实训——墙面抹灰案例分析

一、任务——完成一内墙面的抹灰工程施工

本工艺标准适用工业与民用建筑的水泥砂浆、水泥混合砂浆等墙面一般抹灰。当设计无具体要求时，内墙墙面采用水泥混合砂浆，并且按普通抹灰施工和验收。

二、施工准备

（一）主要材料和机具

（1）水泥　325 标号及以上硅酸盐水泥或普通硅酸盐水泥，颜色一致，宜采用同一批号的水泥，严禁不同品种的水泥混用。水泥进场后应对水泥的凝结时间和安定性进行复验。

（2）平均粒径 0.35～0.5mm 的中砂　砂颗粒要求坚硬洁净，不得含有黏土、草根、树叶、碱质及其他有机物等有害物质。砂在使用前应根据使用要求过不同孔径的筛子，筛好备用。

（3）石灰膏　应用块状生石灰淋制时使用的筛子，其孔径不大于 3mm×3mm，并应用贮存在沉淀池中。熟化时间，常温一般不少于 15d；用于罩面时间不应少于 30d，使用时石灰膏内不应含有未熟化颗粒和其他杂质。

（4）磨细生石灰粉　其细度过 0.125mm 的方孔筛，累计筛余量不大于 13%。使用前用水泡透使其充分熟化，熟化时间不少于 3d。

（5）磨细粉煤灰　细度过 0.08mm 的方孔筛，其筛余量不大于 5%，粉煤灰可取代水泥来拌制砂浆，其最多掺量不大于水泥用量的 25%，若在砂浆中取代白灰膏，最大掺料不宜大于 50%。

（二）主要机具

搅拌机、5mm 及 2mm 孔径的筛子、大平锹、小平锹，除抹灰工一般常用的工具外，还应备有软毛刷、钢丝刷、筷子笔、粉线包、喷壶、小水壶、水桶、分格条、笤帚、锤子和錾子等。

（三）作业条件

（1）结构工程全部完成，并经有关部门验收，达到合格标准。

（2）抹灰前应检查门窗的位置是否正确，与墙体连接是否牢固。连接处和缝隙应用1:3水泥砂浆或1:1:6水泥混合砂浆分层嵌塞密实。铝合金门窗框缝隙所用嵌缝材料应符合设计要求，并事先粘贴好保护膜。

（3）对混凝土表面缺陷如蜂窝、麻面、露筋等应剔到实处，并刷素水泥浆一道（内掺含

水 10％的 107 胶），紧跟用 1∶3 水泥砂浆分层补平。

（4）砖墙、混凝土墙、加气混凝土墙基体表面的灰尘、污垢和油渍等，应清理干净，并洒水湿润。

（5）管道穿越墙洞、楼板洞应及时安放套管，并用 1∶3 水泥砂浆或细石混凝土填嵌密实；电线管、消火栓箱和配电箱安装完毕，并将背后露明部分钉好钢丝网；接线盒用纸堵严。

（6）施工时使用的外架子应提前准备好，横竖杆要离开墙面及墙角 200～250mm，以利于操作。为减少抹灰接槎保证抹灰面的平整，外架子应铺设三步板，以满足施工要求。为保证外墙抹水泥的颜色一致，严禁采用单排外架子。严禁在墙面上预留临时孔洞。

（7）已弹好楼面＋50cm 或＋100cm 水平标高线。

三、施工工艺

抹灰工程工艺流程：门窗框四周堵缝→墙面清理→基层处理 →浇水润湿墙面 →找规矩、抹灰饼、冲筋→弹灰层控制线→ 基层处理→抹底层砂浆→弹线分格→抹罩面灰→阳角阴角找方→养护。

1. 基层处理

若混凝土表面光滑，应对其表面进行毛化处理，其方法有两种。一种是将其光滑的表面用尖钻剔毛，剔去光面，使其表面粗糙不平，用水湿润基层。表面油污用 10％火碱水除去。另一种是拉毛，即先将表面冲净、晾干，然后用 1∶1 水泥细砂浆内掺含水 20％的 107 胶喷或用笤帚将砂浆甩到墙上，其甩点尽量均匀，凝结后浇水养护，直至水泥砂浆疙瘩全部粘到混凝土光面上，并有较高的强度（用手掰不动）为止。

2. 找规矩

分别在门窗口角、垛、墙面等处吊垂直抹灰饼，并按灰饼充筋后，在墙面上弹出抹灰灰层控制线。

3. 抹底层砂浆

刷掺含水 10％的 107 胶水泥浆一道（水灰比为 0.4～0.5），紧跟抹 1∶3 水泥砂浆，每遍厚度为 5～7mm，应分层与所充筋抹平，并用大杠刮平、找直，木抹子搓毛。

4. 抹面层砂浆

底层砂浆抹好后，第二天即可抹面层砂浆，首先将墙面洒湿，抹面层砂浆。面层砂浆配合比为 1∶2.5∶3 水泥混合砂浆，厚度为 5～8mm。先用水湿润，抹时先薄薄地刮一层素水泥膏，使其与底灰粘牢，并用杠横竖刮平，木抹子搓毛，铁抹子溜光、压实。待其表面无明水时，用软毛刷蘸水垂直于地面的同一方向，轻刷一遍，以保证面层灰的颜色一致，避免和减少收缩裂缝。

5. 抹灰的施工程序

从上往下打底，底层砂浆抹完后，将架子升上去，再从上往下抹面层砂浆。应注意在抹面层灰以前，应先检查底层砂浆有无空、裂现象，如有空裂，应剔凿返修后再抹面层灰。另外应注意底层砂浆上尘土、污垢等应先清净，浇水湿润后，方可进行面层抹灰。

6. 滴水线（槽）

在檐口、窗台、窗楣、压顶和突出墙面等部位，上面应做出流水坡度，下面应做滴水线（槽）。流水坡度及滴水线（槽）距外表面不应小于 40mm，滴水线（又称鹰嘴）应保证其坡向正确。

7. 养护

水泥砂浆抹灰层应喷水养护。

四、质量标准

(一) 抹灰工程一般规定

(1) 本规定适用一般抹灰分项工程的质量验收。

(2) 抹灰工程验收时应检查下列文件和记录。

(3) 抹灰工程的施工图、设计说明及其他设计文件。

(4) 材料的产品合格证、性能检测报告、进场验收记录和复验报告。

(5) 隐蔽工程验收记录。

(6) 抹灰工程应对水泥的凝结时间和安定性进行复验。

(7) 抹灰工程应对隐蔽工程项目进行验收。

(8) 抹灰总厚度大于或等 35mm 时的加强措施。

(9) 不同材料基体交接处的加强措施。

(二) 各分项工程的检验批划分

(1) 相同材料、工艺和施工条件的室内外工程每 50 个自然间 (大面积房间和走廊按抹灰面积 30m² 一间) 应划分一个检验批，不足 50 间也应划分一个检验批。检查数量应符合下列规定：工程专职质检员应全数检查施工质量。

(2) 抹灰工程施工前应先安装钢木门窗框、护栏等，并应将墙上的施工孔洞堵塞密实。

(三) 主控项目

(1) 抹灰前基层表面的尘土、污垢、油渍等应清除干净，并应洒水润湿。检验方法：检查施工记录。

(2) 一般抹灰所用材料的品种和性能应符合设计要求。水泥的凝结时间和安定性复验应合格。砂浆的配合比应符合设计要求。检验方法：检查产品合格证书、进场验收记录、复验报告和施工记录。

(3) 抹灰工程应分层进行。当抹灰总厚度大于或等于 35mm 时，就采取加强措施。不同材料基体交接处表面的抹灰，应采取防止开裂的加强措施。当采用加强网时，加强网与各基体的搭接宽度不应大于 100mm。检验方法：检查隐蔽工程验收记录和施工记录。

(4) 抹灰层与基层之间及各抹灰层之间必须粘接牢固，抹灰层应无脱皮、空鼓，面层应无爆灰和裂缝。检验方法：观察，用小锤轻击检查，检查施工记录。

(四) 一般抹灰工程的表面质量规定

(1) 普通抹灰表面应光滑、洁净、接槎平整，分格缝应清晰。

(2) 高级抹灰表面应光滑、洁净、颜色均匀、无抹纹，分格缝和灰线应清晰美观。检验方法：观察，手摸检查。

(3) 护角、孔洞、槽、盒周围的抹灰应整齐、光滑；管道后面的抹灰表面应平整。检验方法：观察。

(4) 抹灰的总厚度应符合设计要求；水泥砂浆不得抹在石灰砂浆层上；罩面石灰膏不得抹在水泥砂浆层上。检验方法：检查施工记录。

(5) 抹灰分格缝的设置应符合设计要求，宽度和深度应均匀，表面应光滑，棱角应整齐。检验方法：观察，尺量检查。

（6）有排水要求的部位应做滴水线（槽）。滴水线（槽）应整齐顺直，滴水线应内高外低，滴水槽的宽度和深度均不应小于 10 mm。检验方法：观察，尺量检查。

五、成品保护

门窗框上残存的砂浆应及时清理干净，铝合金门窗框装前应检查保护膜的完整，如采用水泥嵌缝时应用低碱性的水泥，缝塞好后应及时清理，并用洁净的棉丝将框擦净。翻拆架子时要小心，防止损坏已抹好的水泥墙面，并应及时采取保护措施，防止因工序穿插造成污染和损坏，特别对边角处应钉木板保护。各抹灰层在凝结前应防止快干、暴晒、水冲、撞击和振动，以保证其灰层有足够的强度。

油工刷油时注意油桶不要从架子上碰下去，以防污染墙面，且不可蹬踩窗台，防止损坏棱角。

六、应注意的质量问题

抹灰工程质量问题最应注意空鼓、开裂。

由于抹灰前基层底部清理不干净或不彻底，抹灰前不浇水，每层灰抹得太厚，跟得太紧；对于预制混凝土，光滑表面不剔拉毛，也不用拉毛，甚至混凝土表面的酥皮也不剔除就抹灰；加气混凝土表面没清扫，不浇水就抹灰，抹灰后不养护。为解决好空鼓、开裂的质量问题，应从三方面下手解决：第一，施工前的基体清理和浇水；第二，施工操作时分层分遍压实应认真，不马虎；第三，施工后及时浇水养护，并注意操作地点的洁净。

七、质量记录

本工艺标准应具备以下质量记录：

（1）水泥的出厂证明及试验报告；

（2）砂、粉煤灰等产品的出厂证明；

（3）磨细生石灰粉产品的出厂证明；

（4）107 胶、外加剂等产品的出厂合格证及产品使用说明；

（5）一般抹灰检验批质量验收记录；

（6）一般抹灰分项工程质量验收记录。

小　　结

抹灰工程作为装饰装修工程的基础工程为人们所重视。掌握好抹灰工程施工工艺，是完成装饰工程所不能逾越的必要程序，是后期进行装饰装修工程的基础。在学习抹灰工程的施工工艺时，应加以实践，熟练掌握施工方法，在不断的实践中进行总结与创新。同时应注意施工检验方法，确保施工质量。

能力训练题

一、填空题

1. 内墙抹灰主要有两种：＿＿＿＿＿＿＿和＿＿＿＿＿＿＿。

2. 外墙一般抹灰包括外墙面基层抹灰、＿＿＿＿＿＿＿＿＿＿＿＿等平面抹灰；外墙装饰抹灰主要有＿＿＿＿＿、＿＿＿＿＿和＿＿＿＿等。

3. 装饰抹灰是指使用水泥、石灰砂浆等抹灰的基本材料，利用不同的施工操作方法将其直接做成＿＿＿＿＿。装饰抹灰实际上是融合于＿＿＿＿＿和＿＿＿＿＿的一种抹灰施工。

4. 一般抹灰所使用的材料为＿＿＿＿＿、混合砂浆、＿＿＿＿＿＿＿＿以及麻刀灰、＿＿＿＿＿、石膏灰等。

5. 通常规定普通抹灰厚度不大于_____，且要求表面光滑、洁净、接槎平整。

6. 内墙抹灰操作工艺流程：（用于外墙修整时：清除空鼓墙皮，使用切割锯，不准用铁锤剔凿）清理基层→_____→灰饼·冲筋→_____→抹中间层及单面灰。

7. 内墙抹灰施工中砖砌体墙面应_____，使渗水深度达到_____，抹灰时墙面不显浮水。

8. 抹底层灰时水泥砂浆抹灰每遍厚度宜为_____，水泥混合砂浆每遍厚度宜为7～9mm。

9. 外墙抹灰操作工艺流程：基层处理、湿润→找规矩、做灰饼、_____→抹底层灰→抹中层灰→弹分格线、嵌分格条→抹面层灰→起分格条、修整→做滴水线→养护。

10. 水磨石具有整体性好、_____、光滑美观、可根据设计要求支撑各种图案、装饰效果好等优点。

二、选择题

1. 通常规定中级抹灰厚度不大于（　　），且要求表面光滑、洁净、接槎平整，线角顺直清晰。
   A. 18mm B. 19mm C. 20mm D. 22mm

2. 罩面层抹灰又称（　　），可以称为麻刀灰面层、纸筋灰面层、石灰砂浆面层、水泥砂浆面层或石膏面层等。
   A. 面层抹灰 B. 罩面抹灰 C. 饰面抹灰 D. 外层抹灰

3. 抹灰工程施工在某些结构构件上如（　　）等进行抹灰，必须分层进行。
   A. 地面、墙面等 B. 顶棚、墙面等 C. 顶棚、地面等 D. 墙面、地面等

4. 抹灰工程材料中磨细石灰粉其细度过（　　）的方孔筛，累计筛余量不大于13％，使用前用水浸泡使其充分熟化，熟化时间最少不小于3d。
   A. 0.125mm B. 0.12mm C. 0.126mm D. 0.13mm

5. 冬季抹灰工程施工环境温度不应低于（　　）。
   A. 6℃ B. 0℃ C. 10℃ D. 5℃

6. 普通抹灰表面应符合光滑、洁净、（　　），分格缝应清晰的规定。
   A. 整齐美观 B. 接槎平整 C. 接缝规整 D. 衔接完好

7. 施工质量检验时滴水线（槽）应整齐顺直，滴水线应内高外低，滴水槽的宽度和深度均不应小于（　　）。
   A. 9mm B. 10mm C. 5mm D. 12mm

8. 装饰抹灰的水刷石立面垂直度允许偏差为（　　）。
   A. 5mm B. 3mm C. 2mm D. 1mm

9. 装饰抹灰的斩假石表面平整度允许偏差为（　　）。
   A. 5mm B. 3mm C. 2mm D. 1mm

10. 装饰抹灰的干粘石分格条（缝）直线度允许偏差为（　　）。
   A. 3mm B. 1mm C. 5mm D. 7mm

三、简答题

1. 抹灰工程有几种分类方法？各有什么特点？
2. 简述外墙抹灰工程的施工工艺。
3. 简述装饰抹灰工程的施工工艺。
4. 抹灰工程质量验收的一般规定有哪些？
5. 一般抹灰工程质量验收的规定有哪些？

四、问答题

1. 内墙抹灰工程的施工工艺有哪些？
2. 冬季抹灰的施工要点有哪些？
3. 装饰抹灰工程质量验收的规定有哪些？
4. 抹灰施工过程中安全保护措施有哪些？

单元三

吊顶工程施工

课题一 吊顶工程施工的几种形式

顶棚是室内三大空间的顶界面，顶棚的设计及工艺直接影响着室内的整体装饰效果。吊顶的装饰设计要综合考虑建筑功能、建筑声学、建筑照明、设备安装、管线埋设、防火安全、维护检修等方面。

吊顶的形式和种类繁多。按骨架材料不同可分为：木龙骨吊顶、轻钢龙骨吊顶和铝合金龙骨吊顶等；按罩面材料不同可分为：抹灰吊顶、纸面石膏板吊顶、纤维板吊顶、吸声吊顶、隔声吊顶、发光吊顶等；按设计功能不同可分为：直接式吊顶和悬吊式吊顶等。在吊顶装饰工程施工中，主要是按其安装方式不同进行分类介绍。

在吊顶工程中常用的机械分为常用的手工工具和机械工具。常用的手工工具见表3-1。常用的机械工具见表3-2。

表 3-1 常用的手工工具

序号	名　称	简　图	主　要　用　途
1	制动式钢卷尺	钢卷尺	
2	摇卷架式钢卷尺		测量建筑物构件长度的量具

序号	名　称	简　图	主　要　用　途
3	角尺		检验构件相邻面是否成直角
4	木水平尺		检验建筑构件、安装件表面的水平或垂直
5	钢制水平尺		
6	线锤		检验建筑构件的垂直度
7	墨斗		弹线

表 3-2　常用的机械工具

序号	名　称	简　图	主　要　用　途
1	电锤		广泛用于装饰工程中,特别在主体结构上钻孔的电动工具
2	电动冲击钻		在混凝土、砖墙等集体上钻孔、扩孔
3	打钉机		在木龙骨上钉木夹板、纤维板、石膏板、刨花板、木线条等
4	电动自攻钻		用带有钻头的自攻螺钉将石膏板固定于轻钢龙骨或铝合金龙骨上

序号	名　称	简　图	主　要　用　途
5	微型空气压缩机		动力来源
6	型材切割机		切割各种型材

一、木龙骨吊顶施工

木龙骨是由木方制成的木龙骨架和石膏板、胶合板、纤维板等面板构成。其加工方便，造型能力强，但不适合大面积吊顶。

在吊顶之前，顶棚上不得安装电器、报警等线路，空调、消防、供水等管道均应已安装就位并完成调试，自顶棚至墙体各处电器开关及插座的有关线路铺设已布置就绪，材料和施工机具等已准备完毕。

（一）木龙骨吊顶的支撑部分

木龙骨吊顶的支撑多是在木屋架下面，现代建筑则是在钢筋混凝土楼板下面吊顶。其做法是：先在混凝土楼板内预埋的钢筋圆钩上穿 8 号镀锌低碳钢丝，吊顶时用它将主龙骨拧牢；或用 $\phi 8 \sim \phi 10$mm 的吊筋螺栓与楼板缝内的预埋钢筋焊牢，下面穿过主龙骨拧紧并保持水平，但楼板缝内的预埋件钢筋必须与主龙骨的位置一致，也可以采用光圆的普通碳钢做吊杆，上端与预埋件焊接牢靠，下端与主龙骨用螺栓连接，轻型吊顶，又无保温，隔声要求时还可采用干燥的木杆，端头与方木梁及木屋架用钉子钉固。

（二）木龙骨吊顶的基层部分

悬吊式顶棚的基层部分由中龙骨和小龙骨构成。木龙骨木方型材对材质和规格应符合设计要求，如采用易腐朽的木材或易生虫的木材时，应做防腐防虫处理，并应根据国家的相应规定做好防火处理。木龙骨吊顶的中龙骨一般选用 40mm×60mm 或 50mm×50mm 的方木，间距为 400～500mm。需要选定一面预先刨平、刨光，以保证基层平顺，饰面层的质量好。中龙骨的接头、较大节疤的断裂处要用双面夹板夹住，并要错开使用。刨平刨光面的中龙骨一般作为底面，与主龙骨成垂直布置。钉固中间部分的中龙骨时要适当起拱，房间跨度为7～10m 时，按 3/1000 起拱；房间跨度为 10～15m 时，按 5/1000 起拱。起拱高度拉通线检查一处时，其允许偏差为±10mm。小龙骨的规格也可以是 40mm×80mm，或 50mm×50mm 的方木，其间距为 300～400mm，用 30mm 木钉与中龙骨钉固。中龙骨与主龙骨的连接可用 80～90mm 的圆钉穿过中龙骨钉入主龙骨。

（三）木龙骨吊顶的面层部分

木龙骨吊顶所用的面层多为人造板材，如刨花板、纤维板、胶合板及金属网与板条抹灰石膏板等。人造板材的施工通常有两种情况，一是作为其他饰面基层的胶合板罩面，可采用大幅面整板钉固做封闭式顶棚罩面；二是要按设计图纸要求将人造板锯割成长方形或正方形等，顶面上排板是采用留缝钉固还是镶钉压条按设计要求确定。

罩面板的安装一般是由中间向四周对称排列。所以安装前应按分块尺寸弹线，保证墙面与顶棚交接处接缝交圈一致。面板铺钉完毕，必须保证连接牢固，表面不准出现翘曲、脱层、缺棱掉角和折裂等缺陷。板面若有的布设电器插座，应予嵌装牢固，底座的下表面应与面板的底面平齐。面板与龙骨的固定一般有钉接和粘接两种方法。工程实验证明：采用粘、钉结合的方法固定效果更好。

二、金属龙骨吊顶施工

（一）金属龙骨吊顶的支撑部分

金属龙骨包括轻钢龙骨与铝合金龙骨，吊顶的支撑部分同样由主龙骨与吊筋组成。承载主龙骨的截面形状有 U 形、C 形、L 形、T 形等，截面尺寸大小取决于承受荷载的大小，间距一般为 1～1.5m。主龙骨与楼板结构或屋顶结构的连接，一般是通过吊筋。吊筋的数量多少要科学地计算，考虑到龙骨的跨度和龙骨的截面尺寸，以 1～2m 设置一根较为合适。吊筋可以用光圆的普通碳钢、型钢或吊顶型材的配套吊件。吊筋与主龙骨的连接一般使用专门的吊挂件或套件，与屋顶楼板或其他结构固定的方法，要看上人还是不上人的吊顶，可分别采取在楼板中预埋或焊接。

（二）金属龙骨吊顶的基层部分

轻钢龙骨或铝合金龙骨因为它们的自重轻，加工成型比较方便，故可以直接用镀锌低碳钢绑扎或用配套连接件将主龙骨、中龙骨和小龙骨连在一起，形成吊顶的基层部分。吊顶的基层部分施工时，应按设计要求留出灯具、风扇或中央空调送风口的位置，并做好与预留洞穴及吊挂措施等方面的工作。若顶棚内尚有管道、电线及其他设施，应同时安装完毕；若管道外有保温要求时，应在完成保温工作，并统一验收合格后，才准许做吊顶的面层。

（三）金属龙骨吊顶的面层部分

轻金属龙骨吊顶的面层属于预制拼装的吊顶装饰施工。一般面层采用重量轻、吸声性能及装饰性能好的新型板材，如矿棉板、石膏纤维状吸声板、钙塑吸声泡沫装饰板和聚苯乙烯泡沫装饰吸声板等。用这些板材吊顶、龙骨的位置，尤其是小龙骨的布置，应与饰面板材的规格尺寸相适应。

课题二　吊顶工程施工的工艺

一、木龙骨吊顶的施工工艺

（一）工艺流程

基层检查→放线→吊杆固定→木龙骨组装→固定延墙龙骨→骨架吊装固定→安装罩面板。

（二）施工工艺

1. 基层检查

对屋面进行结构检查，对不符合设计要求的及时进行处理，同时检查房屋设备安装的情况，预留孔位置是否符合设计要求。

2. 弹线定位

放线是吊顶施工的标准。放线的主要内容包括标高线，造型位置线，吊点布置线，大中型灯位线等。放线的作用一方面是使施工有基准线，便于下一道工序确定施工为止；另一方面能检查吊顶以上部位的管道等对标高位置的影响。

确定标高线，从室内墙面的 500mm 线向上量出吊顶的高度，四面墙上方弹出水平线，作为吊顶的下皮标高线。

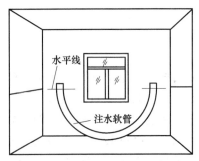

图 3-1 "水注法"确定水平高度线

用一条灌满水的透明软管，一端水平面对准墙上的高度线，另一端在同侧墙面上找出另一点，当软管内水平面静止时，画下该点的水平位置，连接两点即得吊顶的水平高度。这种放线方法称为水平法。在装饰施工中，这种水平法普遍应用，如图 3-1 所示。随着科学技术的不断进步，各种激光测距仪、激光水平仪在施工中大量应用，给施工带来了方便。

吊顶造型位置线可先在一个墙面上量出竖向距离，再以此画出其他墙面的水平线，即得到吊顶位置的外框线，然后逐步找出各局部的造型框架线。若室内吊顶的空间不规则，可以根据施工图纸测出造型边缘距墙面的距离，找出吊顶造型边框的有关基本点，将点再连接成吊顶造型线。

一般情况下，吊点按每平方米一个均匀布置，灯位处、承载部位、龙骨与龙骨相接处及叠级吊顶的叠级处应增设吊点。

3. 吊杆固定

木龙骨吊顶一般为不上人吊顶，固定方法有三种。一是在楼板底板上按吊点位置用电锤打孔，预埋膨胀螺栓，并固定等边角钢，将吊筋与等边角钢相连接，或者用射钉将铁角铁等固定钉在建筑物的底面。当用射钉固定时，设定的直径必须大于 5mm，如图 3-2（a）所示。二是在混凝土楼板施工时预埋吊筋，吊筋预埋在吊点的位置上，并垂下在外一定长度，可以直接作吊筋使用，也可在其上面再下连吊筋，如图 3-2（b）所示。三是在预制混凝土楼板缝内按吊点的位置伸进吊筋的上部，并钩挂在垂直于板缝内预先放好的钢筋段上，然后对板缝进行混凝土二次浇注并做地面，如图 3-2（c）所示。

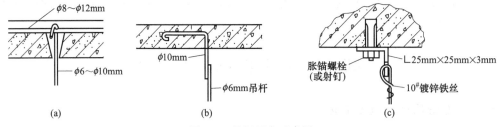

图 3-2 吊杆固定示意图

4. 固定沿墙边龙骨

沿吊顶标高线固定边龙骨的方法，在木骨架施工中常有两种做法。一种是沿标高线以上 10mm 处在墙面钻孔，间距 0.5～0.8m，在孔内打入木楔，然后将沿墙木龙骨钉固于墙内木楔上；另一种做法是先在木龙骨上打小孔，再用水泥钉通过小孔将边龙骨钉固于混凝土墙面（此法不宜用于砖砌墙体）。不论用何种方式固定沿墙龙骨，均应保证牢固可靠，其底面必须与吊顶标高线保持齐平。

5. 龙骨架吊装

（1）分片吊装　将拼接组合好的木龙骨架托起至吊顶标高位置，先做临时固定。临时固定的方法有：一是用高度定位杆作支撑，临时固定高度低于 3m 的吊顶骨架；二是可用铁丝在吊点上临时固定高度超过 3m 的吊顶骨架。根据吊顶标高线拉出纵横水平基准线，进行整片龙骨架调平，然后将其靠墙部分与沿墙边龙骨钉接。

（2）龙骨架与吊点固定　木骨架吊顶的吊杆，常采用的有木吊杆、角钢吊杆和扁铁吊杆（图 3-3）。采用木吊杆时，截取的木方吊杆料应长于吊点与龙骨架实际间距 100mm 左右，以便于调整高度。采用角钢作吊杆时，在其端头钻 2～3 个孔以便调整高度；与木骨架的连接点可选择骨架的角位，用 2 枚木螺钉固定（图 3-4）。采用扁铁做吊杆时，其端头也应打出 2～3 个调节孔；扁铁与吊点连接件的连接可用 M6 螺栓，与木骨架用 2 枚木螺钉连接固定。吊杆的下部端头最终都应按准确尺寸截平，不得伸出木龙骨架底面。

图 3-3　木吊杆、角钢吊杆和扁铁吊杆

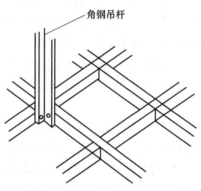

图 3-4　木龙骨与吊筋的连接方式

（3）龙骨架分片间的连接　分片龙骨架在同一平面对接时，将其端头对正，然后用短木方钉于对接处的侧面或顶面进行加固（图 3-5）。对于一些重要部位的骨架分片间的连接，

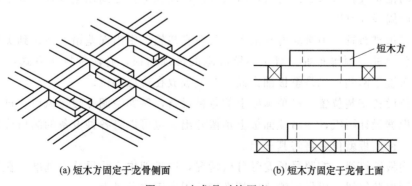

(a) 短木方固定于龙骨侧面　　　　　(b) 短木方固定于龙骨上面

图 3-5　木龙骨对接固定

应选用铁件进行加固。

（4）叠级吊顶上下层龙骨架的连接　叠级吊顶，也称高差吊顶、变高吊顶。对于叠级吊顶，一般是自高而下开始吊装，吊装与调平的方法与上述相同。其高低面的衔接，先以一条木方斜向将上下骨架定位，再用垂直方向的木方把上下两平面的龙骨架固定连接（图 3-6）。

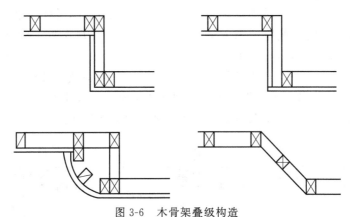

图 3-6　木骨架叠级构造

6. 龙骨架整体调平

在各分片吊顶龙骨架安装就位之后，对于吊顶面需要设置的送风口、检修孔、内嵌式吸顶灯盘及窗帘盒等装置，在其预留位置处加设骨架，进行必要的加固处理及增设吊杆等。全部按设计要求到位后，即在整个吊顶面下拉十字交叉的标高线，用以检查吊顶面的整个平整度。对于吊顶骨架面的下凸部位，要重新拉紧吊杆；对于其上凹部位，可用木杆下顶，尺寸准确后须将杆件的两端固定。吊顶常采用起拱的方法以平衡饰面板的重力，并减少视觉上的下坠感，一般 7～10m 跨度按 3/1000 起拱，10～15m 跨度按 5/1000 起拱。

7. 安装罩面板

为保证施工质量和装饰效果，考虑到施工的方便，罩面板应该进行预排。胶合板罩面多为无缝罩面；在施工中通常有两种情况。一是作为其他饰面基层的胶合板罩面，可采用大幅面整板固定作封闭式顶棚罩面；二是按设计图纸用胶合板本身进行分块、设缝，利用木纹拼花等在罩面后即形成的顶面装饰效果。排板时，要根据设计图纸的要求，留出顶面设备的安装位置，如安装灯具口、空调冷暖风口、排气口等。

基层板的接缝形式一般有对缝、凹缝和盖缝。胶合板的铺钉用 15～20mm 气排直钉，用气动或电动枪将气钉钉入。铺钉时，将胶合板正面朝下托起到预定位置，紧贴龙骨架，从板的中间向四周展开钉固。

（1）板材预排布置　为避免材料浪费以及在安装施工中出现差错，并达到美观效果，在正式装钉以前须进行预排布置。对于不留缝隙的吊顶面板，有两种排布方式：一是整板居中，非整板布置于两侧；二是整板铺大面，非整板放在边缘部位。

（2）预留设备安装位置　吊顶顶棚上的各种设备，例如空调冷暖送风口、排气口、暗装灯具等，应根据设计图纸，在吊顶面板上预留开出。也可以将各种设备的洞口位置先在吊顶面板上画出，待面板就位后再将其开出。

（3）弹面板装钉线　按照吊顶龙骨分格情况，以骨架中心线尺寸为基准，在挑选好的胶合板正面上画出装钉线，以保证能将面板准确地固定于木龙骨上。

（4）板块切割　根据设计要求，如需将板材分格分块装钉，应按画线切割胶合面板。方形板块应注意找方，保证四角为直角；当设计要求钻孔并形成图案时，应先做样板，按样板制作。

（5）修边倒角　在胶合板块的正面四周，用手工细刨或电动刨刨出45°倒角，宽度2～3mm，对于要求不留缝隙的吊顶面板，此种做法有利于在嵌缝补腻子时使板缝严密并减少以后的变形程度。对于有留缝装饰要求的吊顶面板，可用木工修边机，根据图纸要求进行修边处理。

（6）防火处理　对有防火要求的木龙骨吊顶，其面板在以上工序完毕后应进行防火处理。通常做法是在面板反面涂刷或喷涂三遍防火涂料，晾干备用。对木骨架的表面应做同样的处理。

（7）面板铺钉　将胶合板正面朝下托起至预定位置，即从板的中间向四周展开铺钉，钉位按中线确定，钉距为80～150mm，胶合板应钉得平整，四角方正，不应有凹陷和凸起。

8. 木龙骨吊顶的细部构造方法

（1）木龙骨吊顶节点处理

① 阴角节点　通常用角木线钉压在角位上（图3-7），固定时用直钉枪，在木线条的凹部位置打入直钉。

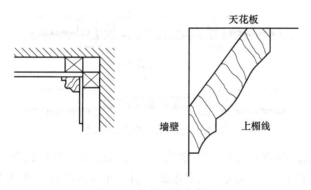

图 3-7　吊顶面阴角做法

② 阳角节点　同样用角木线钉压在角位上，将整个角位包住（图3-8）。

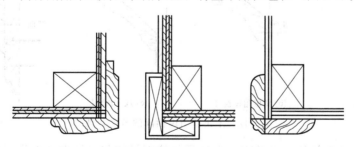

图 3-8　吊顶面阳角做法

③ 过渡节点　过渡节点指两个高差较小的面接触处或平面上，两种不同板材的对接处。通常用木线条或金属线条固定在过渡节点上。木线条可直接钉在吊顶面上，不锈钢等金属条则用粘贴法固定（图3-9）。

（2）木吊顶与设备之间的节点处理

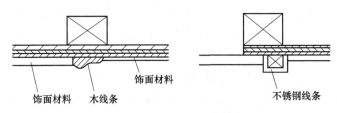

图 3-9　吊顶面过渡节点做法

① 吊顶与灯光盘的节点处理　灯光盘在吊顶上安装后，其灯光片或灯光格栅与吊顶接触处需做处理，通常用木线条进行固定（图 3-10）。

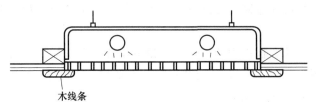

图 3-10　灯光盘节点

② 吊顶与检修孔的节点处理　通常是在检修孔盖板四周钉木线条或在检修孔内侧钉角铝（图 3-11）。

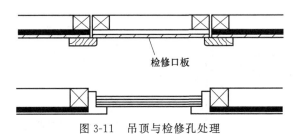

图 3-11　吊顶与检修孔处理

③ 木吊顶与墙面间的节点处理　通常采用固定木线条或塑料线条的处理方法。线条的式样多种多样，常用的有实心角线、八字角线、斜位角线及阶梯形角线等（图 3-12）。

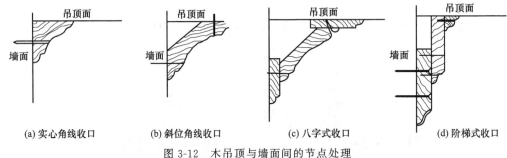

图 3-12　木吊顶与墙面间的节点处理

④ 木吊顶与柱面间的节点处理　木吊顶与柱面间的节点处理与木吊顶与墙面间节点处理的方法基本相同，所用材料有木线条、塑料线条、金属线条等。

二、轻金属龙骨吊顶的施工工艺

轻金属龙骨包括轻钢龙骨和铝合金龙骨。它们使用镀锌带钢、铝带、铝合金型材、薄壁冷轧退火卷带为原材料，经过机械冷弯或冷冲压而成的顶棚吊顶骨架孤独节点支撑材料。此类龙骨具有强度高，自重轻，防火性能好，耐腐蚀性能高，抗震性强，安装方便等优点。

轻钢龙骨的分类方法也很多，按型材断面形状可分为 C、U、T、L 等形式；按其用途及安装部位可分为承载龙骨、覆面龙骨和边龙骨等。

1. 常用的连接材料、轻钢龙骨吊顶的构件组成及对材料的要求

（1）连接材料

① 水泥钉　水泥钉又称为特种钢钉。它具有较高的强度和冲击韧性，可以直接钉固在砖墙、混凝土等硬基体上钉固装饰工程中的连接件和吊顶时的金属边龙骨。

② 射钉　射钉的原理是利用射钉枪来激发射钉弹，使射钉快速、直接地钉入金属、砖或混凝土等硬的基体内。常用的射钉种类有一般射钉、螺纹射钉盒带孔的射钉等。

③ 膨胀螺栓　膨胀螺栓又叫胀锚螺栓，其材料分为金属和塑料两种。膨胀螺栓在使用的时候需要借助于电锤和手电钻安装在各种基体上。

（2）轻钢龙骨吊顶的构件组成

轻钢龙骨吊顶由轻钢组装成的龙骨骨架和石膏板等面板构成。将吊顶轻钢龙骨骨架进行装配组合，可以归纳为 U 形、T 形、H 形和 V 形四种类型（图 3-13～图 3-16）。

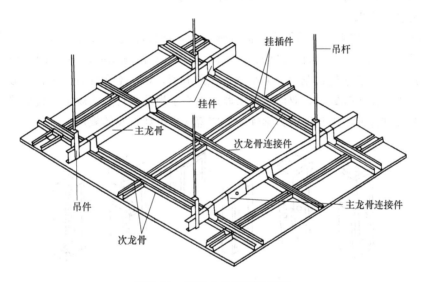

图 3-13　U 形龙骨吊顶示意图

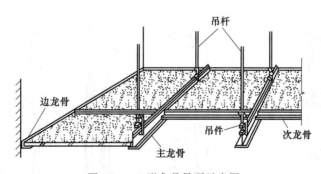

图 3-14　T 形龙骨吊顶示意图

根据现行国家标准《建筑用轻钢龙骨》（GB/T 11981—2008）的定义，承载龙骨是吊顶龙骨骨架的主要受力构件，覆面龙骨是吊顶龙骨骨架构造中固定罩面层的构件；T 形主龙骨是 T 形吊顶骨架的主要受力构件，T 形次龙骨是 T 形吊顶骨架中起横撑作用的构件；H 形龙

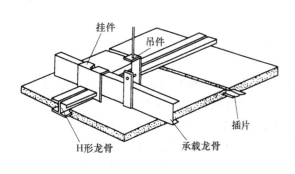

图 3-15　H形龙骨吊顶示意图

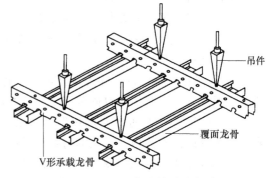

图 3-16　V形龙骨吊顶示意图

骨是 H 形吊顶骨架中固定饰面板的构件；L 形边龙骨通常被用作 T 形或 H 形吊顶龙骨中与墙体相连并于边部固定饰面板的构件；V 形直卡式承载龙骨是 V 形吊顶骨架的主要受力构件，V 形直卡式覆面龙骨是 V 形吊顶骨架中固定饰面板的构件。

（3）对材料的要求

① 吊顶轻钢龙骨的主件　用作吊顶的轻钢龙骨，钢板厚度为 0.27～1.5mm，其龙骨主件的断面形状及规格见表 3-3。目前装饰装修设计、施工在产品选用中，各厂家均有自己的系列。

在使用过程中，要求轻钢龙骨外形平整，棱角清晰，切口不允许有毛刺和变形；镀锌层不许有起皮、脱落、黑斑等缺陷，双面镀锌层厚度不小于规范和行业的规定；其形状尺寸、弯曲内角半径、侧面和底面的平直度、力学性能等应遵守规范和行业的规定。

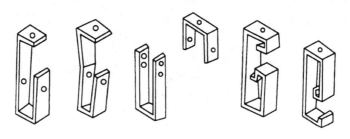

图 3-17　U形承载龙骨吊件

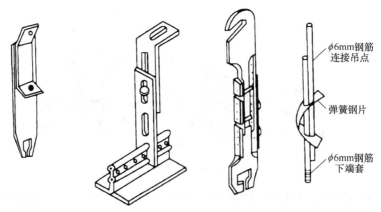

(a) T形主龙骨吊件　(b) 穿孔金属吊件(T形龙骨吊件)　(c) 游标吊件　(d) 弹簧钢片吊件

图 3-18　其他龙骨形式的常用吊件

表 3-3　吊顶轻钢龙骨主件的断面形状及规格

龙 骨 名 称		断 面 形 状	规格尺寸/mm
U形龙骨	覆面龙骨		$A \times B \times C$ $25 \times 19 \times 0.5$ $50 \times 19 \times 1.5$ $50 \times 20 \times 0.6$ $60 \times 27 \times 0.6$
T形龙骨	主龙骨		$A \times B \times t_1 \times t_2$ $24 \times 38 \times 0.3 \times 0.27$ $24 \times 32 \times 0.3 \times 0.27$ $14 \times 32 \times 0.3 \times 0.27$ $16 \times 40 \times 0.3 \times 0.27$
	次龙骨		$A \times B \times t_1 \times t_2$ $24 \times 28 \times 0.3 \times 0.27$ $24 \times 25 \times 0.3 \times 0.27$ $14 \times 25 \times 0.3 \times 0.27$
	边龙骨		$A \times B \times t$ $A = B > 22$ $t \geq 0.4$
H形龙骨			$A \times B \times t$ $20 \times 20 \times 0.3$
V形龙骨	承载龙骨		$A \times B \times t$ $20 \times 37 \times 0.8$
	覆面龙骨		$A \times B \times t$ $49 \times 19 \times 0.45$

② 吊顶轻钢龙骨的配件　轻钢龙骨配件根据现行国家标准《建筑用轻钢龙骨》（GB/T 11981—2008）和建材行业标准《建筑用轻钢龙骨配件》（JC/T 558—2007）的规定，主要有吊件、挂件、连接件及挂插件等（图 3-17～图 3-21），石膏板、矿棉吸声板、塑料装饰板、金属装饰板等，其中石膏板以其质轻、防火、隔声、隔热、抗震性能好等优点在工程中得到了普遍应用。罩面板与龙骨之间的连接可采用钉、粘、搁、卡、挂等几种方式，同时罩面板应无脱层、翘曲、折裂等缺陷。

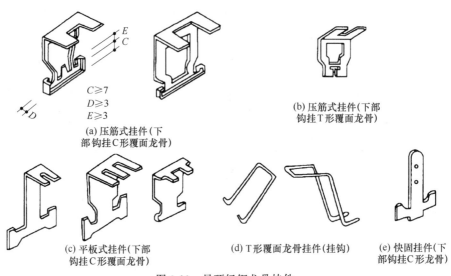

(a) 压筋式挂件（下部钩挂C形覆面龙骨）

$C \geqslant 7$
$D \geqslant 3$
$E \geqslant 3$

(b) 压筋式挂件（下部钩挂T形覆面龙骨）

(c) 平板式挂件（下部钩挂C形覆面龙骨）

(d) T形覆面龙骨挂件（挂钩）

(e) 快固挂件（下部钩挂C形龙骨）

图 3-19　吊顶轻钢龙骨挂件

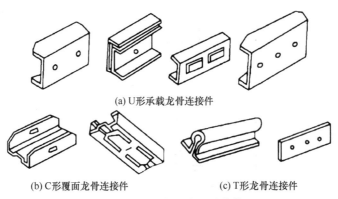

(a) U形承载龙骨连接件

(b) C形覆面龙骨连接件

(c) T形龙骨连接件

图 3-20　吊顶轻钢龙骨连接件

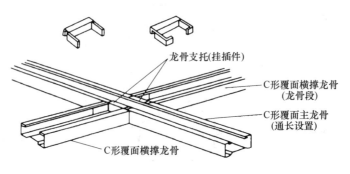

龙骨支托(挂插件)

C形覆面横撑龙骨（龙骨段）

C形覆面主龙骨（通长设置）

C形覆面横撑龙骨

图 3-21　C形龙骨挂插件

2. 施工要点

(1) 施工准备 根据设计要求、吊顶房间面积的大小及选用的饰面板的类型进行合理布局，并准确地计算出龙骨的间距。根据图纸准确计算出龙骨、吊筋、吊挂件与配件的数量，并裁切轻钢龙骨，准备吊装。

在正式安装轻钢龙骨之前，必须对上一步工序进行交检验收，对上一步不符合操作规范的必须改正，否则不能进行轻钢龙骨的吊装。

检查并安装吊筋，要保证吊筋的位置准确，数量足够且与结构层连接应牢固可靠。若屋顶为装配式混凝土楼板，应在板缝内预埋吊筋或用射钉枪来固定吊筋件；若为现浇楼板，应预先埋设吊筋或吊点埋件，然后焊上吊筋。如龙骨、预埋件、吊杆、吊件、连接件表面没有金属镀层，必须按照技术要求刷数遍防锈漆，然后才能施工。

(2) 弹线定位 弹线的顺序先竖向后标高，后平面造型及细部。竖向标高线弹于墙上，平面造型线和细部弹于顶板上，从内墙面的 500mm 基准线上返出吊顶的下皮标高，沿房间四周的墙面弹出水平线，再按主龙骨要求的安装间距弹出龙骨的中心线，找出吊点的位置中心，并充分考虑吊点所承受载荷的大小和楼板自身的强度。吊点的间距一般不超过 1m，距龙骨的端部不应超过 300mm，以防承载龙骨下坠。

如果顶棚有叠级造型，其标高应弹出，如顶棚标高线、水平造型线、吊点位置线、吊具位置线、附加吊杆位置线。

(3) 吊筋制作安装 所有吊点处理好后即可安装吊筋。吊筋应采用钢筋制作，吊筋与吊点的连接方法因吊点的预埋件不同而异，一般有焊接、拧固、钩挂或其他方法。若楼板没有预埋件，可以临时使用射钉，电锤打孔或预埋膨胀螺栓的办法解决，但要保证连接的长度。吊筋的固定方法，视楼板种类不同而不同，但无论哪种方法均应满足设计位置和强度的要求。

(4) 固定边龙骨 墙体为砖体，边龙骨可以直接钉固在预埋的防腐木砖上，混凝土墙体可以钉固在吊顶标高基准线上的预埋木楔内，也可以采取射钉的方法固定。边龙骨固定的钉距控制在 900～1000mm 为宜。

(5) 安装轻钢主龙骨 主龙骨按弹线位置就位，将主龙骨与吊挂件连在吊筋上，螺母紧固。将全部主龙骨安装就位后进行调平整度并定位，其方法是用 600mm×600mm 的方木按主龙骨的间距分别卡住主龙骨，对主龙骨临时固定，然后在顶面拉上十字线及对角线，用板子调节吊筋上的螺母，做升或降的调节，直至将主龙骨调成同一平面。房间面积比较大的时候，龙骨的中间部分按具体设计起拱，一般起拱高度不得小于房间短向跨度的 1/300。

(6) 安装中龙骨 中龙骨应垂直于主龙骨上，中龙骨是以吊挂件位于交叉点固定在主龙骨之上，挂件的 U 形腿子用钳子卧入主龙骨内，上端搭接在主龙骨上。中龙骨之间通过接插件连接，插件与中龙骨之间要用自攻螺丝或铆钉进行紧固。中龙骨的中距计算时，要考虑饰面板安装时的设计要求。特别是板缝处，要充分考虑缝隙尺寸。

(7) 安装横撑龙骨 用中龙骨截取横撑龙骨，横撑龙骨应与中龙骨垂直布置，安装在吊顶罩面板的拼缝处。安装时，将截取的合适的中龙骨端头插入挂插件，扣在纵向主龙骨上，用钳子将挂搭弯入主龙骨内。

(8) 安装附加龙骨、角龙骨、连接龙骨 靠近柱子周边，增加附加龙骨或角龙骨时，按具体设计安装。在高低叠级顶棚、灯槽、灯具窗帘盒等处，应根据具体设计增加连接龙骨。

(9) 骨架安装质量检查 骨架荷重检查，骨架安装及连接质量检查，各种龙骨的质量检查。

(10) 安装纸面石膏板　在进行纸面石膏板安装时，应使用纸面石膏板长边与主龙骨平行，从顶棚的一端向另一端开始错缝安装，逐块排列，余量放在最后安装，石膏板与墙体之间应留 6mm 间隙。每块石膏板用 25mm 的自攻螺丝固定在次龙骨上，固定时应从板中部向板四周固定，螺钉间距 150～200mm 为宜。螺钉距纸面石膏板面纸包封的板边 10～15mm 为宜，钉头应略低于板面但不得将纸面钉破，并应做防锈处理。安装双层纸面石膏板时，面板层与基层板的接缝应错开，不得在同一根龙骨上接缝。

三、铝合金吊顶施工

铝合金龙骨吊顶也分上人和不上人的两种。上人龙骨骨架及吊顶要求除了承受本身的重量之外，还需要承受上人检修和吊挂设备等附加荷载的作用，此种吊顶骨架采用 T 形、L 形铝合金龙骨与 U 形轻钢吊顶龙骨相结合，安装成承载龙骨的吊顶骨架。不上人龙骨骨架只是承受本身的重量，故只用 T 形和 L 形两种铝合金龙骨组装成吊顶骨架即可。

铝合金龙骨吊顶是随着铝型材挤压技术的发展而出现的新型吊顶。铝合金龙骨自重轻，型材表面经过阳极氧化处理，表面光泽美观，有较强的抗腐、耐酸碱能力，防火性很好，安装简单，适用于公共建筑大厅、楼道、会议室、卫生间、厨房等空间的吊顶。

选择铝合金龙骨时，注意其壁厚不应小于 0.8mm，表面应采用阳极氧化、喷塑或烤漆等方法进行防腐。同时要注意防腐层应完好，无破损。合格的铝合金龙骨还应顺直，无扭曲。罩面板有增强纤维硅酸钙板、矿棉吸声板、金属板等。这类板材易变形挠曲，使用时应特别注意。施工要点如下所述。

(1) 固定边龙骨　将角铝边龙骨的底面与事先弹出的吊顶标高线对齐，然后用射钉枪以水泥钉按 400～600mm 的间距钉固在墙面上。

(2) 弹线定位　弹线主要弹标高线和龙骨布置线。根据饰面板的尺寸确定出纵、横龙骨中心线的间距尺寸，经实测后先画出分格方案图，标准分格尺寸应置于吊顶中部，不标准的分格应置于顶面不显眼的位置。然后将定位的位置线画到墙面或柱面上，并同时在楼板底面弹出分割线，找出吊点，做上标记。如果吊顶设计要求具有一定造型或图案，应先弹出吊顶对称轴线，龙骨及吊点位置应对称布置。龙骨和吊杆的间距是影响吊顶高度的重要因素。

(3) 固定吊件　由于活动式装配吊顶一般不上人，所以悬吊系统比较简单，按照要求的吊点位置，目前用得最多的是采用电锤打孔，预埋膨胀螺栓或直接用射钉枪固定角铁连接件，再借助角钢上面的孔将吊筋或镀锌低碳钢丝固定。另一端同主龙骨的圆形空绑牢。当使用镀锌低碳钢丝作为吊筋时，钢丝的直径应符合荷载要求。在施工时，单股钢丝应不小于 14 号，双股不小于 18 号。

(4) 安装龙骨　U 形龙骨的安装顺序，在安装时根据已确定的主龙骨位置，先将主龙骨提起略高于标高线的位置并做临时固定，大致将其就位后，次龙骨应紧贴主龙骨安装就位，其连接方式可以采用配套的钩挂配件。主龙骨一般采用连接件接长，连接件一般可用铝合金，也可用镀锌板，连接件应错位安装。

(5) 轻金属龙骨吊顶的质量要求　各种轻金属龙骨的外形要求和尺寸允许偏差见表 3-4、表 3-5。

表 3-4　龙骨的外形精度表

技 术 项 目	技 术 指 标	技 术 项 目	技 术 指 标
龙骨外形	光滑平直	涂防锈漆或镀锌,喷涂表面流坠和出现气泡	不准有
各平面的平面度	每 1m 允许偏差 2mm
各平面的轴线度	每 1m 允许偏差 3mm	镀锌连接件黑斑、麻点、起皮、起瘤、脱落	不准有
过渡角裂口和毛刺	不准有

表 3-5　龙骨的尺寸精度表

龙骨品种	宽度 B/mm			高度 H/mm		
	基本尺寸	极限偏差		基本尺寸	极限偏差	
		优质品	合格品		优质品	合格品
UC50、TC50 主龙骨	15	±1		50	±0.6	±0.95
UC38、TC50 主龙骨	12	±1		38	±0.31	±0.5
L35 异形龙骨	15	±1		35	±0.5	±0.8
U50 龙骨	50	+0.62 0	+1 0			
U25 龙骨	25	+0.52 0	+0.84 0	20		
T23 龙骨及横撑龙骨	2			38	±0.5	±0.8

吊顶的平整度用 2m 长的直尺检查,应不超过 ±3mm,肉眼观察应无下坠感。各种连接件与龙骨的连接应紧密,无松动现象。所有吊筋应垂直,不准有弯曲现象。预埋件表面、连接件和吊筋都要涂防锈漆。螺纹连接处应涂有润滑油。饰面与龙骨连接应紧密,表面应平整。U 形龙骨吊顶饰面板安装前应弹好板缝控制线,以控制饰面板之间的接缝宽窄和平直度。

(6)罩面板安装　罩面板安装前应对吊顶龙骨架安装质量进行检验,符合要求后,方可进行罩面板安装。

罩面板常有明装、暗装、半隐装三种安装方式。明装是指罩面板直接搁置在 T 形龙骨两翼上,纵横 T 形龙骨架均外露。暗装是指罩面板安装后骨架不外露。半隐装是指罩面板安装后外露部分骨架。

纸面石膏板是轻钢龙骨吊顶常用的罩面板材,通常采用暗装方法。

① 纸面石膏板的现场切割　大面积板料切割可使用板锯,小面积板料切割采用多用刀;用专用工具圆孔锯可在纸面石膏板上开各种圆形孔洞;用针锉可在板上开各种异型孔洞;用针锯可在纸面石膏板上开出直线形孔洞;用边角刨可对板边倒角;用滚锯可切割出小于 120mm 的纸面石膏板板条;使用曲线锯,可以裁割不同造型的异型板材。

② 纸面石膏板罩面钉装　钉装时大多采用横向铺钉的形式。纸面石膏板在吊顶面的平面排布,应从整张板的一侧向非整张板的一侧逐步安装。板与板之间的间隙,宽度一般为 6～8mm。纸面石膏板应在自由状态下就位固定,以防止出现弯棱、凸鼓等现象。纸面石膏板的长边(包封边),应沿纵向次龙骨铺设。板材与龙骨固定时,应从一块板的中间向板的四边循序固定,不得采用多点同时固定的做法。

用自攻螺钉铺钉纸面石膏板时,钉距以 150～170mm 为宜,螺钉应与板面垂直。自攻螺钉与纸面石膏板边的距离：距包封边（长边）以 10～15mm 为宜；距切割边（短边）以 15～20mm 为宜。钉头略埋入板面，但不能使板材纸面破损。自攻螺钉进入轻钢龙骨的深度应≥10mm；在装钉操作中如出现有弯曲变形的自攻螺钉时，应予剔除，在相隔 50mm 的部位另安装自攻螺钉。

纸面石膏板的拼接处，必须是安装在宽度不小于 40mm 的龙骨上，其短边必须采用错缝安装，错开距离应不小于 300mm。一般是以一个覆面龙骨的间距为基数，逐块铺排，余量置于最后。安装双层石膏板时，面层板与基层板的接缝也应错开，上下层板各自接在同一根龙骨上。

在吊顶施工中应注意工种间的配合，避免返工拆装损坏龙骨、板材及吊顶上的风口、灯具。烟感探头、喷洒头等可以先安装，也可在罩面板就位后安装。T 形外露龙骨吊顶应在全面安装完成后对龙骨及板面做最后调整，以保证平直。

（7）矿棉吸声板的安装 其安装方法有平放法、钉固法。其顶棚为轻金属龙骨，底板为胶合板或纤维板，用气钉枪将矿棉板钉固在底衬板上。粘贴法可以先按板材的规格在顶面上钉固木筋，然后用胶黏剂将板块直接粘在木筋上。

（8）嵌缝处理

① 嵌缝材料 嵌缝时采用石膏腻子和穿孔纸带或网格胶带，嵌填钉孔则用石膏腻子。石膏腻子由嵌缝石膏粉加适量清水（1∶0.6）静置 5～6min 后，经人工或机械搅拌而成，调制后应放置 30min 再使用。注意石膏腻子不可过稠，调制时的水温不可低于 5℃，若在低温下调制应使用温水。调制后不可再加石膏粉，避免腻子中出现结块和渣球。穿孔纸带是打有小孔的牛皮纸带，纸带上的小孔在嵌缝时可保证挤出石膏腻子的多余部分，纸带宽度为 50mm。使用时应先将其置于清水中浸湿，这样有利于纸带与石膏腻子的黏合。也可采用玻璃纤维网格胶带，它有着较牛皮纸带更强的拉结能力，有更理想的嵌缝效果，故在一些重要部位可用它取代穿孔牛皮纸带，以降低板缝开裂的可能性。玻璃纤维网格胶带的宽度一般为 50mm。

② 嵌缝施工 整个吊顶面的纸面石膏板铺钉完成后，应进行检查，并将所有的自攻螺钉的钉头做防锈处理，然后用石膏腻子嵌平。之后再做板缝的嵌填处理，其程序如下。

③ 清扫板缝 用小刮刀将嵌缝石膏腻子均匀饱满地嵌缝，并在板缝外刮涂约 60mm 宽、1mm 厚的腻子。随即贴上穿孔纸带（或玻璃纤维网格胶带），使用宽约 60mm 的腻子刮刀顺穿孔纸带（或玻璃纤维网格胶印带）方向压刮，将多余的腻子挤出，并刮平、刮实，不可留有气泡。

用宽约 150mm 的刮刀将石膏腻子填满宽约 150mm 的板缝处带状部分。用宽约 300mm 的刮刀再补一遍石膏腻子，其厚度不得超出 2mm。待腻子完全干燥后（约 12h），用 2 号砂布或砂纸将嵌缝石膏腻子打磨平滑，其中间可部分略微凸起，但要向两边平滑过渡。

（9）吊顶特殊部位的构造处理

① 吊顶的边部节点构造 纸面石膏板轻钢龙骨吊顶边部与墙柱立面结合部位的处理，一般采用平接式、留槽式和间隙式三种形式。吊顶的边部节点构造如图 3-22 所示。

② 叠级吊顶的构造 叠级吊顶所用的轻钢龙骨和石膏板等，应按设计要求和吊顶部位不同切割成相应部件。下料切割时应力求准确，以确保安装时吊顶构造的严密和牢固稳定。灯具不论明装暗装，电气管线应有专用的绝缘管套装，以保证用电安全；对于有岩棉等保温层的吊顶，必须使灯具或其他发热装置与岩棉类材料隔开一定的距离，以防止因蓄热导致不

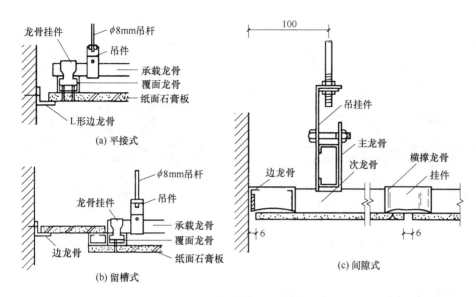

图 3-22 吊顶的边部节点构造

良效果。吊顶的纸面石膏板铺钉后，吊顶高低造型的每个阴角处均应加设金属护角，以保证其刚度。同时叠级吊顶的每个边角必须保持平直整洁，不得出现凹凸不平和扭曲变形现象。轻钢龙骨顶面石膏板叠级吊顶的构造如图 3-23 所示。

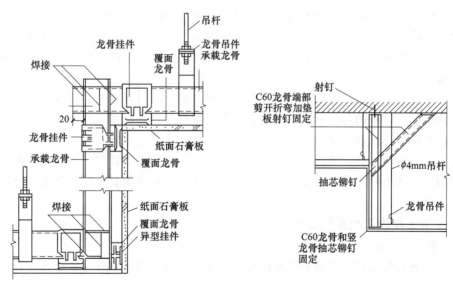

图 3-23 轻钢龙骨顶面石膏板叠级吊顶的构造

③ 吊顶与隔墙的连接　轻钢龙骨纸面石膏板吊顶与轻钢龙骨纸面石膏板轻质隔墙相连接时，隔墙的横龙骨（沿顶龙骨）与吊顶的承载龙骨用 M6 螺栓紧固，吊顶的覆面龙骨依靠龙骨挂件与承载龙骨连接，覆面龙骨的纵横连接则依靠龙骨支托。吊顶与隔墙面层的纸面石膏板相交的阴角处，固定金属护角，使吊顶与隔墙有机地结合成一个整体。其吊顶与隔墙的连接如图 3-24 所示。

四、其他形式吊顶施工

在建筑装饰施工中，除了以上的常用吊顶材料和形式外，还有金属装饰吊顶、开敞式吊

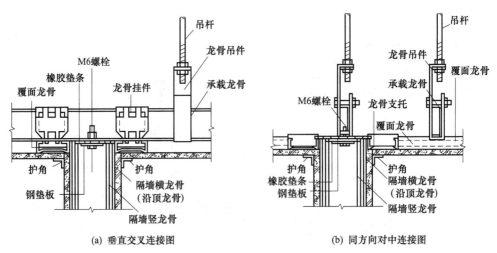

図(a) 垂直交叉连接图　　　(b) 同方向对中连接图

图 3-24　吊顶与隔墙的连接

顶，其应用范围随着时代的发展也在不断扩大。

1. 金属装饰板吊顶

金属装饰板吊顶是由轻钢龙骨（U形、C形）或T形铝合金龙骨与吊杆组成的吊顶骨架和各类金属装饰面板构成。金属装饰板吊顶由于采用较高级的金属板材，因此，一般应用在高级的顶棚装饰。它有不锈钢板材、钛金板材、铝板、铝合金板等，其主要特点是重量轻，安装方便，施工快捷，表面有抛光、亚光、浮雕、烤漆、喷沙等多种表面材质，集吸声、防火、装饰、色彩等功能于一体。板型基本分为两类——方形板矩形板或条形板。其形式又分为方形金属吊顶上人与不上人吊顶，条形金属吊顶分为封闭型和开放形金属吊顶。

2. 开敞式吊顶

开敞式吊顶是指将特定形状的单元体或单元组合体，通过龙骨或不通过龙骨而直接悬吊在结构基体下的一种新的吊顶形式。单体构件与照明灯具结合起来，大大增加了吊顶的艺术感染力，使整体的设计能够充分表达。该种吊顶有利于建筑的整体通风，有利于整体的声学处理。材料一般多用木材、金属、塑料等材料。金属单元构件质轻耐用，抗火防潮，颜色鲜艳，易于施工，在近几年的施工中，此种吊顶经常用到。其常用材料有铝合金、彩色镀锌钢板等。

五、吊顶工程施工质量的控制要点

（一）吊顶工程施工的准备工作

（1）安装龙骨前按设计要求对房间的高度，洞口的标高和吊顶管道，设备及其支架进行交接检验。

（2）吊顶工程应对板材进行甲醛测定，对木吊杆、木龙骨、木饰面必须采取防火处理。吊顶预埋件、钢筋吊杆、型钢吊杆、必须进行防锈处理。

（3）安装面板前必须完成吊顶内部管道和设备的调试验收，具体包括：吊顶内部管道设备安装及水压调试，木龙骨的防火，防腐处理，预埋件的安装，吊杆的安装，龙骨的安装，填充材料的设置。

（4）吊杆距离主龙骨端部距离不得大于300mm，当大于300mm时，应增加吊杆。当吊杆长度达与1.5m的时候，应增设置反支撑。当吊杆与设备相遇的时候，应增设吊杆，并做相应的吊杆调整。

（5）重型灯具、电扇及其他重型设备严禁安装在吊顶工程上。

（二）暗龙骨吊顶工程的质量验收

验收细节适合于轻钢龙骨、铝合金龙骨、木龙骨以及石膏板、金属板、矿棉板、木板、塑料板或格栅等作为饰面材料的暗龙骨工程的质量验收（表3-6～表3-8）

表3-6　暗龙骨吊顶工程主控项目及检验方法

项次	项 目 内 容	检 验 方 法
1	吊顶标高、尺寸、起拱和造型应符合设计要求	观察；尺量检查
2	饰面材料的材质、品种、规格、图案和颜色应符合设计要求	观察；检查产品合格证书、性能检测报告、进场验收记录和复检报告
3	暗龙骨吊顶工程的吊杆、龙骨和饰面材料的安装必须牢固	观察；手板检查；检查隐蔽工程验收记录和施工记录
4	吊杆、龙骨的材质、规格、安装间距及连接方式应符合设计要求。金属吊杆、龙骨应经过表面防腐处理；木吊杆、龙骨应进行防腐、防火处理	观察；尺量检查；检查产品合格证书、性能检测报告、进场验收记录和隐蔽工程验收记录
5	石膏板的接缝应按其施工工艺标准进行板缝防裂处理。安装双层石膏板时，面层板与基层板的接缝应错开，不得在同一根龙骨上接缝	观察

表3-7　暗龙骨吊顶工程一般项目及检验方法

项次	项 目 内 容	检 验 方 法
1	饰面材料表面应洁净，色泽一致，不得有翘曲、裂缝及缺损。压条应平直、宽窄一致	观察；尺量检查
2	饰面板上的灯具、烟感器、喷淋头、风口等设备的位置应合理、美观，与饰面的交接应吻合、严密	观察
3	金属吊杆、龙骨的接缝应均匀一致，角缝应吻合，表面应平整，无翘曲、锤印。木质吊杆应顺直，无裂痕、变形	检查隐蔽工程验收记录和施工记录
4	吊顶内填充吸声材料的品种和铺设厚度应符合设计要求，应有防散落措施	检查隐蔽工程验收记录和施工记录

表3-8　暗龙骨吊顶工程的允许偏差和检验方法

项次	项 目	允许偏差/mm			检 验 方 法
		纸面石膏板	金属板	木板、塑料板、格栅	
1	表面平整度	3	2	3	用2m靠尺和塞尺检查
2	接缝直线度	3	1.5	3	拉5m线，不足5m拉通线，用钢直尺检查
3	接缝高低差	1	1	1	用钢直尺和塞尺检查

（三）明龙骨吊顶工程的质量验收

验收细节适合于轻钢龙骨、铝合金龙骨、木龙骨以及石膏板、金属板。矿棉板、木板、塑料板或格栅等作为饰面材料的明龙骨工程的质量验收（表3-9～表3-11）。

表 3-9　明龙骨吊顶工程主控项目及检验方法

项　　次	项　目　内　容	检　验　方　法
1	吊顶标高、尺寸、起拱和造型应符合设计要求	观察;尺量检查
2	饰面材料的材质、品种、规格、图案和颜色应符合设计要求。当饰面材料为玻璃时,应使用安全玻璃或采取可靠的安全措施	观察;检查产品合格证书、性能检测报告和进场验收记录
3	饰面材料的安装应稳固、严密。饰面材料与龙骨的搭接宽度应大于龙骨受力宽度的 2/3	观察;手板检查;尺量检查
4	吊杆、龙骨的材质、规格、安装间距及连接方式应符合设计要求。金属吊杆、龙骨应经过表面防腐处理;木吊杆、龙骨应进行防腐、防火处理	观察;尺量检查;检查产品合格证书、性能检测报告、进场验收记录和隐蔽工程验收记录
5	明龙骨吊顶工程的吊杆和龙骨安装必须牢固	手板检查;检查隐蔽工程验收记录和施工记录

表 3-10　明龙骨吊顶工程一般项目及检验方法

项　　次	项　目　内　容	检　验　方　法
1	饰面材料表面应洁净、色泽一致,不得有翘曲、裂缝及缺损。压条应平直、宽窄一致	观察;尺量检查
2	饰面板上的灯具、烟感器、喷淋头、风口等设备的位置应合理、美观,与饰面的交接应吻合、严密	观察
3	金属龙骨的接缝应平整、吻合、颜色一致,不得有划伤、擦伤等表面缺陷。木龙骨应平整、顺直,无劈裂	观察
4	吊顶内填充吸声材料的品种和铺设厚度应符合设计要求,应有防散落措施	检查隐蔽工程验收记录和施工记录

表 3-11　明龙骨吊顶工程的允许偏差和检验方法

项次	项　　目	允许偏差/mm			检　验　方　法
		纸面石膏板	金属板	木板、塑料板、格栅	
1	表面平整度	3	2	3	用 2m 靠尺和塞尺检查
2	接缝直线度	3	2	3	拉 5m 线,不足 5m 拉通线,用钢直尺检查
3	接缝高低差	1	1	1	用钢直尺和塞尺检查

（四）吊顶施工技术组织措施

提前做好施工的准备工作,钢木龙骨的规格、间距、材质、品种样式应符合设计要求,安装位置正确。在吊顶施工中各工种之间应注意配合,应避免出现返工,反复拆装龙骨,而导致龙骨的变形损坏。吊顶的风口、大型灯具的基础、烟感报警、喷洒头应提前安装。对有防火要求的木龙骨吊顶,应做防火处理,其做法为在面板涂刷或喷涂三遍防火涂料,晾干备用。对木龙骨骨架其表面应做同样的处理。

（五）吊顶施工进度安排

1. 确定组织施工的方式

如果工程较小,工期要求不严的时候,可以采取一次施工的方式,比较合理的施工方式是流水施工。当工期要求严格，抢工期的时候，也可采取平行施工的方式。

2. 划分施工段

施工段的划分应考虑施工工程对象的轮廓形状、平面组成及结构上的特点，对于吊顶工程的施工一般按单元间划分施工段。

3. 施工班组和施工人员的确定

吊顶工程施工可以组织专业施工班组，也可以组织混合施工班组。若采用流水施工的方法，一定要组织专业的施工组；若采用一次施工法，则可以选择混合施工组。

施工班组的人数与工程大小、规模、工期有关。工程规模大，工期紧，施工人员可以相应增加；反之人数可减少，但不要过多减少，要满足劳动组合的要求。

课题三　实训——轻钢龙骨纸面石膏板的吊顶

一、任务

绘制一幅施工平面图，在实训基地的场地上参观了解吊顶工程的工艺过程，并以组为单位完成轻钢龙骨纸面石膏板的吊顶施工。

二、条件

在实训基地已具备条件的场地上施工。指导教师根据场地情况，要求学生按照规范要求设计一间吊顶，具体尺寸要完整、标注清楚。

三、施工准备

1. 材料

吊顶所用的全部材料应配套齐备并符合规范和施工要求，有材料检测报告和合格证。轻钢龙骨主件、配件、吊筋及紧固材料由实训教师提供，纸面石膏罩面板的规格和厚度也由实训教师给定。

2. 主要机具

手电钻、螺钉旋具、射钉枪、电动剪、曲线锯、板锯、线坠、靠尺等。

四、施工工艺

交验及基层处理→弹线定位→吊筋制作安装→主龙骨安装→调平龙骨架→次龙骨安装固定→质量检查→安装面板→质量检查→缝隙处理。

五、组织形式

以小组为单位，每组 4～6 人，指定小组长，小组进行编号，完成的任务即吊顶编号同小组编号。小组成员注意协作互助，在开始操作前以小组为单位合作编制一份简单的、针对该任务的施工方案和验收方案。安全保护措施要做到安全无差错。

［注］施工条件可自定，或由辅导教师确定。

小　　结

本章学习了吊顶工程的施工种类、施工方法及施工质量标准要求。

吊顶的组成及其作用、吊顶悬吊系统及结构形式以及吊顶龙骨架和吊顶的面层。

在吊顶工程施工中，学习了木龙骨吊顶施工、轻钢龙骨施工、金属装饰板吊顶施工以及开敞式施工吊顶的施工的技术。

本章还介绍了吊顶工程质量要求及检查方法，并详细讲解了吊顶龙骨安装质量要求及检验方法和吊顶罩面板安装的质量要求及检验方法。

通过学习，应该掌握吊顶工程的设计方法及质量要求。

能力训练题

一、填空题

1. 顶棚是室内_____的顶界面，顶棚的_____直接影响着室内的整体装饰效果。

2. 金属龙骨包括_____与_____，吊顶的支撑部分同样由_____与吊筋组成。

3. 为保证施工质量和装饰效果，考虑到施工的方便，罩面板应该进行_____。

4. 轻金属龙骨包括_____和_____。

5. 在正式安装轻钢龙骨之前，必须对_____工序进行交检验收，对上一步不符合_____的必须改正，否则不能进行轻钢龙骨的_____。

6. 铝合金龙骨吊顶也分_____、_____两种。

7. 罩面板常有_____、_____、_____三种安装方式。

8. 对有防火要求的木龙骨吊顶，应作_____，其做法为在_____或_____防火涂料，晾干备用。

9. 轻钢龙骨的分类方法也很多，按型材断面形状可分为_____等形式。

10. 吊顶工程应对板材进行_____，对木吊杆、木龙骨、木饰面必须采取_____。吊顶预埋件、钢筋吊杆、型钢吊杆必须进行_____。

二、选择题

1. 木龙骨吊顶的中龙骨一般选用 40mm×60mm 或 50mm×50mm 的方木，间距为（   ）。
   A. 300～400mm   B. 400～500mm   C. 500～600mm   D. 600～700mm

2. 吊顶的形式和类繁多，按骨架材料不同可分为（   ）、轻钢龙骨吊顶和铝合金龙骨吊顶等。
   A. 木龙骨吊顶   B. 金属吊顶   C. 玻璃吊顶   D. 特种材料吊顶

3. 吊顶按罩面材料不同可分为抹灰吊顶、（   ）、纤维板吊顶、吸声吊顶、隔声吊顶、发光吊顶等。
   A. 轻钢龙骨吊顶   B. 铝合金吊顶   C. 纸面石膏板吊顶   D. 木龙骨吊顶

4. 吊顶按设计功能不同可分为直接式吊顶和（   ）等。
   A. 悬吊式吊顶   B. 上人吊顶   C. 不上人吊顶   D. 防火吊顶

5. 吊顶常采用起拱的方法以平衡饰面板的重力，并减少视觉上的下坠感，一般 7～10m 跨度按（   ）起拱，10～15m 跨度按 5/1000 起拱。
   A. 2/1000   B. 4/1000   C. 3/1000   D. 5/1000

6. 轻钢龙骨吊顶由轻钢组装成的龙骨骨架和石膏板等面板构成。将吊顶轻钢龙骨骨架进行装配组合，可以归纳为（   ）。
   A. U形、I形、L形和V形四种类型   B. V形、U形、H形和V形四种类型
   C. U形、T形、L形和V形四种类型   D. U形、T形、H形和V形四种类型

7. 选择铝合金龙骨时，注意其壁厚不应小于（   ），表面应采用阳极氧化、喷塑或烤漆等方法进行防腐。
   A. 0.8mm   B. 0.7mm   C. 0.6mm   D. 0.5mm

8. 纸面石膏板是轻钢龙骨吊顶常用的罩面板材，通常采用（   ）方法。
   A. 暗装   B. 明装   C. 吊装   D. 平装

9. 木龙骨吊顶一般为不上人吊顶，固定方法有（   ）。
   A. 3 种   B. 4 种   C. 5 种   D. 2 种

10. 用自攻螺钉铺钉纸面石膏板时，钉距以（   ）为宜，螺钉应与板面垂直。
    A. 100～120mm   B. 150～170mm   C. 130～150mm   D. 150～160mm

三、简答题

1. 简述吊顶工程中常用的机械。

2. 简述木龙骨吊顶的施工工艺流程。

3. 简述金属装饰板吊顶的组成。

4. 简述铝合金龙骨吊顶分类。

5. 简述轻钢龙骨吊顶施工常用的连接材料。

四、问答题

1. 金属龙骨吊顶施工要点有哪些？

2. 吊顶施工技术组织措施有哪些？

3. 吊顶工程施工质量的控制要点有哪些？

4. 轻金属龙骨吊顶的施工工艺有哪些？

5. 木龙骨吊顶的细部构造方法有哪些？

单元四

轻质隔墙工程施工

知识点

　　轻质隔墙与隔断的几种形式；各种轻质隔墙与隔断的施工工艺；轻质隔墙与隔断质量验收标准；工程案例分析。

教学目标

　　本章主要培养学生掌握装饰装修工程中轻质隔墙的施工技术；培养学生正确选择材料和组织施工的方法；培养学生掌握轻质隔墙工程质量验收标准的能力。

课题一　轻质隔墙与隔断的几种形式

　　轻质隔墙与隔断是装饰工程中较为常用的空间功能划分手段，习惯称为"内墙"或"隔墙"。隔墙与隔断具有功能上的区别，隔墙是将区域在空间上和功能上完全划分；而隔断更单纯的是指功能区域的划分。通常把完全遮挡视线的相似于围墙性质的阻隔称为隔墙。而不能完全阻隔视线而只停留于功能区域标识的围挡称为隔断。随着新兴材料的发明与应用，隔墙与隔断的功能也在慢慢地发生变化。活动隔断、隔墙的推出和玻璃材质的应用使得传统意义上的隔墙与隔断趋于同一化。

一、隔墙与隔断的特点

1. 隔墙的特点

针对隔墙的特性与功用，其特点有如下几个方面：

　　(1) 对建筑物本身起填充作用。隔墙不能成为承重墙，它在建筑物内部只是起到填充作用，隔墙一般都做到楼板下。

　　(2) 隔墙对内部空间起到划分作用。隔墙的设置就有空间分割性，可以通过科学的设计达到空间最大的利用效率。

　　(3) 隔墙对于内部空间有吸声、降噪的要求。由于隔墙分割空间多为密闭型空间，这就需要隔墙材质和功能上满足隔声、降噪的需要。

　　(4) 不同空间的隔墙应有不同的特性。根据不同的空间功能，隔墙需要有不同的特性，如厨房的隔墙应具有耐火性能；盥洗室的隔墙应具有防潮能力等。

　　(5) 随着居室生活方式的变换，隔墙也逐渐适应房间空间变换的使用要求。为了满足空间使用者的多方面要求，传统的固定隔墙模式越来越难以适应日益变化的空间需求，而悬挂隔墙、活动隔断等新型技术的出现，将原本僵化的隔墙模式变得更富有变化。

（6）隔墙尤其是轻质隔墙，拆装容易。轻质隔墙的规范化构件组装，不仅更利于厂家批量大规模生产，同时容易运输、安装与使用。拆装便捷、构件不易损坏等特点使轻质隔墙更趋于环保性。

2. 隔断的特点

隔断是指专门作为分隔室内空间的立面，应用更加灵活，主要起遮挡作用，一般不做到板下，有的甚至可以移动。它与隔墙最大的区别在于隔墙是做到板下的，即立面的高度不同。隔断的特点有如下几个方面：

（1）对建筑物本身无丝毫作用。隔断一般都不做到楼板下，甚至许多有形隔断是由诸如家具、书柜、展示架等充当的。

（2）隔断对内部空间功能起到划分作用。隔断的设置目的是打破固有格局，区分不同性质空间。

（3）隔断的通透性可以使空间相互交流，环境富于变化。

（4）不同空间的隔断同样有不同的特性。根据所处环境不同，应选择不同的隔断进行装配，这样才能达到理想效果。

（5）隔断的形式多样。隔断按形式可分为单玻隔断与双玻隔断；按材料可分为立板隔断、玻璃隔断和金属隔断；按用途可分为办公隔断、卫生间隔断、客厅隔断、橱窗隔断；按功能可分为家具隔断、屏风隔断、门隔断与帘隔断；按形状可分为高隔断、低隔断；按性质可分为固定隔断、活动隔断等。

（6）隔断拆装简便，运输便携，模组化生产，品质稳定；隔断安装周期短，施工快捷，污染少，不仅用途广泛而且有很好的装饰特性。

二、轻质隔墙与隔断的几种形式

轻质隔墙按形式不同一般分为石膏砌块隔墙、板材隔墙、骨架隔墙、活动隔墙和玻璃隔墙五种。

（一）石膏砌块隔墙

石膏砌块是以天然石膏或化学石膏为主要原材料，经加水搅拌、浇注成型和干燥制成的块状轻质隔墙材料。由于其生产工艺采用工业化方法，从而保证了产品质量，它适用于工业和民用建筑中的非承重内隔墙。它具有以下优点：

（1）自重轻　石膏砌块有空心和实心两种。空心砌块的表观密度不大于 700kg/m³，实心砌块的表观密度不大于 1000kg/m³，单块质量一般均小于 30kg。石膏砌块的形状和尺寸如图 4-1 所示。

（2）便于施工、保证墙体质量　由于其自重轻、又是块体，一般两人一组就能施工操作，耗工少，劳动强度低；且其具有可锯、可钉、可刨和可钻孔等可加工性特点，方便施工。制品尺寸精确度高，可用专用石膏黏结剂砌筑，基本上实现施工干法作业，其表面平整，周边又有榫槽，从而能较易掌握墙面的平整度，墙面一般可以不抹灰，刮腻子后即可做装修，大大简化了施工工序，加速了施工进度。

（3）属低能耗"绿色建材"　石膏制品是一种低能耗产品，其生产能耗与其他材料相比偏低，石膏生产能耗（250℃）为 60kg 标煤/t，水泥生产能耗（1350℃）为 300kg 标煤/t，石灰生产能耗（900℃）为 200kg 标煤/t，且在生产过程中凝固速度快，在常温下基本上采取自然养护，制品生产能耗低于烧结制品和蒸压制品。

由于石膏砌块原料采用天然石膏或化学石膏，是一种对环境无公害的环保产品，在制作

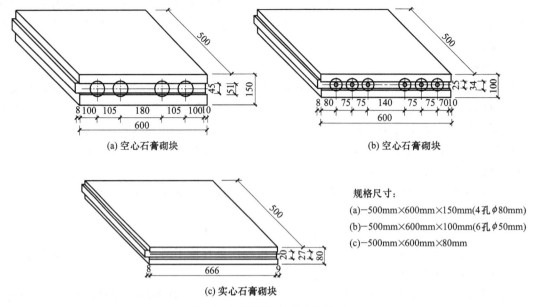

(a) 空心石膏砌块　　　　　　　　(b) 空心石膏砌块

规格尺寸：
(a)—500mm×600mm×150mm(4孔φ80mm)
(b)—500mm×600mm×100mm(6孔φ50mm)
(c)—500mm×600mm×80mm

(c) 实心石膏砌块

图 4-1　石膏砌块的形状和尺寸

过程中也不排放污水和有害气体，因此，该产品属于"绿色建材"。其具有较好的"呼吸"性，使石膏砌块隔墙在一定温度范围内具有独特的吸湿和排湿功能，对提高室内的舒适度有一定作用。

（4）墙体能基本达到不开裂

① 石膏制品收缩率小，干燥收缩仅为 0.04％～0.06％，且在初凝到终凝阶段不仅不收缩，还有微膨胀（约 0.1％），因此其收缩值要比水泥制品小得多。

② 有较好的保水性能，石膏制品的硬化机理不同于水硬性材料，在某一阶段它不是靠水分，而是靠空气中的 CO_2，因此不存在由于脱水而引起开裂的情况。

③ 由于其制品精确，灰缝少，且砌筑材料也是采用石膏类的黏结剂，相对于其他砌块制品由于灰缝收缩而产生墙体开裂的可能性要小。

但其主要缺点是耐水性和耐冻融循环性能差，因此在使用时，对某些环境应采取相应的措施后才能应用。目前，有些厂家能生产特殊的防潮石膏砌块。

（二）板材隔墙

板材隔墙与骨架隔墙是目前轻质隔墙中两个主流材质隔墙。板材隔墙包括增强水泥条板（GRC 板）与增强石膏条板隔墙、轻质混凝土条板隔墙、植物纤维复合条板（FGC 板、五防板）隔墙、粉煤灰泡沫水泥条板（ASA 板）与硅镁加气水泥条板（GM 板）隔墙、钢丝网架水泥聚苯乙烯夹芯板隔墙等。

1. 增强水泥条板（GRC 板）与增强石膏条板隔墙

GRC 是玻璃纤维增强水泥（Glass Fiber Reinforced Cement）的英语缩写。意思是以耐碱玻璃纤维为增强材料，以低碱度高强水泥砂浆为胶结材料，以轻质无机复合材料为骨料，执行国家标准《玻璃纤维增强水泥轻质多孔隔墙条板》（GB/T 19631—2005）的规定。GRC 具有构件薄，高耐伸缩性，抗冲击性能好，碱度低，自由膨胀率小防裂性能可靠，质量稳定，防潮、保温、不燃、隔声、可锯、可钻、可钉、可刨、可凿，墙面平整施工简便，避免了湿作业，改善施工环境，节省土地资源，重量轻，在建筑中减轻荷载（是黏土砖的 1/6～

1/8 重），减少基础及梁、柱钢筋混凝土，降低工程总造价，扩大使用面积。它是建筑物非承重部位替代黏土砖的最佳材料，近年来已广泛应用，是原国家建材局、原建设部重点推荐的新型轻质墙体材料。

因为 GRC 轻质隔墙板安装在建筑物非承重部位，所需安装部位都是大跨度沉降变形最大、抗荷载能力最弱的地方。由于轻质隔墙板企口槽是拼装连接和表面光滑的特殊性，很容易造成板与板连接处、板与门窗连接处出现裂缝，集中荷载时会引起轻质隔墙板震动变形，发生裂缝和空鼓，这就对 GRC 条板的拼装方法和管路预埋、开孔、劈槽、器具安装、表面抹灰质量问题等提出了新课题，并提出一些防治措施。

2. 轻质混凝土条板隔墙

轻质混凝土条板隔是以普通硅酸盐（32.5 级）水泥为胶结料和轻质陶粒为骨料，加水搅拌制成 60～90mm 厚的轻质陶粒混凝土实心条板，板内配置钢筋笼。该条板分为光面、麻面，主要适于住宅、公用建筑和高层建筑内隔墙，以及潮湿、冷冻的建筑中的内隔墙。

轻质混凝土条板隔墙具有强度高，体轻，易于搬运、安装，板与墙体、顶板焊接牢固，隔声、隔热效果好等特点。

3. 植物纤维复合条板（FGC 板、五防板）隔墙

植物纤维复合条板隔墙是一种可广泛用于楼群、高层建筑、框架、钢结构、办公室和厂房等的新型轻质隔墙板。该隔墙板耐高温，耐潮湿，耐噪声，是一种比较好的新型材料。

植物纤维复合条板（FGC 板、五防板）隔墙无毒无味、防火防水、隔声隔热，又可刨、可锯、可钉，安装方便。其采用国外高强度工程纤维与掺有农作物秸秆、稻壳加工而成的天然植物纤维，经科学配方精制而成，大大增加了墙板的刚性和柔性，也提高了抗折、抗压强度及劈裂抗拉强度，使抗冲击能力双倍增加。植物纤维复合条板（FGC 板、五防板）隔墙还具有自重轻、强度高等特点。这种墙板施工速度快、干法作业，可缩短工期和降低工程造价，可减轻楼房自重和增加楼房使用面积（每延长米的墙可增加使用面积 0.14～0.16m²）。

4. 粉煤灰泡沫水泥条板（ASA 板）与硅镁加气水泥条板（GM 板）隔墙

粉煤灰泡沫水泥条板是以粉煤灰为主要原料，掺加硫铝酸盐水泥或轻烧镁粉、适量的外加剂，采用物理发泡工艺，以中碱涂塑玻纤网格布为增强材料，机械浇注成型制成。

硅镁加气混凝土轻质墙板是以钙质材料（水泥、石灰等）和硅质材料（粉煤灰）为主要原料，以铝粉或铝膏为发气材料，内配双层经冷拔、焊接防腐处理的钢筋网片，通过机械切割方式并采用蒸压养护而制成的墙体材料，具有轻质、隔声、隔热、耐火及易加工、安装便捷等特点。

5. 钢丝网架水泥聚苯乙烯夹芯板隔墙

钢丝网架水泥聚苯乙烯夹芯板（简称 GSJ 板）是在钢丝网架聚苯乙烯夹芯板两面分别喷抹水泥砂浆后形成的构件。即该板材料外壁由壁厚不小于 25mm 的三维空间焊接钢丝网架水泥砂浆作支撑体，内填氧指数不小于 30 的聚苯乙烯泡沫塑料，周边有不小于 25mm 厚的水泥砂浆包边的板材。

（三）骨架隔墙

骨架隔墙与板材隔墙是目前轻质隔墙中两个主流材质隔墙。骨架隔墙包括木龙骨隔墙、轻钢龙骨罩面板隔墙、铝合金隔墙、石膏龙骨石膏板隔墙等。

1. 木龙骨隔墙

木龙骨隔墙是指以木质材料为支撑龙骨并罩以装饰面板的隔墙。其优点是质轻、壁薄、

53

便于拆卸；缺点是耐火、耐水和隔声性能差，并且耗用较多的木材。木龙骨隔墙一般应用于办公环境，因为其造价低廉，所以被广泛使用。

2. 轻钢龙骨罩面板隔墙

轻钢龙骨一般用于现装石膏板隔墙，亦可用于水泥刨花板隔墙、稻草板隔墙、纤维板隔墙等。不同类型、规格的轻钢龙骨，可组成不同的隔墙骨架构造。一般是用沿地、沿顶龙骨与沿墙、沿柱龙骨（用竖龙骨）构成隔墙边框，中间立若干竖向龙骨，它是主要承重龙骨。轻钢龙骨按用途分为吊顶龙骨和隔断龙骨，按断面形式分为 V 形、C 形、T 形、L 形龙骨。

轻钢龙骨罩面板隔墙有限制高度。它是根据轻钢龙骨的断面、刚度和龙骨间距、墙体厚度、石膏板层数而定。其优点是：不易变形，容易施工且具有一定强度，可以承载一定重量；缺点是：有高度限制，并且异形龙骨成型困难。

3. 铝合金隔墙

铝合金隔墙的特性与轻钢龙骨隔墙基本相同。铝合金隔墙是以铝合金为原料经冷压或冷轧加工成型的金属龙骨材料，其表面经阳极氧化和着色或涂层处理，具有重量轻、强度高、经久耐用、便于加工等特点。铝合金龙骨可与多种饰面板相搭配，可以产生各种不同的装饰效果。铝合金龙骨品种和规格繁多，可由专业厂家进行安装拆卸。其优点是：（1）结构合理，外形俊朗明快。（2）安装简单，人员经简单培训即可安装。（3）材质可靠，表面处理牢固、稳定。（4）组合弹性强，可重复使用，降低重置成本。

4. 石膏龙骨石膏板隔墙

石膏龙骨石膏板隔墙由龙骨、罩面板等组成。龙骨分有竖向龙骨、辅助龙骨、水平横撑及斜向支撑等。辅助龙骨用于门窗口周边及隔墙四周镶边处。龙骨断面呈矩形或方形，边长为 50mm×50mm、50mm×75mm、50mm×100mm。辅助龙骨厚 25mm、50mm，宽 50～140mm。隔墙高度小于 3000mm 时，竖向龙骨间仅加斜撑；高度大于 3000mm 时，竖向龙骨间应适当加设横撑及斜撑。龙骨与钢筋混凝土结构、砖结构及木门窗框连接均采用胶黏剂粘接。龙骨与钢门窗框连接处应在其两者之间加木框，钢门窗框用木螺钉与木框固定，木框与龙骨粘接。隔墙的踢脚如采用水泥砂浆、水磨石、大理石等做法时，应在隔墙根部用 C20 混凝土做墙垫。如采用木板、塑料板时，隔墙可直接装在地面上，不做墙垫。罩面板采用纸面石膏板，有普通板、防水板、防火板三种。板厚 9mm、12mm，9mm 厚板仅用于双层石膏板的隔墙。石膏龙骨石膏板隔墙的优点是造价低廉，自身重量轻，便于再次装饰；缺点是强度略差，不隔声（除非 35mm 以上）。

（四）活动隔墙

活动隔墙又叫活动隔断、隔断、活动展板、活动屏风、移动隔断、移动屏风、移动隔声墙，源于德国技术。活动隔断具有易安装，可重复利用，可工业化生产，防火，环保等特点。

活动隔断具有高隔声，防火，可移动，操作简单等特点，极为适合星级酒店宴会厅、高档酒楼包间、高级写字楼会议室等场所进行空间间隔的使用。目前，活动隔断、固定隔断系列产品已经广泛适用在酒店、宾馆、多功能厅、会议室、宴会厅、写字楼、展厅、金融机构、政府办公楼、医院、工厂等多种场合。活动隔墙具有如下几个特点：

（1）无地轨悬挂：地板无轨道，只需将轨道安装于天花板上；

（2）稳定安全：隔断后稳固可靠，不易摆动；

（3）隔声环保：隔声效果好，最大隔声系数可达 53dB；

（4）隔热节能：隔热性能优良，根据不同入座率，把大空间分割成小空间，以降低空调电耗；

（5）高效防火：采用高效防火材料制作，防火性能良好；

（6）美观大方：表面任意装饰，可与室内统一装饰效果；

（7）收放灵活：隔板收放自如，推动灵活，一个人就可以完成隔断整个过程；

（8）收藏方便：收板时，隔板可以隐藏在专用储柜中，不影响整体美观；

（9）应用广泛：可应用于会议厅、展览厅、餐厅、高洁净工厂和办公室等场所。

活动隔墙根据活动方式不同，分为拼装式活动隔墙、推移式活动隔墙、折叠式活动隔墙、悬挂式活动隔墙、卷式活动隔断等，如图 4-2 所示。

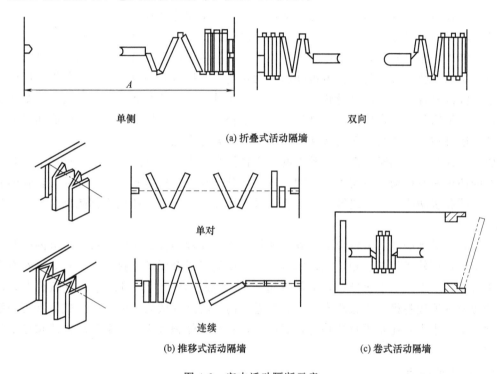

图 4-2　室内活动隔断示意

（1）拼装式活动隔断　按使用要求可拆、可装的活动隔断。由与房间顶棚同等高度或只有房间部分高度的轻质隔扇单元拼装而成。隔扇单元通常厚 6～12cm，宽 60～120cm，由木材或薄壁金属型材作框架，双面贴胶合板、纤维板或纸面石膏板。有的还在内部填蜂窝纸以增强刚度，或填矿棉等以提高隔声能力。与房间顶棚同等高度的隔断的安装方法是：先在顶棚安置带凹槽的上槛，将隔扇插入凹槽，并在每块隔扇下面安置两个垫块或可调节高度的螺栓，在所有隔扇定位后，用踢脚板压盖下部的缝隙。这种隔扇用于较长时间才变更空间分隔的住宅和学校等。只有房间部分高度的矮隔断用矮隔扇装成。先将矮隔扇安装在能自立于地面的立柱上，也可用螺栓或铰链将几片矮隔扇连成一定角度，或连成可折叠的中国屏风的形式。高度视需要而定，如用于挡住站立者的视线，可采用 1.5～2m 的；如用于挡住坐者的视线，可采用 1.2～1.5m 的。办公厅、餐厅和展览厅等处还可采用上下露空的隔断。

（2）推移式活动隔断　由多片隔扇组成的可沿轨道推移的隔断。隔扇每片宽度一般为 60～120cm。高度视需要而定，构造和拼装式活动隔断用的隔扇相同。这种隔断有下滑式和上滑式两种。下滑式的隔断，下部装有滑轮，顶棚和地面装有槽式导轨，适用于自重较大的活动隔断。下滑式隔断的下部导轨藏于地面，容易积灰堵塞，且影响地面的使用和美观，采用不多。上滑式的隔断，每片隔扇的上部一般安装两组可转动方向的滑轮，沿轨道单方向移动。还可安装平面为L形、T形或十字形的轨道，使隔扇可以转变方向而将大空间分隔成多个小空间。隔扇可根据分隔的宽度和重量用手推或电力移动。不分隔时，可将隔扇叠合在两侧或藏入贮藏室。

（3）折叠式活动隔断　由多片隔扇组成可以折叠的活动隔断。有宽扇式和窄扇式两种。宽扇式所采用的隔扇和推移式活动隔断所采用的相同，每片隔扇的上部采用一组可转变方向的滑轮安装在导轨上，用铰链把隔扇连接起来，不用时可折叠起来推入贮藏室。这种隔断受牵制的因素较多，处理不当可能不易推动，因此有采用两片隔扇一连的双扇折叠式。窄扇折叠式活动隔断的隔扇宽度常为10～30cm，有软质双折式和硬质单折式。硬质单折式的隔断，多采用纤维板、塑料板或薄钢板作隔扇，用塑料或金属作铰链。每片隔扇用一组可转变方向的滑轮安装在导轨上，成为一榁可折叠的滑动隔断。双折软质的隔断，多用薄钢片制成可伸缩的套接铰链式骨架，上面有滑轮，装入导轨。铰链式骨架的两面都装上软质人造革或塑料布，可以像手风琴一样合拢拉开。这种隔断重量轻、美观、容易安装，并可围成曲线形，使用灵活，还可在夹层中衬垫薄钢板和吸声材料，提高隔声能力。

（4）悬挂式活动隔断　把面积较大的隔扇悬挂在室内上部空间，用电动机调节升降的隔断，有的还可左右移动。空间可全封闭，也可部分分隔。这种隔断多用于上部可隐蔽的展览厅、观众厅和多功能大厅等建筑中，也用于录音厅以调节音量，还用于剧院舞台台口作为防火幕。

（5）卷式活动隔断　由狭窄的木条、塑料片或金属片连接起来的、可卷可舒的隔断。金属片和塑料片可轧成铰链互相连接，木条则穿孔用绳索或金属丝连接起来。卷式隔断有水平式和垂直式。水平式上下设导轨，上部每隔3～5条设一组滑轮，可沿直线或弧线滑动，可向单侧边或双侧边卷拢。垂直式向上卷，如卷帘门，跨度一般为3～6m。卷式隔断可用手动或电动，不论水平式还是垂直式均卷在卷筒上，卷拢后体积较小，可藏于墙内或顶棚上的贮藏箱内。

（五）玻璃隔墙

玻璃隔墙广泛应用于办公空间，不仅可以反映出现代化的办公氛围，而且可以增加空间的通透性与舒适性。其特点有如下几点：

（1）可部分拆装、多次重复使用，有些隔间系统材料不会给环境带来废物，是一种绿色环保建材，使用寿命长。从长远来看，安装玻璃隔墙系统材料比安装其他形式的隔断材料更廉价、更为合算。

（2）在使用过程中，可随时调换门、窗、实体模块、玻璃隔断的位置，可重新组合再使用，材料经过拆装后，其损伤极小，而且可以大大降低办公室经常搬迁所产生的费用。

（3）内部结构可方便地进行电缆铺设，不用打墙预埋，电缆的维护、更换更方便，强弱电分离，电缆槽可以起信号线的屏蔽作用。

（4）安装比普通隔墙快。

（5）耐火、防火，隔间系统全部由金属结构组成，玻璃、彩钢板等材料同样具有防火性，隔间系统内部结构为钢制结构体时，其耐火极限为30min、60min或更长的时间。

（6）无污染异味排放，安装后马上可以使用。

（7）门框内侧预装有密封条，隔声效果及密封性提高。更可加装门底密封条，使隔声系统完整无缺。

（8）进口玻璃门锁可安装在中部，使用起来极其方便。

（9）高质量的进口百叶帘片可安装在两层玻璃内部，不容易脏，免清洗。

（10）隔声效果好，隔间墙具有非常优良的隔声效果。

（11）多种材质选择，可以选双玻璃加百叶帘，也可以选彩钢板、石膏板、三聚氰胺板、防火板、布绒等。

（12）多样的色彩可供选择，每一种材质都有多种色彩，不同色彩的组件均可搭配使用，甚至可以由用户指定或提供的任意色彩及质地的饰面材料。

（13）施工噪声小，不影响周围人们的工作生活。

（14）效果时尚、高雅、简洁、精致。

课题二　轻质隔墙的施工工艺

一、石膏砌块隔墙的施工工艺

石膏砌块隔墙施工是一种新型墙体的应用技术，在应用中不仅要保证产品本身的质量，更重要的还要完善配套构件和配套材料的品种和质量，主要有两项。

（一）配套构件

主要配套构件有两种。一是门口砌块，因为门口要固定各种材质的门，一般施工方法是留出墙体洞口后，再塞门框，所以洞口两侧需要设置预埋件。如金属门框，尤其是一些较重的金属门，用一般尼龙锚栓，锚固力不够，这需要在工厂预制有预埋件的门口砌块，这种砌块要求预埋件位置准确、牢固，砌筑后在一垂直线上，立框后便于与门框连接（焊接或锚接）。一般木门可不用专用的门口砌块，用一般尼龙锚栓即可。另一种构件是门的过梁，最好是采用与砌块材质相同的石膏过梁，但目前还没有，需待以后研究，只能用钢筋混凝土过梁代替，但这种构件的厚度要比石膏砌块薄 20～30mm，待过梁安装（或浇注）完毕后，两面各抹 10～15mm 粉刷石膏，使外表面材性一致，避免开裂。其他异型砌块由于可以切锯，有一两种标准产品就可满足墙体规格要求，不必生产异型砌块。

（二）配套材料

1. 粉刷石膏

一般而言，石膏砌块墙两面都比较平整，不需要粉刷，只刮腻子和喷浆即可，但对一些较高档的公共建筑，有时要求用粉刷石膏找平。在一般建筑中，粉刷石膏仅用于石膏砌块墙与室内由其他材料交汇的构件表面，如混凝土墙、砖墙、梁或顶棚。粉刷石膏有较好的保水性、和易性，收缩小，便于操作与各种墙体和构件的结合，性能良好，不易开裂、空鼓。

粉刷石膏是一种袋装粉状材料，有的其中已掺有集料，有的是集料在施工现场掺入。集料一般为中砂，与石膏粉的体积比为 1:1，用机械搅拌均匀后再加水（约 30%）搅拌至适当稠度即可使用，可操作时间≥50min。掺有集料的粉刷石膏主要用作底灰，当作面灰时一般不掺集料，系纯粉刷石膏。

2. 黏结石膏

实际上它就是石膏砌块的"砌筑砂浆"，其产品是一种粉料，掺水后形成一种胶凝状浆料，抹在砌块周边的凹凸榫槽，将整层石膏砌块黏结起来，灰缝也就 2mm 左右，收缩小、黏结强度高、硬化时间快。这种黏结石膏的用途十分广泛，如可以在砌块墙上黏结木材、泡沫塑料或各种材料的装饰线条，也可用在石膏砌块墙上开槽，开孔后埋管、埋线和设置开关插座盒的黏结剂和封堵剂。

其使用方法是将黏结石膏粉料置于搅拌机中加水后搅拌，水料质量比为 1：(0.6～0.7)，也可人工在灰槽拌和。常温下，允许操作时间 40～60min，初凝后不得再加水使用。

3. 石膏腻子

如前所述，由于石膏砌块系工业化方法生产，平整度、精确度较高，同时又是榫槽粘接，墙面都十分平整，面层不用抹灰，只要刮腻子就能满足墙面基层处理。

其使用操作方法与黏结石膏类似，不过其水料质量比略小，约为 1：0.5。

4. 黏结胶

这种胶不同于黏结石膏，它是将一种透明胶状液体，直接掺在石膏粉中，其主要用途是在墙面上黏结玻纤网格布。一般墙面可以不粘玻纤网格布，网格布均用于石膏砌块墙与其他不同材料墙体和构件的缝隙，以避免由于不同材料线膨胀系数的差异而开裂。但有些石膏砌块得用玻纤网格布加强，如粘贴面砖等，得先在表面进行加强处理。这种透明胶目前较常用的为 SC791。

5. 中碱玻纤布

其用途如前所述，是墙面和不同材料界面处的加强材料。由于石膏偏酸性，所以对玻纤网格布的材性要求，可略低于置于聚合物砂浆中的材性要求。

网格布的操作一般先在墙面上刷胶，石膏砌块表面较为平整，一般可垂直铺设，要求平整，不得有褶皱，两布之间搭接宽度不得小于 30mm。

6. 锚固零件

① 尼龙锚栓　是在各种墙体上锚固物件的一种零件，俗称塑料膨胀螺栓，即在镀锌螺栓外有一尼龙套管，可以用于固定门窗、线脚、电器盒等。该产品品种较多，可根据被固定物体的大小，选用不同管径、长度和力学性能的尼龙锚栓，其材性指标由生产厂家提供。

② 水泥钉　它不同于射钉，是可以用手工铁锤直接将这种特殊钢钉钉入混凝土或砖墙内，主要用作石膏砌块墙与其他墙体交接部位有金属连接件时使用。

③ 射锚　主要采用以火药或电能为动力的射锚工具，将特制的钢钉射入墙内。其作用是在混凝土墙上固定连接件，以便与石膏砌块墙连接，其拉拔强度要高于水泥钉，且效率高。

（三）施工流程

隔墙放线→做墙垫（根据室内使用要求，有的墙不一定做墙垫）→砌块排列（摆块）→砌筑砌块墙→管线及挂件安装→墙面找平→饰面层施工。

1. 施工条件

（1）完成结构工程及屋面防水层后施工，并经验收。

（2）完成墙面、地面及顶棚抹灰。

（3）设计中有墙垫时，应完成墙垫带的施工并达到设计强度后，方可进行隔墙的安装。

（4）水、电、气管线穿墙时的位置应予标明。

（5）根据设计施工所提出的材料和施工工具，做好全部准备，使其配套齐全。

2. 施工要求

（1）放墙中心线　清除石膏砌块隔墙定位处墙、地、顶、梁、柱等处表面的浮灰及余浆，平整表面，按设计图要求放墙中心线。

（2）安装门窗框　按设计要求，留出门窗洞口，后塞门窗框。施工时，应按一定高度在门口两侧放置有预埋件的砌块构件。

（3）做墙垫　墙垫可用砖或预制混凝土垫砌筑，也可做现浇混凝土墙垫。做墙垫时，其中心线一定要对准墙的中心线，以保证隔墙的正确位置。

（4）砌筑砌块墙

① 砌筑前，先按隔墙长度方向摆块，最后的位置不足一块时，可将砌块锯切成需要的规格。

② 石膏砌块采取自下而上阶梯形式的砌筑方法，周围的楔口榫接精确，错缝砌筑。砌筑时，砌块的长度方向与墙平行，榫槽向下。

③ 石膏砌块墙的水平和竖向黏结缝应横平、竖直，厚薄均匀，密实饱满。砌筑时，随时用手力向横、竖接缝处挤压，或用专用的带榫头的垫板对准榫槽压紧，用橡胶锤敲击垫板使缝挤实，并随手将从缝中挤出的黏结剂刮去。

④ 石膏砌块墙的转角及纵横墙交接处，砌块应相互搭接。当砌到门口时，如使用有预埋件固定门框的预制门口砌块时，注意安排的位置要均匀恰当。

⑤ 为保证石膏砌块墙体的刚度，防止裂缝，要做好石膏砌块隔墙与墙体、顶棚、地面（或墙垫）、梁、柱之间的连接。

⑥ 墙的高度超过 3m 时，应设配筋带一道；墙的长度超过 6m 时，应按结构设计规范的规定，在墙长 3m 处设置构造柱。

⑦ 石膏砌块砌筑用石膏黏结粉，调制从加水时算起，40～60min 后不再使用。

⑧ 在石膏砌块墙砌筑过程中，应随时检查调整墙面的平整度和立面的垂直度，严禁在石膏黏结剂凝固后敲打校正。

⑨ 石膏砌块墙体砌筑完毕后，用石膏腻子将缺损和空洞补平。

⑩ 所有隔墙阳角均应用玻纤网格布加强或设金属护角条。

（5）管线及挂件安装

① 暗埋管线应先开管槽。水平管槽长度不得大于 400mm；竖向管槽宽度不得大于 100mm；深度不得大于 50mm。管线安装后，需用石膏黏结粉填实。如管槽必须大于上述规定时，则应在构造做法上采取增加墙体整体性的措施。

② 管槽切割或盆架穿墙时，应用粗齿锯、电动开槽机或电钻，不得用金属錾子或铁锤凿槽、开洞。如在孔洞上开槽钻洞，则应先用石膏黏结粉将孔洞填满。管槽如穿过主体结构圈梁时，不得切断钢筋。混凝土破坏部分，用微膨胀水泥填补。

③ 石膏砌块墙体挂装卫生洁具、吊柜、家用电器时，可在墙面上安装三角架固接。

④ 需要安装大型挂件时，可用穿墙螺栓固接。具体做法应根据设计要求单独设计施工。

（6）墙面找平。国外采用半自动和全自动立模成型、液压顶升石膏砌块生产设备生产的砌块，由于模箱尺寸的精确度高，在砌筑时，注意控制黏结剂的厚度，并及时清除从缝中挤出的多余黏结剂，一般只需局部找平即可。其方法是在整个墙面用黏结胶满粘中碱玻纤网格布，粘贴时要求垂直铺贴，布之间搭接长度不小于 50mm。与主体结构的墙、梁、柱、顶棚交接处应将玻纤布在该部位连续粘贴，宽度应大于 100mm，然后在面层刮耐水腻子，最后做装饰层（涂料、墙纸、墙布或瓷砖）。

3. 施工工具

根据石膏砌块具有可锯、可刨、可加工的特点，特备制各种专用施工工具，主要有几大类：第一类是切断工具，可用电动手锯，也可用手工刀锯；第二类是钻孔机具，一种是钻通孔，如穿墙管线和螺栓，另一种是穿半孔，如各种电器线盒；第三类是开槽工具，用于在墙体上开刨各种暗线管线，如电线管、上水管等；以及其他常用工具。

二、板材隔墙的施工工艺

板材隔墙施工工艺选取增强水泥条板（GRC板）与增强石膏条板隔墙施工工艺、钢丝网架水泥聚苯乙烯夹芯板墙施工技术进行陈述，其他板材施工工艺可参照执行。

（一）增强水泥条板（GRC板）与增强石膏条板隔墙施工工艺

1. 施工材料准备

按工程图尺寸，预制好需要的GRC轻质条板，各种板型运至现场，堆放场地要求平整，堆放时按不同规格的板分类立放整齐以便配板，立放角度尽量垂直。

2. 施工工具

钢卷尺、粉线袋、小铁锤、切割机、射钉枪、大菜刀、灰桶、刮泥刀、线锤、铝合金靠直尺（2m长）撬棒、板锯及灰板、木楔等。

3. 作业准备

建筑结构完成后，根据设计要求将板材运至现场备用。在需要安装GRC的梁、板底面弹出安装线位置，用墨线弹出GRC板的边线。将安装地面清理干净，凸出部分别凿平整。配制水泥砂浆，水泥砂浆的配合质量比为细砂：水泥＝3：1。

4. 条板安装

条板在安装时，先将条板侧抬至梁、板底面弹有安装线的位置，将黏结面用备好的水泥砂浆全部涂抹，两侧做八字角。安装顺序：无门洞口，从外向内安装；有门洞口，由门洞口向两边扩展。门洞口边宜用整板，竖板时一人在一边推挤，一人在下面用宽口手撬棒撬起，边顶边撬，使之挤紧缝隙，以挤出胶浆为宜。在推挤时，应注意条板是否偏离已弹好的安装边线，并及时用垂线和铝合金靠尺校正，将板面找平，找直。安装好第一块条板后，检查其柱边板间黏结缝隙不大于15mm为宜，合格后即用木楔楔紧条板底部、顶部，用刮刀将挤出的水泥砂浆补齐刮平，以安装好的第一块板为基础，按第一块板的方法开始安装整墙条板。

5. 高度超过3.3m的初级安装

（1）轻质板最长规格为3.2m，90mm板抗折力可超过2000N以上。根据90mm板的抗折力和抗冲性能，在不超过4m的净空内按一般胶结方法安装可以确保安全。

（2）板接缝处粘接：将超出3.2m高的小板量好尺寸，用切割机切好，实行长短错开竖放拼装，安装办法仍按前述施工方法进行，净空超过4m的隔墙板安装需进行专门的结构设计。

6. 接缝处理

（1）两板双燕尾槽接缝处理 两板接缝水泥砂浆必须饱满挤紧，挤出的多余砂浆及时刮平，板边调节处理槽必须等接缝内水泥砂浆、墙板干透后抹灰时一同处理。

（2）梁、板底面接缝处理 由于条板长度生产误差，梁、柱底面高度模板误差，两者上下缝间一般在3～8cm范围内，该缝间可用水泥砂浆和板头、砖块等硬物填充，但不允许挤实，保持和梁隔 1cm 沉降空隙，靠梁下的阴角砂浆用圆抹灰板压实成外八字形，等装饰面处理时用弹性乳液制作成弹性砂浆腻子，将空隙和阴角内填实补齐刮平，可保证纵向裂缝不超过 5%。

7. 门窗结点

预留门窗洞口，墙板根据实际要求任意加工（包括加工企口），门框两侧采用整板，若门洞一侧靠混凝土柱，则应在门洞顶角用射钉将角钢射入混凝土柱，位置要准确无误以支撑洞顶的条板（转弯、门窗丁字结点建议用钢板网连接，是避免门、窗在外力作用下条板接缝开裂的有效措施）。门、窗口过梁板不超过 1200mm，超过 1200mm 应进行专门的结构设计，门框、窗框与墙板之间用专用构件连接，门框与墙板间隙用黏结剂腻子塞实、刮平，条板安装后一周内不得打孔凿眼，以免黏结剂固化时间不足而使板受振动开裂。

8. 墙体抹灰处理

（1）轻质隔墙板安装，墙板干透后才能进行表面抹灰和接缝处理。防止局部沉降，先做主体工程、其他砌体外墙工程、墙板抹灰工程，最后做轻质隔墙面装饰装潢的顺序。

（2）为了保证 GRC 轻质隔墙的刚度，尤其在高层的情况下，建议用钢板网（厚0.8mm）沿竖向和水平方向用长型钉书机钉入板体连接。

（3）抹灰之前用水冲湿墙面，在用涂料滚子在墙板表面涂一遍 107 胶水泥砂浆（107、水泥、砂的比例为 1∶2∶3，加适量水调成稀糊状，能滚涂为标准）进行拉毛，以防脱壳。待完全干后，即可用普通水泥砂浆进行抹灰（做二次抹灰，每次厚度不超过 3～5mm），但必须离上梁、板 1～2mm。

（4）抹灰砂浆必须选用中粗砂并掺增塑剂，严格按配比进行，搅拌均匀，抹灰砂浆水灰比不能过大，否则水分蒸发后形成空隙，尤其是水泥砂浆强度过高和使用细砂，都会使基层开裂。因此应选用弹性乳液和 425 号水泥，制作的弹性砂浆具有可变形的特点，能在很大程度上控制墙面裂缝。

（5）厨、卫内隔墙应做防水处理，地面以上 1500mm 高处的隔墙条板面应涂上防水剂，要特别注意板脚及管道井口等关键部位的防水处理。其余水管进出口均须做防水处理。

9. 埋设水电管线处理

根据线路的走向确定位置时，最好在圆孔处开孔；其次对于圆孔可以采用机械开孔，通过专用或自制的工具开孔，效果较好；对于尺寸较大的矩形孔，由于 GRC 墙板良好的可加工性，可锯，可割，因此没有多大问题。

10. GRC 墙板施工中应注意的问题

GRC 墙板是由企口槽连接拼装而成，经不起重锤猛击，不能横向敷设管路，施工时管路必须在预埋时从楼板中敷设。放线定位后用切割机开凿。敷设完工即用混凝土砂浆掺入适量 107 胶等，在开槽处粘贴玻璃纤维网格带补平，防止开裂。在安装水箱、瓷盆、电气开关、插座、壁灯等水电器具处，按尺寸要求剔凿孔口（不可剔通）后，不可用重锤猛击，以免震坏墙板。管线埋好后，立即用水泥砂浆腻子塞实、刮平。而对于体积较大、自重较重的器具，如动力箱，则要按尺寸要求凿孔洞（不可凿通），再将木楔或钢埋件用水泥砂浆掺水泥灌筑塞实，过 7d 后再安装。

（二）钢丝网架水泥聚苯乙烯夹芯板墙施工技术

1. 范围

本施工技术适用于一般建筑物和框架结构工程等的内外隔间施工。

2. 施工准备

（1）材料、工具及机械设备

① 钢丝网架聚苯乙烯夹心板　其品种、规格、强度等级必须符合建设要求，规格应一致。有出厂合格证、试验报告单等。

② 水泥　一般用 32.5 号矿渣硅酸盐水泥或普通硅酸盐水泥，有出厂合格证、现场取样复试报告。

③ 砂　宜用中砂过 5mm 孔径筛子，砂的含泥量不超过 3% 并不含草根等杂物。

④ 水　用自来水或不含有害物质的洁净水。

⑤ 电源　施工现场附近应分别有 380V 与 220V 电源。

⑥ 其他材料　ϕ8mm 膨胀螺栓，40×4 角钢，绑扎铁丝。

⑦ 工具及机械设备

a. 工具　电锤、木搓板、铁搓板、活扳手、钢丝钳、水桶、手推车、筛子、胶皮水管、铁锹、线坠、托线板、水平尺等。

b. 机械设备　搅拌机、搅拌漏斗、喷浆机、输送软管、五芯电缆、电表箱、开关箱、电源插座、插头、磅秤。

（2）作业条件

① 主体分部中承重结构已施工完成，并经有关部门验收。

② 焊出轴线、墙边线、门窗洞口线，经复核办理预检手续。

③ 喷浆作业时，常温应保持在 5℃ 以上，因此寒冷地区，不宜冬天作业。

3. 操作工艺

（1）工艺流程：准备施工→打孔安装锚固节点→安装墙板→检查墙板安装是否牢固→拌制砂浆喷浆→清理→洒水养护。

（2）遮蔽挡、基础墙或楼面上清扫干净。

（3）根据设计图纸各部位尺寸，找出轴线，焊出墙边线，根据墙板宽度设计锚固节点间距，在墙两边线上打孔安装螺栓节点。

（4）安装墙板并找垂直、平整，拧紧锚固节点角钢螺帽，把墙板与墙板的缝隙用补强网片、铁丝绑扎连接好。

（5）当墙板安装完毕后，检查墙板四周锚固、板缝加固是否牢固，要办理隐蔽预检手续，方可进行喷浆作业。

（6）喷浆：喷浆的水泥：砂子：水按 1:3:水（适量），搅拌时间不少于 1.5min 通过喷浆机输送管喷到钢丝网架上，要喷匀、喷平，同时有人跟着用搓板抹平，要求压光时，可进行压光处理。

（7）按楼层或 250m³ 砂浆试块（每组 6 块）。

（8）喷浆工序完成后，落到下面的砂浆应及时清理起来，送到搅拌机进行二次搅拌或掺入砂堆中搓细。

（9）养护：待墙体喷完浆持平 12h 后，可进行洒水养护，不得少于 7d。

（10）根据安装工程需要在墙体上安装预埋件或预留洞时，应按设计要求留置，避免以后的剔凿。

三、骨架隔墙的施工工艺

骨架隔墙的施工工艺选取木龙骨隔墙施工工艺与轻钢龙骨石膏罩面板隔墙施工工艺进行

陈述，其他骨架施工工艺可参照执行。

（一）木龙骨隔墙施工工艺

1. 木龙骨隔断墙的施工程序

清理基层地面→弹线、找规矩→在地面用砖、水泥砂浆做地枕带（又称踢脚座）→弹线、返线至顶棚及主体结构墙上→立边框墙筋→安装沿地、沿顶木楞→立隔断立龙骨→钉横龙骨→封罩面板，预留插座位置并设加强垫木→罩面板处理。

2. 木龙骨隔断墙施工要点

木龙骨架应使用规格为 40mm×70mm 的红、白松木。立龙骨的间距一般在 450～600mm 之间。

安装沿地、沿顶木楞时，应将木楞两端伸入砖墙内至少 120mm，以保证隔断墙与原结构墙连接牢固。

（二）轻钢龙骨石膏罩面板隔墙施工工艺

1. 范围

本工艺标准适用于工业与民用建筑中的轻钢龙骨石膏罩面板隔墙的安装。

2. 施工准备

（1）材料及主要机具

① 轻钢龙骨　目前隔墙工程使用的轻钢龙骨主要有支撑卡系列龙骨和通贯系列龙骨。轻钢龙骨主件有沿顶沿地龙骨、加强龙骨、竖（横）向龙骨、横撑龙骨。轻钢龙骨配件有支撑卡、卡托、角托、连接件、固定件、护角条、压缝条等。轻钢龙骨的配置应符合设计要求。龙骨应有产品质量合格证。龙骨外观应表面平整，棱角挺直，过渡角及切边不允许有裂口和毛刺，表面不得有严重的污染、腐蚀和机械损伤。

② 紧固材料　射钉、膨胀螺栓、镀锌自攻螺钉（2mm 厚石膏板用 25mm 长螺钉，两层 12mm 厚石膏板用 35mm 长螺钉）、木螺钉等，应符合设计要求。

③ 填充材料　玻璃棉、矿棉板、岩棉板等，按设计要求选用。

④ 纸面石膏板　纸面石膏板应有产品合格证。规格应符合设计图纸的要求。一般规格如下：长度根据工程需要确定；宽度为 1200mm、900mm；厚度为 9.5mm、12mm、15mm、18mm、25mm，常用的为 12mm。

⑤ 接缝材料　接缝腻子、玻纤带（布）、107 胶。

WKF 接缝腻子：抗压强度＞3.0MPa，抗折强度＞1.5MPa，终凝时间＞0.5h。50mm 中碱玻纤带和玻纤网格布：布重＞80g/m²，8 目/in（1in＝0.0254m），25mm×100mm 布条的断裂强度为经向＞300N、纬向＞150N。

⑥ 主要机具　板锯、电动剪、电动自攻钻、电动无齿锯、手电钻、射钉枪、直流电焊机、刮刀、线坠、靠尺等。

（2）作业条件

① 主体结构已验收，屋面已做完防水层。

② 室内弹出＋50cm 标高线。

③ 作业的环境温度不应低于 5℃。

④ 熟悉图纸，并向作业班组作详细的技术交底。

⑤ 根据设计图和提出的备料计划，查实隔墙全部材料，使其配套齐全。

⑥ 主体结构墙、柱为砖砌体时，应在隔墙交接处，按 1000mm 间距预埋防腐木砖。

⑦ 设计要求隔墙有地枕带时，应先将 C20 细石混凝土地枕带施工完毕，强度达到 10MPa 以上，方可进行轻钢龙骨的安装。

⑧ 先做样板墙一道，经鉴定合格后再大面积施工。

3. 施工工艺

(1) 工艺流程 弹线、分挡→做地枕带（设计有要求时）→固定沿顶、沿地龙骨→固定边框龙骨→安装竖向龙骨→安装门、窗框→安装附加龙骨→安装支撑龙骨→检查龙骨安装→电气铺管安附墙设备→安装一面罩面板→填充隔声材料→安装另一面罩面板→接缝及护角处理→质量检验。

(2) 弹线、分挡 在隔墙与上、下及两边基体的相接处，应按龙骨的宽度弹线，确保弹线清楚，位置准确。按设计要求，结合罩面板的长、宽分挡，以确定竖向龙骨、横撑及附加龙骨的位置。

(3) 作地枕带 当设计有要求时，按设计要求做豆石混凝土地枕带。做地枕带应支模，豆石混凝土应浇捣密实。

(4) 固定沿顶、沿地龙骨 沿弹线位置固定沿顶、沿地龙骨，可用射钉或膨胀螺栓固定，固定点间距应不大于 600mm，龙骨对接应保持平直。

(5) 固定边框龙骨 沿弹线位置固定边框龙骨，龙骨的边线应与弹线重合。龙骨的端部应固定，固定点间距应不大于 1m，固定应牢固。边框龙骨与基体之间，应按设计要求安装密封条。

(6) 选用支撑卡系列龙骨时，应先将支撑卡安装在竖向龙骨的开口上，卡距为 400～600mm，距龙骨两端的距离为 20～25mm。

(7) 安装竖向龙骨应垂直，龙骨间距应按设计要求布置。设计无要求时，其间距可按板宽确定，如板宽为 900mm、1200mm 时，其间距分别为 453mm、603mm。

(8) 选用通贯系列龙骨时，低于 3m 的隔断安装一道；3～5m 隔断安装两道；5m 以上安装三道。

(9) 罩面板横向接缝处，如不在沿顶、沿地龙骨上，应加横撑龙骨固定板缝。

(10) 门窗或特殊节点处，使用附加龙骨，安装应符合设计要求。

(11) 对于特殊结构的隔墙龙骨安装（如曲面、斜面隔断等），应符合设计要求。

(12) 电气铺管、安装附墙设备 按图纸要求预埋管道和附墙设备。要求与龙骨的安装同步进行，或在另一面石膏板封板前进行，并采取局部加强措施，固定牢固。电气设备专业在墙中铺设管线时，应避免切断横、竖向龙骨，同时避免在沿墙下端设置管线。

(13) 龙骨检查校正补强 安装罩面板前，应检查隔断骨架的牢固程度，门窗框、各种附墙设备、管道的安装和固定是否符合设计要求。如有不牢固处，应进行加固。龙骨的立面垂直偏差应≤3mm，表面不平整应≤2mm。

(14) 安装石膏罩面板

① 石膏板宜竖向铺设，长边（即包封边）接缝应落在竖龙骨上。仅隔墙为防火墙时，石膏板应竖向铺设。曲面墙所用石膏板宜横向铺设。

② 龙骨两侧的石膏板及龙骨一侧的内外两层石膏板应错缝排列，接缝不得落在同一根龙骨上。

③ 石膏板用自攻螺钉固定。沿石膏板周边螺钉间距不应大于 200mm，中间部分螺钉间距不应大于 300mm，螺钉与板边缘的距离应为 10～16mm。

④ 安装石膏板时，应从板的中部向板的四边固定，钉头略埋入板内，但不得损坏纸面。

钉眼应用石膏腻子抹平。

⑤ 石膏板宜使用整板。如需对接时，应紧靠，但不得强压就位。

四、活动隔墙的施工工艺

（一）适用范围

适用于工业与民用建筑中活动隔断墙的施工。主要以悬吊移动式隔断墙为例陈述，其他类似活动隔断参照执行。

（二）施工准备

1. 原材料、半成品要求

（1）活动隔墙的导轨和隔扇组成材料及配件的品种、规格、性能和木材的含水率应符合设计和有关标准的要求。有阻燃、防潮等特性要求的工程，材料应有相应性能等级的检测报告，必要时应提前现场抽样进行复验。

（2）安装前，首先对已经制作完成的隔墙扇进行检查验收，要求隔墙扇表面平整、尺寸准确，对角线差 4mm 以内，上部滑轨安装牢固、滑动灵活。

（3）活动隔墙的顶部导轨下部滑道或门槛一般用型钢制作，根据扇墙高度、重量按设计要求选材制作。

（4）活动墙扇一般采用轻钢骨架、金属面板或木骨架、胶合板等人造木板。

2. 主要工机具

主要工机具一览表见表 4-1。

表 4-1　主要工机具一览表

序号	工机具名称	规　格	序号	工机具名称	规　格
1	电钻	4～13mm	9	水平尺	1mm
2	电锤	DH22	10	丁字尺	
3	手提电动砂轮机	SIMJ-125	11	电焊机	
4	型材切割机	J3GS-300 型	12	铝合金靠尺	2m
5	射钉枪	SDT-A301	13	锤子	
6	空压机		14	螺丝刀	
7	水准仪	DS3	15	卷尺	3m
8	电圆锯	500mm	16	卷尺	7.5m

3. 作业条件

（1）主体结构工程施工完，屋面防水施工完，楼、地面施工完，墙面、顶棚粗装修完。

（2）房间内达到一定干燥程度，湿度≤60％以下。

（3）已落实电、通信、空调、采暖各专业协调配合问题。

4. 作业人员

（1）主要作业人员必须是有过多次同类型工程作业经历的专业木工。

（2）作业人员经过详尽的技术培训、技术交底、现场安全和文明施工教育。

（三）施工工艺

1. 工艺流程

定位弹线→活动隔扇预制→轨道安装→隔扇安装→密封刷、密封条安装。

2. 操作工艺

（1）定位、弹线　按施工图定位放线，先在楼、地面上弹出隔断墙中心线及边线，然后用线锤上引至顶面和侧面墙或柱上划线，弹出轨道和横梁的安装控制线。

（2）活动隔扇预制　根据设计选用的不同类型活动隔扇，分别参照木骨架隔断墙、轻钢龙骨隔断墙、金属隔断或板材隔断的操作工艺预制活动隔扇。

（3）导轨安装　按线固定安装导轨。由于导轨经常受动载影响，故导轨的固定宜采用焊接，导轨连接件与墙、柱、梁下的预埋件焊接固定。

（4）隔扇安装　活动隔扇可分段预制、分段安装后再连接拼合。目前较常采用的悬吊导向式固定方式，是在活动隔板的顶面安装滑轮，并与上部悬吊的轨道相连，构成整个上部支撑点，滑轮的安装应与隔板的垂直轴保持能自由转动的关系，以使隔板能随时调整改变自身的角度。

五、玻璃隔墙的施工工艺

因为玻璃砖隔墙施工工艺与平板玻璃隔墙施工工艺属于专业施工，故简要选择玻璃隔墙施工工艺中规律性工艺以作参照执行，如图 4-3 所示。

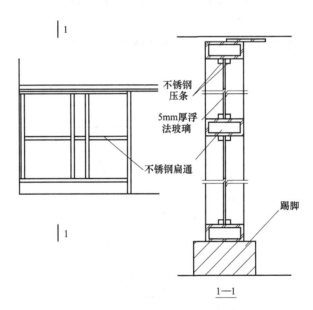

图 4-3　不锈钢玻璃隔墙构造

（一）施工工艺流程

定位放线→预埋件安装→立柱固定→夹槽安装→安装玻璃→防撞栏杆安装→硅酮胶封闭→清理→保护。

（二）操作要点

1. 出翻样图

玻璃隔断安装后，要出翻样图。翻样图根据设计图确定木榫的规格尺寸、立面布置、结构连接构造、玻璃尺寸、安装形式等内容，并依据翻样初步确定玻璃加工地、墙面弹线根据放样图，在需要固定基定的地面上弹出隔断框的宽度边和中心，然后用线锤将两边缘线和中收线的位置引测到相邻的墙上和顶相同上，同时划出固定点的位置。

2. 钻孔固定

采用 M8×60 膨胀螺栓固定，用 φ12mm 的钻头打孔，孔深为 45mm 左右，然后在孔内放入 M8×60 膨胀螺栓。

3. 安装下基层夹槽框架

在施工现场预埋阶段，配合建设、监理、设计等相关部门对玻璃隔断轴线部位进行定位放线，设定固定轴线基准点及地面装饰表面水平点，同时对每跨度尺寸进行交叉复核，经确认无误后根据图纸立柱水平间距对预埋件（防锈处理）进行分布，经核对符合要求后由膨胀螺钉进行固定。经轴线基准点引入玻璃隔断轴线并标识在预埋件上，以确保玻璃夹槽做到横平、竖直，复核后固定于预埋件上并做好防腐、防锈处理工作。

4. 玻璃裁割

根据已安装好的木基层框架，确定玻璃裁割尺寸，委托业主厂家进行加工生产，运至现场工地。

5. 玻璃的安装

（1）玻璃就位　边框安装好后，先将其槽口清理干净，槽口内不得有垃圾或积水，并垫好防震橡胶垫块。用 2～3 个玻璃吸盘把玻璃吸牢，由 2～3 人手握吸盘同时抬起玻璃，先将玻璃竖着插入上框槽口内，然后轻轻垂直落下，放入下框槽口内。如果是吊挂式安装，在将玻璃送入上框时，还应将玻璃放入夹具中。

（2）调整玻璃位置　先将靠墙（或柱）的玻璃就位，使其插入贴墙（柱）的边框槽口内，然后安装中间部位的玻璃。两块玻璃之间接缝时应留 2～3mm 缝隙或留出与玻璃稳定器（玻璃肋）厚度相同的缝，此缝为打胶而准备的，因此玻璃下料时应计算留缝宽度尺寸。如果采用吊挂式安装，这时应将吊挂玻璃的夹具逐块将玻璃夹牢。对于有框玻璃隔墙，用压条或槽口条在玻璃两侧位置夹住玻璃，并用自攻螺钉固定在框架上。

6. 嵌缝打胶

玻璃全部就位后，校正平整度、垂直度，同时用聚苯乙烯泡沫嵌条嵌入槽口内，使玻璃与金属槽接合紧密，然后打硅酮结构胶。注胶时，操作顺序应从缝隙的端头开始，一只手托住注胶枪，另一只手均匀用力握挤，同时顺着缝隙移动，移动的速度也要均匀，将结构胶均匀地注入缝隙中，注满后随即用塑料片在玻璃两面刮平玻璃胶，并清洁溢到玻璃表面的胶迹。

7. 边框装饰

无竖框玻璃隔墙嵌入墙、柱面和地面的饰面层中时，此时只要衔接相关部位，精细加工墙、柱面和地面的饰面即可，在块材镶贴或安装时与玻璃衔接好。如边框不是嵌入墙、柱或地面时，则按设计要求对边框进行装饰。其中不锈钢装饰板总体上要满足国家标准《不锈钢棒》（GB/T 1220—2007），并满足下列要求：①壁厚 2.5mm，表面处理发纹拉丝；②不锈钢板采用万能胶与木基层框墙粘接安装收口，清理，注胶。

8. 清洁

玻璃板隔墙安装好后，用棉纱和清洁剂清洁玻璃面的胶迹和污痕。

课题三　轻质隔墙工程的质量验收

一、轻质隔墙工程的质量验收一般规定

（1）本规定适用于板材隔墙、骨架隔墙、活动隔墙、玻璃隔墙等分项工程的质量验收。

（2）轻质隔墙工程验收时应检查下列文件和记录

① 轻质隔墙工程的施工图、设计说明及其他设计文件。

② 材料的产品合格证书、性能检测报告、进场验收记录和复验报告。

③ 隐蔽工程验收记录。

④ 施工记录。

（3）轻质隔墙工程应对人造木板的甲醛含量进行复验。

（4）轻质隔墙工程应对下列隐蔽工程项目进行验收

① 骨架隔墙中设备管线的安装及水管试压。

② 木龙骨防火、防腐处理。

③ 预埋件或拉结筋。

④ 龙骨安装。

⑤ 填充材料的设置。

（5）各分项工程的检验批应按下列规定划分

同一品种的轻质隔墙工程每 50 间（大面积房间和走廊按轻质隔墙的墙面 30m² 为一间）应划分为一个检验批，不足 50 间也应划分为一个检验批。

（6）轻质隔墙与顶棚和其他墙体的交接处采取防开裂措施。

（7）民用建筑轻质隔墙工程的隔声性能应符合现行国家标准《民用建筑隔声设计规范》（GB 50118—2010）的规定。

二、板材隔墙工程

（1）本规定适用于复合轻质墙板、石膏空心板、预制或现制的钢丝网水泥板等板材隔墙工程的质量验收。

（2）板材隔墙工程的检查数量应符合下列规定：每个检验批应至少抽查 10%，并不得少于 3 间；不足 3 间时，应全数检查。其主控项目及检验方法、一般项目及检验方法、允许偏差及检验方法见表 4-2～表 4-4。

表 4-2　板材隔墙工程主控项目及检验方法

项次	项目内容	检验方法
1	隔墙板材的品种、规格、性能、颜色应符合设计要求。有隔声、隔热、阻燃、防潮等特殊要求的工程,板材应有相应性能等级的检测报告	检验方法:观察;检查产品合格证书、进场验收记录和性能检测报告
2	安装隔墙板材所需预埋件、连接件的位置、数量及连接方法应符合设计要求	观察;尺量检查;检查隐蔽工程验收记录
3	隔墙板材安装必须牢固。现制钢丝网水泥隔墙与周边墙体的连接方法应符合设计要求,并应连接牢固	观察;手摸检查
4	隔墙板材所用接缝材料的品种及接缝方法应符合设计要求	观察;检查产品合格证书和施工记录

表 4-3　板材隔墙工程一般项目及检验方法

项次	项目内容	检验方法
1	隔墙板材安装应垂直、平整、位置正确,板材不应有裂缝或缺损	观察;尺量检查
2	板材隔墙表面应平整光滑、色泽一致、洁净,接缝应均匀、顺直	观察;手摸检查
3	隔墙上的孔洞、槽、盒应位置正确、套割方正、边缘整齐	观察

表 4-4　板材隔墙安装的允许偏差及检验方法

项次	项　　目	允许偏差/mm		检验方法
		金属夹芯板	石膏空心板	
1	立面垂直度	2	3	用 2m 垂直检测尺检查
2	表面平整度	2	3	用 2m 靠尺和塞尺检查
3	阴阳角方正	3	3	用直角检测尺检查
4	接缝高低差	1	2	用钢直尺检查和塞尺检查

三、骨架隔墙工程

（1）本规定适用于以轻钢龙骨、木龙骨等为骨架，以纸面石膏板、人造木板、水泥纤维板等为墙面板的隔墙工程的质量验收。

（2）骨架隔墙工程的检查数量应符合下列规定：

每个检验批应至少抽查 10%，并不得少于 3 间；不足 3 间时，应全数检查。其主控项目及检验方法、一般项目及检验方法、允许偏差及检验方法见表 4-5～表 4-7。

表 4-5　骨架隔墙工程主控项目及检验方法

项次	项目内容	检验方法
1	骨架隔墙所用龙骨、配件、墙面板、填充材料及嵌缝材料的品种、规格、性能和木材的含水率应符合设计要求。有隔声、隔热、阻燃、防潮等特殊要求的工程，材料应有相应性能等级的检测报告	观察；检查产品合格证书、进场验收记录、性能检测报告和复验报告
2	骨架隔墙工程边框龙骨必须与基体结构连接牢固，并应平整、垂直、位置正确	手板检查；尺量检查；检查隐蔽工程验收记录
3	骨架隔墙中龙骨间距和构造连接方法应符合设计要求。骨架内设备管线的安装、门窗洞口等部位加强龙骨应安装牢固、位置正确，填充材料的设置应符合设计要求	检查隐蔽工程验收记录
4	木龙骨及木墙面板的防火和防腐处理必须符合设计要求	检查隐蔽工程验收记录
5	骨架隔墙的墙面板应安装牢固，无脱层、翘曲、折裂及缺损	观察；手板检查
6	墙面板所用接缝材料的接缝方法应符合设计要求	观察

表 4-6　骨架隔墙工程一般项目及检验方法

项次	项目内容	检验方法
1	骨架隔墙表面应平整光滑、色泽一致、洁净、无裂缝，接缝应均匀、顺直	观察；手摸检查
2	骨架隔墙上的孔洞、槽、盒应位置正确、套割吻合、边缘整齐	观察
3	骨架隔墙内的填充材料应干燥，填充应密实、均匀、无下坠	轻敲检查；检查隐蔽工程验收记录

四、活动隔墙工程

（1）本规定适用于各种活动隔墙工程的质量验收。

（2）活动隔墙工程的检查数量应符合下列规定：每个检验批应至少抽查 20%，并不得少于 6 间；不足 6 间时，应全数检查。其主控项目及检验方法、一般项目及检验方法、允许偏差及检验方法见表 4-8～表 4-10。

表 4-7　骨架隔墙安装的允许偏差及检验方法

项次	项　目	允许偏差/mm		检验方法
		纸面石膏板	人造木板或 水泥纤维板	
1	立面垂直度	3	4	用 2m 垂直检测尺检查
2	表面平整度	3	3	用 2m 靠尺和塞尺检查
3	阴阳角方正	3	3	用直角检测尺检查
4	接缝直线度	—	3	拉 5m 线,不足 5m 拉通线,用 钢直尺检查
5	压条直线度	—	3	拉 5m 线,不足 5m 拉通线,用 钢直尺检查
6	接缝高低差	1	1	用钢直尺和塞尺检查

表 4-8　活动隔墙工程主控项目及检验方法

项次	项目内容	检验方法
1	活动隔墙所用墙板、配件等材料的品种、规格、性能和木材的含水率应符合设计要求。有阻燃、防潮等特性要求的工程,材料应有相应性能等级的检测报告	观察;检查产品合格证书、进场验收记录、性能检测报告和复验报告
2	活动隔墙轨道必须与基体结构连接牢固,并应位置正确	尺量检查;手板检查
3	活动隔墙用于组装、推拉和制动的构配件必须安装牢固、位置正确,推拉必须安全、平稳、灵活	尺量检查;手板检查;推拉检查
4	活动隔墙制作方法、组合方式应符合设计要求	观察

表 4-9　活动隔墙工程一般项目及检验方法

项次	项目内容	检验方法
1	活动隔墙表面应色泽一致、平整光滑、洁净线应顺直、清晰	观察;手摸检查
2	活动隔墙上的孔洞、槽、盒应位置正确、套割吻合、边缘整齐	观察;尺量检查
3	活动隔墙推拉应无噪声	推拉检查

表 4-10　活动隔墙安装的允许偏差及检验方法

项次	项　目	允许偏差/mm	检验方法
1	立面垂直度	3	用 2m 垂直检测尺检查
2	表面平整度	2	用 2m 靠尺和塞尺检查
3	接缝直线度	3	拉 5m 线,不足 5m 拉通线,用钢直尺检查
4	接缝高低度	2	用钢直尺和塞尺检查
5	接缝宽	2	用钢直尺检查

五、玻璃隔墙工程

(1) 本规定适用于玻璃砖、玻璃板隔墙工程的质量验收。

(2) 玻璃墙工程的检查数量应符合下列规定:每个检验批至少抽查 20%,并不得少于 6

间；不足 6 间时，应全数检查。其主控项目及检验方法、一般项目及检验方法、允许偏差及检验方法见表 4-11～表 4-13。

表 4-11　玻璃隔墙工程主控项目及检验方法

项次	项目内容	检验方法
1	玻璃隔墙工程所用材料的品种、规格、性能、图案和颜色应符合设计要求。玻璃板隔墙应使用玻璃	观察；检查产品合格证书、进场验收记录和性能检测报告
2	玻璃砖隔墙的砌筑或玻璃板隔墙的安装方法应符合设计要求	观察
3	玻璃砖隔墙砌筑中埋设的拉结筋必须与基体结构连接牢固，并应位置正确	手板检查；尺量检查；检查隐蔽工程验收记录
4	玻璃隔墙的安装必须牢固。玻璃板隔墙胶垫的安装应正确	观察；手推检查；检查施工记录

表 4-12　玻璃隔墙工程一般项目及检验方法

项次	项目内容	检验方法
1	玻璃隔墙表面应色泽一致、平整洁净、清晰美观	观察
2	玻璃隔墙接缝应横平竖直，玻璃应无裂痕、缺损和划痕	观察
3	玻璃板隔墙嵌缝及安装玻璃砖墙勾缝应密实平整、均匀顺直、深浅一致	观察

表 4-13　玻璃隔墙安装的允许偏差及检验方法

项次	项　　目	允许偏差/mm		检验方法
		玻璃砖	玻璃板	
1	立面垂直度	3	2	用 2m 垂直检测尺检查
2	表面平整度	3	—	用 2m 靠尺和塞尺检查
3	阴阳角方正	—	2	用直角检测尺检查
4	接缝直线度	—	2	拉 5m 线，不足 5m 拉通线，用钢直尺检查
5	接缝高低差	3	2	用钢直尺和塞尺检查
6	接缝宽度	—	1	用钢直尺检查

课题四　实训——轻质隔墙案例分析

一、任务

安装一轻钢龙骨石膏板板材隔墙（尺寸：长度×高度为 3000mm×2500mm）。

二、施工准备

1. 主要材料及配件准备

（1）轻钢龙骨材料准备　沿顶龙骨、沿地龙骨、加强龙骨、竖向龙骨和横向龙骨应符合设计要求。

（2）轻钢骨架配件材料准备　支撑卡、卡托、角托、连接件、固定件、附墙龙骨和压条等附件应符合设计要求。

（3）紧固材料准备　射钉、膨胀螺栓、镀锌自攻螺钉、木螺钉和黏结嵌缝料应符合设计要求。

（4）填充隔声材料准备　按设计要求选用。

（5）罩面板材材料准备　纸面石膏板规格、厚度由设计人员或按图纸要求选定。

2．主要机具材料准备

直流电焊机、电动无齿锯、手电钻、螺丝刀、射钉枪、线坠和靠尺等工具的准备。

3．作业条件

（1）轻钢骨架、石膏罩面板隔墙施工前应先完成基本的验收工作，石膏罩面板安装应待屋面、顶棚和墙抹灰完成后进行。

（2）设计要求隔墙有地枕带时，应待地枕带施工完毕，并达到设计程度后，方可进行轻钢骨架安装。

（3）根据设计施工图和材料计划，查实隔墙的全部材料，使其配套齐备。

（4）所有的材料，必须有材料检测报告和合格证。

三、施工工艺

1．工艺流程

轻隔墙放线→安装门洞口框→安装沿顶龙骨和沿地龙骨→竖向龙骨分挡→安装竖向龙骨→安装横向龙骨卡挡→安装石膏罩面板→施工接缝做法→面层施工。

2．放线

根据设计施工图，在已做好的地面或地枕带上，放出隔墙位置线和门窗洞口边框线，并放好顶龙骨位置边线。

3．安装门洞口框

放线后按设计，先将隔墙的门洞口框安装完毕。

4．安装沿顶龙骨和沿地龙骨

按已放好的隔墙位置线，按线安装顶龙骨和地龙骨，用射钉固定于主体上，其射钉钉距为600mm。

5．竖龙骨分挡

根据隔墙放线门洞口位置，在安装顶、地龙骨后，按罩面板的规格900mm或1200mm板宽，分挡规格尺寸为450mm，不足模数的分挡应避开门洞框边第一块罩面板位置，使破边石膏罩面板不在靠洞框处。

6．安装龙骨

按分挡位置安装竖龙骨，竖龙骨上下两端插入沿顶龙骨及沿地龙骨，调整垂直及定位准确后，用抽心铆钉固定；靠墙、柱边龙骨用射钉或木螺钉与墙、柱固定，钉距为1000mm。

7．安装横向卡挡龙骨

根据设计要求，隔墙高度大于3m时应加横向卡挡龙骨，采用抽心铆钉或螺栓固定。

8．安装石膏罩面板

（1）检查龙骨安装质量和门洞口框是否符合设计及构造要求，龙骨间距是否符合石膏板宽度的模数。

（2）安装一侧的纸面石膏板，从门口处开始，无门洞口的墙体由墙的一端开始，石膏板一般用自攻螺钉固定，板边钉距为200mm，板中间距为300mm，螺钉距石膏板边缘的距离不得小于10mm，也不得大于16mm，自攻螺钉固定时，纸面石膏板必须与龙骨紧靠。

（3）安装墙体内电管、电盒和电箱设备。

（4）安装墙体内防火、隔声和防潮填充材料，与另一侧纸面石膏板同时进行安装填入。

（5）安装墙体另一侧纸面石膏板：安装方法同第一侧纸面石膏板，其接缝应与第一侧面板错开。

（6）安装双层纸面石膏板：第二层板的固定方法与第一层相同，但第三层板的接缝应与第一层错开，不能与第一层的接缝落在同一龙骨上。

9. 接缝做法

纸面石膏板接缝做法有三种形式，即平缝、凹缝和压条缝，可按以下程序处理。

（1）刮嵌缝腻子　刮嵌缝腻子前先将接缝内浮土清除干净，用小刮刀把腻子嵌入板缝，与板面填实刮平。

（2）粘贴拉结带　待嵌缝腻子凝固后粘贴拉接材料，先在接缝上薄刮一层稠度较稀的胶状腻子，厚度为1mm，宽度为拉结带宽，随即粘贴拉结带，用中刮刀从上而下一个方向刮平压实，赶出胶腻子与拉结带之间的气泡。

（3）刮中层腻子　粘贴拉结带后，立即在上面再刮一层比拉结带宽80mm左右、厚度约1mm的中层腻子，使拉结带埋入这层腻子中。

（4）找平腻子　用大刮刀将腻子填满楔形槽，与板抹平。

四、质量标准

1. 主控项目

（1）以《建筑装饰装修工程质量验收规范》（GB 50210—2001）中的第7.3.9～7.4.10条的规定为准，严格遵守。

（2）轻钢骨架和罩面板的材质、品种、规格和式样应符合设计要求和施工规范的规定。

（3）轻钢龙骨架必须安装牢固、无松动及位置准确。

（4）罩面板无脱层、翘曲、折裂和缺棱掉角等缺陷，安装必须牢固。

2. 一般项目

（1）轻钢龙骨架应顺直、无弯曲、变形和劈裂。

（2）罩面板表面应平整、洁净，无污染、麻点和锤印，颜色一致。

（3）罩面板之间的缝隙或压条宽窄应一致、整齐和平直，压条与接缝严密。

（4）骨架隔墙面板安装的偏差在允许偏差范围内。

五、成品保护

（1）轻钢龙骨隔墙施工中，工种间应保证已装项目不受损坏，墙内电管及设备不得碰动错位及损伤。

（2）轻钢骨架及纸面石膏板入场，存放使用过程中应妥善保管，保证不变形、不受潮、不污染及无损坏。

（3）施工部位已安装的门窗、地面、墙面和窗台等应注意保护，防止损坏。

（4）已安装完的墙体不得碰撞，保持墙面不受损坏和污染。

六、应注意的质量问题

（1）墙体收缩变形及板面裂缝：原因是竖向龙骨紧顶上下龙骨，没留伸缩量，超过2m长的墙体未做控制变形缝，造成墙面变形。隔墙周边应留3mm的空隙，这样可以减少因温度和湿度影响产生的变形和裂缝。

（2）轻钢骨架连接不牢固：原因是局部结点不符合构造要求，安装时局部节点应严格按图纸规定处理。钉固间距、位置和连接方法应符合设计要求。

（3）墙体罩面板不平，多数由两个原因造成：一是龙骨安装横向错位；二是石膏板厚度不一致，明凹缝不均，纸面石膏板拉缝没有很好掌握尺寸。施工时应注意板块分档尺寸，保证板间拉缝一致。

① 质量通病——饰面开裂。

原因分析：a. 钉距过大或有残损钉件未补钉。b. 接缝处理不当，未按板材配套嵌缝材料及工艺进行施工。

预防措施：a. 注意按规范铺钉。b. 按照具体产品选用配套嵌缝材料及施工技术。c. 对于重要部位的板缝采用玻璃纤维网格胶带取代接缝纸带。d. 填缝腻子及接缝带不宜自配自选。

② 质量通病——罩面板变形。

原因分析：a. 隔断骨架变形。b. 板材铺钉时未按规范施工。c. 隔断端部与建筑墙、柱面的顶接处处理不当。

预防措施：a. 隔断骨架必须经验收合格后方可进行罩面板铺钉。b. 板材铺钉时应由中间向四边顺序钉固，板材之间密切拼接，但不得强压就位，并注意保证错缝排布。c. 隔断端部与建筑墙、柱面的顶接处，宜留缝隙并采用弹性密封膏填充。d. 对于重要部位隔断墙体，必须采用附加龙骨补强，龙骨间的连接必须到位并铆接牢固。

小　结

轻质隔墙是设计师实现空间分割与空间合理利用的重要手段，也是办公空间的功能分割的重要途径，因此现在的装饰装修工程，尤其是办公空间装饰装修工程，特别注意轻质隔墙的施工与验收。本章介绍的轻质隔墙施工工艺及质量验收规定，是在众多轻质隔墙材质中选取的较有代表性的几种。随着科技的发展，新材料的不断出现，还会有各种不同的新型材料的轻质隔墙加入进来，成为人们合理利用空间、打造舒适生活的一种方法。在学习轻质隔墙的施工工艺的同时，应注意对隔墙材质的区分。材质的不同直接导致了隔墙施工工艺的区别、隔墙质量验收规定的区别，在学习中应加以区分和比对。

能力训练题

一、填空题

1. 石膏砌块是以_____或_____为主要原材料，经加水搅拌、浇注成型和干燥制成的块状轻质隔墙材料。

2. 板材隔墙与_____是目前轻质隔墙中两个主流材质隔墙。

3. 植物纤维复合隔墙条板是一种可广泛用于楼群、高层建筑、框架、钢结构、办公室和厂房等的新型轻质隔墙板，该隔墙板_____，_____，_____。

4. 木龙骨隔墙是指以_____为支撑龙骨并罩以装饰面板的隔墙。

5. 通常规定普通抹灰厚度不大于_____，且要求表面光滑、洁净，接槎平整。

6. 铝合金隔墙的特性与_____隔墙基本相同。

7. 活动隔墙依据活动方式不同分为_____、_____、折叠式活动隔墙、悬挂式活动隔墙、_____等。

8. 玻璃隔墙施工工艺流程：定位放线→_____→立柱固定→夹槽安装→_____→防撞栏杆安装→_____→清理→保护。

9. 板材隔墙工程的检查数量应符合下列规定：每个检验批应至少抽查_____，并不得少于_____间；不足_____间时应全数检查。

10. 骨架隔墙质量检验规定其表面应平整光滑、色泽一致、洁净、_____，接缝应均匀、_____。

二、选择题

1. 空心砌块的表观密度不大于（   ）

    A. 600kg/m³   B. 800kg/m³   C. 700kg/m³   D. 702kg/m³

2. ASA 板是指（   ）。

    A. 硅镁加气水泥条板 B. 增强水泥条板   C. 植物纤维复合条板   D. 粉煤灰泡沫水泥条板

3. 木龙骨隔墙优点是（   ）。

    A. 质轻、壁薄、防火   B. 质轻、壁薄、便于拆卸

    C. 价格低廉、壁薄、便于拆卸   D. 便于安装、壁薄、便于拆卸

4. 石膏砌块墙的高度超过（   ）时应设配筋带一道。

    A. 3m   B. 2m   C. 1.2m   D. 2.4m

5. 轻质板最长规格为（   ）。

    A. 1.2m×90mm   B. 3.2m×1m   C. 2.2m×1m   D. 3.2m×90mm

6. 检验活动隔墙制作方法、组合方式应符合设计要求的方法是（   ）。

    A. 手摸   B. 观察   C. 查看记录   D. 实地丈量

7. 原国家建材局、原建设部重点推荐的新型轻质墙体材料是（   ）。

    A. 硅镁加气水泥条板 B. 增强水泥条板   C. 植物纤维复合条板   D. 粉煤灰泡沫水泥条板

8. 板材隔墙的纸面石膏板立面垂直度允许偏差为（   ）。

    A. 5mm   B. 3mm   C. 2mm   D. 1mm

9. 活动隔墙的表面平整度允许偏差为（   ）。

    A. 5mm   B. 3mm   C. 2mm   D. 1mm

10. 玻璃隔墙的玻璃板接缝直线度允许偏差为（   ）。

    A. 3mm   B. 2mm   C. 5mm   D. 7mm

三、简答题

1. 隔墙与隔断有几种形式？各有什么特点？

2. 简述石膏砌块隔墙的施工工艺。

3. 简述板材隔墙的施工工艺。

4. 简述骨架隔墙的施工工艺。

5. 简述活动隔墙的施工工艺。

6. 简述玻璃隔墙的施工工艺。

7. 简述轻质隔墙工程质量验收的一般规定。

8. 简述板材隔墙与骨架隔墙质量验收的规定。

9. 简述活动隔墙与玻璃隔墙质量验收的规定。

四、问答题

1. 室内隔墙与隔断有何作用？如何对其进行分类？

2. 木龙骨隔断龙骨架有哪几种类型？

3. 概述木隔墙的构造做法。

4. 概述隔墙轻钢龙骨的安装顺序及施工方法。

5. 概述铝合金龙骨隔墙的安装顺序及施工方法。

6. 隔墙中常见的板材式隔墙有哪几种？

7. 概述石膏空心条板隔墙的安装顺序及施工方法。

8. 概述石膏复合隔墙的安装顺序及施工方法。

9. 概述泰柏板隔墙在安装时的注意事项。

单元五

楼地面工程施工

知识点

水磨石面层的施工及质量验收；砖面层施工及质量验收；大理石和花岗岩的施工及质量验收；块材的施工及质量验收；木地板的施工及质量验收。

教学目标

在掌握施工工艺的基础上使学生理解工程的施工及质量验收，对整个施工过程有全面的认识，并学会正确地选择材料和组织施工。

楼地面是对楼层地面和底层地面的总称，是建筑中直接承受荷载，经常受到摩擦、清扫和冲洗的部位。楼地面对室内设计整体装饰起到很重要的作用，因此，楼地面的装饰除了符合使用功能外，必须符合人的精神享受和需求。

楼地面一般由基层、垫层和面层三部分组成。基层的作用就是承受起上面的全部荷载，它是基础。其地面材料多为素土，或加入石灰、碎砖的夯实土。楼层多为现浇或预置楼板。垫层位于基层之上，其作用是将上部的荷载均匀地传递给基层，还起到隔声、减振、找平的作用。按垫层的性质，可分为刚性垫层和非刚性垫层。刚性垫层有足够的整体刚性力度，受力后不产生塑性变形，如低强度的混凝土、碎砖三合土等。非刚性垫层无整体刚度，受力后会产生塑性变形，如砂、碎石、矿渣等散状材料。如果楼地面垫层的基本构造不能满足使用要求时，可增设填充层、隔离层、找平层、组合层等其他构造层。

课题一　基层铺设施工

一、施工基本要求

基层铺设的材料质量、强度等级应符合国家的有关规定，楼地面工程的施工和面层铺设均应在其下一层，检验合格后方可进行上一层的施工。基层铺设前，其下一层表面必须表面干净，无积水。楼地面各种空洞、缝隙应事先用细实混凝土灌填密实，细小缝隙用水泥浆灌填。当垫层找平层内埋设管道时，管道应按设计要求予以稳固。基层的标高、坡度、厚度等应符合设计要求。基层表面应平整，其偏差应符合规范的规定。

二、基层土的质量要求

对土层的软弱应按设计进行处理，填土层应分层压实或夯实。填土质量应符合国家的规定，基层土严禁使用淤泥、腐殖土、冻土、耕植土、膨胀土和含有机物大于 8% 的土作为填土。基土应均匀密实。

三、灰土垫层质量要求

灰土垫层应采用熟化石灰与黏土的拌合料铺设，其厚度不应小于 100mm。熟化石灰应采用磨洗生石灰，亦可采用粉煤灰或电渣土代替。灰土垫层应铺设在不受地下水浸泡的基土上。施工后应有防止浸泡的措施。灰土层应分层夯实，经湿润养护，晾干后方可进行下一道工序的施工。灰土体积比应符合设计要求。

四、砂垫层和砂石垫层的质量要求

砂垫层厚度不应小于 60mm，砂石垫层厚度不应小于 100mm，砂石应选用天然级配料。铺设时不应有粗细颗粒脱离的现象，应压至不松动为止。砂石和砂不得含有草根等有机杂质，砂应采用中砂，石子最大粒径不得大于垫层厚度的 2/3。砂垫层和砂石垫层的干密度应符合设计要求。

五、三合土垫层

三合土垫层铺设厚度不应小于 100mm。熟化石灰颗粒粒径不得大于 5mm。砂应用中砂，并且不得含有草根等有机物质，碎砖不能风化、酥松和含有有机物质。颗粒粒径不得大于 60mm。

六、炉渣垫层质量要求

炉渣垫层采用炉渣或水泥，石灰与炉渣的拌合料铺设，其厚度不应小于 80mm。炉渣或水泥炉渣垫层在使用前应浇水闷透。水泥石灰炉渣垫层使用前应用石灰浆或熟化石灰浇水拌和闷透。在垫层铺设前，其下一层应湿润，铺设是应分层压实，铺设后应养护，待其凝结后方可进行下一道工序的施工。炉渣内不可有草根等有机物和未燃尽的煤块，颗粒粒径不得大于 40mm，且颗粒粒径在 5mm 及以下的颗粒，不得超过总体的 40％，熟化石灰颗粒粒径不得大于 5mm。

课题二　地面工程的几种形式

地面常见材料包括石材、瓷砖、木材、塑胶地面等。

一、水泥混凝土垫层地面施工

水泥混凝土垫层铺设在基土上，当气温长期处于 0℃ 以下时，设计无特殊要求时，垫层应设置伸缩缝。水泥混凝土垫层不应小于 60mm。在垫层铺设之前，其下一层表面应湿润。室内地面的水泥土垫层应设置纵向和横向缩缝。工业厂房、礼堂、门庭大面积水泥混凝土垫层应分段浇筑。水泥混凝土垫层采用的骨料，其最大颗粒不应大于垫层厚度的 2/3，含泥量不应大于 2％，砂为中粗砂，其含泥量不应大于 3％。混凝土的强度应符合设计要求。

二、水泥混凝土面层施工及水泥砂浆面层的施工

水泥混凝土面层厚度应符合设计要求。水泥混凝土与内层铺设不得留施工缝。当施工间隙时间超过允许的范围内时，应对施工交接的地方进行处理。面层的强度等级应符合设计要求，水泥混凝土采用的骨料，其最大径粒不应大于面层厚度的 2/3，混凝土面层采用的石子粒径不应大于 15mm。面层与下一层应结合牢固，无空鼓、裂纹。

水泥砂浆面层的厚度应符合设计要求，厚度不应小于 20mm。水泥采用硅酸盐水泥、普通硅酸盐水泥、不同品牌、不同强度的水泥不能混用，砂应为中砂，当采用石屑时，其粒径

为 1~5mm，且含泥量不应大于 3%。水泥砂浆面层的强度必须符合设计要求。面层与下一层应结合牢固，无空鼓，无裂纹。

三、水磨石地面施工

1. 水磨石地面的特点

水磨石面层应采用水泥与石粒拌和铺设，地面装饰可以通过整体设计加工处理得到很好的装饰效果，而且造价低廉。水泥与石粒拌料直接拌和后铺在水泥砂浆结合层上，等硬化后，打磨上蜡，面层厚度除了设计有特殊的要求外，其厚度应为 12~18mm。由于石粒的色彩不同，粒径、形状也不同，可以根据设计方案，完成不同的地面图案、纹理及色彩。

2. 水磨石地面的优缺点

水磨石地面的优点是：图案美观，造型大方，而且由于材料的原因，使其坚固持久；由于施工技术的原因，其平整光滑，易于保洁，整体感觉好。

水磨石地面的缺点是：由于施工材料的限制，其施工工序多，并且由于工序的繁杂，其施工周期较长、机械的噪声较大，并且现场施工为有水作业，容易对周围环境造成污染。

3. 水磨石施工的质量要求

水磨石面层应采用水泥与石粒拌和铺设，面层厚度除了设计有特殊的要求外，其厚度应为 12~18mm。水磨石面层的颜色和图案要符合设计要求。

如果是白色或浅色的水磨石面层，应采用白色水泥。原色水磨石地面，应采用普通硅酸盐水泥或矿渣硅酸盐水泥，并且严禁不同型号水泥混用。同一颜色的面层应使用同一批水泥、同厂同批的材料和染料。

石粒应采用坚硬但可磨的石料。硬度过高的石英石、刚玉、长石不可以用作施工石料。应选用可磨的石料，如白云石、大理石、方解石。石料的颜色应大致均匀，颜色粗细一致，无泥砂，石料的粒径一般为 6~15mm，最大粒径应比水磨石地面的厚度小 1~2mm。

水磨石的结合层中的砂应为中砂，其结合层的砂浆比例应为 1:3，中砂的含泥量不得大于 3%。水磨石面层拌料的体积比应符合设计要求，比例应为 1:1.5~1:2.5，此为水泥和石料的比例。

普通的水磨石地面面层磨光次数不应小于三遍，高档水磨石地面的面层厚度和磨光次数根据设计效果确定。如设计方案里有图案，还应有分割图案造型的材料、分格条。其材料有铜、铝、玻璃、塑料，在高档次的地面水磨石装修中，采用铜条较多，效果豪华高档。在水磨石磨光后，涂草酸和上蜡之前，表面不可污染。水磨石面层与下一层结合应牢固，无空鼓，无裂缝。

4. 材料准备

（1）水泥　深色水磨石面层施工宜用硅酸盐水泥、普通硅酸盐水泥或矿渣硅酸盐水泥，且相同颜色的面层，应使用同一批水泥。白色、浅色或彩色水磨石面层施工应采用白色水泥。无论使用何种水泥，其强度等级不得低于 32.5。白水泥的使用应根据设计要求选择不同等级的白度。

（2）石粒　水磨石用石粒通常是普通的大理石、白云石、方解石或硬度较高的花岗岩、玄武岩、辉绿岩等。硬度大的石英岩、长石、刚玉等则不宜采用。石粒的粒径通常为 6~15mm，即所谓大、中、小八厘石粒，有时也采用 18~22mm 粒径的大规格石粒。石粒使用前必须经筛选、冲洗、晾干后分类存放，不得混放。

（3）颜料　彩色水磨石地面施工需用颜料掺入白水泥中使用。颜料不得使用酸性颜料，应采用耐光、耐碱的矿物颜料，如氧化铁红、氧化铁黄、氧化铁黑、氧化铁棕、氧化铬绿和群青等。掺量通常为水泥的 3％～6％。颜料应注意使用同厂、同一批次，以确保颜色一致。

（4）分格嵌条　主要有黄铜条、铝条和玻璃条三种，此外还有不锈钢、硬质聚氯乙烯条。分格条的规格为长 1000～1200mm，宽 10～15mm，厚 1.2～3.0mm。

（5）抛光材料　水磨石表面磨光使用的草酸，应是白色透明的坚硬晶体，手捻不软、不黏。所用地板蜡，宜选用成品。

5. 水磨石施工作业条件的准备

水磨石地面施工前，墙面、顶面抹灰已完成；门框已完成安装并做好防护；地面预埋管线等隐蔽工程已安装完成；认真进行技术要求交底，按图纸要求确定面层厚度、分格大小，要确保水磨石施工层的厚度≥30mm。如为彩色水磨石，应确定图案施工顺序、石粒的配比组合方案。

（1）水磨石施工常用机具准备　水磨石地面施工除常用的抹灰手工工具，如方头铁抹、木抹子、刮杠、水平尺等工具以外，还需磨石机、湿式磨光机和滚筒等机具。

（2）现浇水磨石地面施工工具见表 5-1。

表 5-1　现浇水磨石地面施工工具

项次	名称	主要用途
1	砂浆搅拌机	水泥砂浆、水磨石拌和料的拼合
2	石材切割机	大理石、花岗岩等板材的切割
3	手提电动机石材切割机	地砖、水磨石、大理石等板材的切割
4	盘式磨石机	大面积水磨石地面的研磨
5	小型侧卧式磨石机	踢脚、踏步水磨石的磨光
6	手提式磨石机	较难施工的角落等处的磨光

（3）部分施工工具如图 5-1～图 5-4 所示。

图 5-1　砂浆搅拌机

图 5-2　水磨石机

6. 水磨石施工工艺流程及操作要点

（1）水磨石施工工艺流程　基层找平→设置分格线、嵌固分格条→养护及修复分格条→基层润湿、刷水泥素浆→铺水磨石拌合料→清边拍实、滚筒滚压→铁抹拍实抹平→养护→试磨→初磨→补粒上浆养护→细磨→补孔上浆养护→磨光→清洗、晾干、擦草酸→清洗、晾干、打蜡→养护。

图 5-3 石材切割机

图 5-4 电动打蜡机

（2）水磨石施工操作要点

① 基层找平 基层找平的方法是根据墙面上＋500mm 标高线，向下测出面层的标高，弹在四周墙上，再以此线为基准，留出 10～15mm 面层厚度，然后抹 1∶3 水泥砂浆找平层。为保证找平层的平整度，应先抹灰饼再抹纵横标筋，然后抹 1∶3 水泥砂浆用刮杠刮平，但表面不要压光。

② 嵌固分格条 在抹好水泥砂浆找平层 24h 后，按设计要求在找平层上弹线分格，分格间距以 1m 左右为宜，要选择好分格条。对铜条、铝条应先调直，并每隔 1.0～1.2m 打四个眼，供穿 22 号铁丝用。彩色水磨石地面采用玻璃分格条，应在嵌条处先抹一条 50mm 宽的白水泥浆带，再弹线嵌条。嵌条时先用靠尺板按分格线靠直，与分格对齐，将分格条紧靠靠尺板，用素水泥在分格条一侧根部抹成八字形灰埂固定，起尺后再在另一侧抹水泥浆，如图 5-5 所示。

水磨石分格条嵌固是一项十分重要的工序，应特别注意水泥浆的粘贴高度和角度，灰埂高度应比分格条顶面高度低 4～6mm，角度以 45°为宜。分格条纵横交叉处应各留出一定的空隙，以确保铺设水泥石粒浆时使石粒在分格条十字交叉处分布饱满，磨光后美观，如图 5-6 所示。如果嵌固抹灰埂不当，磨光后将会沿分格条出现一条明显的水泥斑带，俗称"秃斑"，影响装饰效果。分格条接头不应错位，交点应平直，侧面不得弯曲。嵌固后，12h 开始浇水养护 2～3d，此间不得进行其他工作。

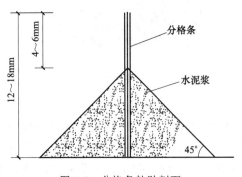

图 5-5 分格条粘贴剖面

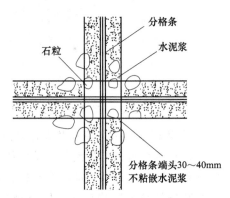

图 5-6 分格条十字交叉处平面

③ 基层刷素水泥浆　先用清水将找平层洒水润湿，涂刷与面层颜色一致的水泥浆结合层，水灰比为 0.4～0.5，亦可在水泥浆内掺胶黏剂。刷水泥浆应与铺拌合料同步进行，随刷随铺拌合料，不得涂刷面积过大，以防浆层风干导致面层空鼓。

（3）水磨石拌合料铺设　按设计要求配置拌和好水磨石料，水泥与石料配合的体积比为 1：1.5～1：2.5。先将水泥和颜料干拌均匀后装袋备用，铺设前再将石粒加入彩色水泥粉干拌 2～3 遍，然后加水湿拌。将石粒浆的厚度控制在 6cm 左右，另在备用的石粒中取 1/5 的石粒，作撒石用。铺设水泥石粒浆时，应均匀平整地铺在分格框内，并高出分格条 1～2mm。先用木抹子轻轻将分格条两侧的石粒浆拍紧压实，以免分格条被破坏，然后在表面均匀撒一层石粒，用抹子轻轻拍实压平。如在同一平面上有几种颜色的水磨石，应先做深色，后做浅色；先做大面，后做镶边；待前一种色浆凝固后，再抹后一种色浆。两种颜色的色浆不能同时铺设，以免串色造成界限不清。但间隔时间也不宜过长，以免两种石粒浆干硬程度不同，一般隔日铺设即可，应注意在滚压或抹拍过程中，不要触动前一种石粒浆。

（4）水磨石施工滚压抹平　用滚筒滚压密实，滚压时用力要均匀，应从横竖两个方向轮换进行，达到表面平整密实、出浆石料均匀为止。待石粒浆稍收水后，再用铁抹子将浆抹平、压实，如发现石粒不均匀处，应补石粒浆，再用铁抹子拍平、压实。次日开始浇水养护。

（5）水磨石施工试磨　开磨过早易造成石粒松动，开磨过迟则造成磨光困难。所以为了达到合适的硬度，在大面积开磨前应进行试磨，以面层不掉石粒、水泥浆面基本平齐为准。具体开磨时间与气温高低有关。

初磨：初磨用 60～90 号金刚石磨，磨石机走“8”字形，边磨边加水，并随时用靠尺检查平整度，直至表面磨平、分格条全部露出（边角采用人工磨），再用清水冲洗晾干，用同配比水泥浆擦补一遍，补齐脱落的石粒，填平洞眼空隙。浇水养护 2～3d。

细磨和磨光：细磨用 90～120 号金刚石磨，要求磨至表面光滑。然后用清水冲洗净，擦补第二遍水泥浆，养护 2～3d。磨光采用 200 号金刚石或油石，洒水细磨至表面光亮，要求光滑、无砂眼细孔、石粒颗颗显露。

普通水磨石磨光遍数不应少于三遍，高级水磨石面层磨光遍数和油石规格按设计要求确定。

（6）水磨石施工酸洗打蜡　酸洗是用 10% 浓度的草酸溶液（加入 1%～2% 的氧化铝）进行涂刷，随即用 240#～320# 油石细磨。必要时，可将软布蘸草酸液卷固在磨石机上研磨石面上的所有污垢，露出水泥和石料本色，再用水冲洗软布擦干。

（7）水磨石施工上蜡方法　在水磨石面层薄涂一层蜡，稍干后用磨光机研磨，或用钉有细帆布（麻布）的木方块代替油石，装在磨石机上研磨出光，再涂蜡研磨一遍，直到光滑洁亮为止。上蜡后需铺锯末养护。

四、水磨石踢脚板制作

1. 工艺流程

抹底灰→抹水磨石踢脚板拌合料→打磨→擦洗→打蜡上光。

2. 施工要点

（1）抹底灰　与墙面抹灰厚度一致。墙面抹灰时，踢脚板位置、抹灰高度应多留出一些。在阴阳角处套方、量尺、拉线，确定踢脚板厚度，按底层灰的厚度冲筋，间距1～1.5m，然后用短杠刮平，木抹子搓成麻面并划毛。

（2）抹水　磨石踢脚板拌合料。先将底子灰用水润湿，在阴阳角上口，用靠尺按水平线找好规矩，贴好靠尺板。先涂刷一层薄水泥浆，紧跟着抹拌合料，抹平压实。

（3）刷水　刷水两遍，将水泥浆轻轻刷去，达到石子面上无浮浆，常温下养护24h后，开始手工磨面。

（4）打磨　第一遍用粗砂轮石磨，先竖磨，后横磨，要求把石粒磨平，阴阳角倒圆，擦一遍素水泥浆，将孔隙填抹密实，养护1～2d，再用细砂轮石打磨。

（5）草酸擦洗　用同样的方法磨完第二、第三遍，用油石出光擦草酸，清水擦洗干净。

（6）手工涂蜡　擦二遍出光成活。

五、现浇水磨石质量及验收

室内每个检验批以自然间或标准间检验，抽查数量应随机检验不少于3间；不足3间，应全数检查；其中走廊应以10延长米为1间，工业厂房、礼堂、门厅应以两个轴线为1间计算。其主控项目及检验方法、一般项目及检验方法、允许偏差及检验方法见表5-2～表5-4。

表5-2　水磨石面层装饰工程主控项目及检验方法

项次	项目内容	检验方法
1	水磨石面层的石粒，应采用坚硬可磨的白云石、大理石等岩石加工而成，石粒应洁净无杂物，其粒径除特殊要求外应为6～15mm；水泥强度等级不应小于32.5MPa；颜料应采用耐光、耐碱的矿物颜料，不得使用酸性颜料	观察；检查材质合格证明文件
2	水磨石面层拌合料的体积比应符合设计要求，且为1：1.5～1：2.5（水泥：石粒）	检查配合比通知单和检测报告
3	面层与下一层结合应牢固，无空鼓、裂纹	用小锤轻击检查

表5-3　水磨石面层装饰工程一般项目及检验方法

项次	项目内容	检验方法
1	面层表面应光滑；无明显裂缝、砂眼和磨纹；石粒密实，显露均匀；颜色图案一致，不退色；分格条牢固、顺直和清晰	观察检查
2	踢脚线与墙面应紧密结合，高度一致，出墙厚度均匀	用小锤轻击、钢尺和观察检查
3	楼梯踏步的宽度、高度应符合设计要求；楼层梯段相邻踏步高度差不应大于10mm，每踏步两端宽度差不应大于10mm；旋转楼梯段的每踏步两端宽度的允许偏差为5mm；楼梯踏步的齿角应整齐，防滑条应顺直	观察和钢尺检查

表5-4　水磨石面层的允许偏差及检验方法

项次	项目	允许偏差/mm		检验方法
		普通水磨石面层	高级水磨石面层	
1	表面平整度	3	2	用2m靠尺和楔形塞尺检查
2	踢脚线上口平直	3	3	拉5m线和用钢尺检查
3	缝格平直	3	2	拉5m线和用钢尺检查

水磨石通病防治介绍如下。

（1）水磨石地面裂缝空鼓

① 产生原因　主要是结构层产生裂缝，如地面垫层或基层不实或结构沉降；楼层预制板灌缝不密实或基层清理不干净；水泥浆中水泥多、收缩大等。

② 防治措施　对底层地面水磨石的垫层及基层施工，要确保收缩变形稳定后再做面层，对于面积较大的基层应配筋，同时设伸缩缝；认真清理基层，预制板缝应用细石混凝土填灌严密；门洞口处应在洞口两侧贴分格条；暗敷管线不能太集中，且上部应有 20mm 厚的保护层。

（2）表面色泽不一致

① 产生原因　石粒浆兑色没有集中统一配料，没有采用同一规格批号、同一配合比；石粒清洗不干净；砂眼多，色浆颜色与基层颜色不一致。

② 防治措施　同一部位、同一类型的材料必须统一，数量一次备足；严格按配合比配拌合料，且拌和均匀，严禁随配随拌；石粒清洗干净并保护好，防止被污染；对多彩图案水磨石施工，严格按工艺要求进行，以防串色、混色，造成分色线处深色污染浅色。

（3）表面石粒疏密不均、分格条显露不清

① 产生原因　分格条粘贴方法不正确，两边嵌固灰埂太高，十字交叉处不留空隙；石粒浆稠度过大，石粒太多，铺设太厚，超出分格条高度太多；开磨时面层强度过高，磨石过细，分格条不易磨出。

② 防治措施　粘贴分格条时，按前述的工艺要求施工，保证分格条"粘七露三"，十字交叉处留空；面层石粒浆以半干硬性为妥，撒石粒一定要均匀；严格控制铺设厚度，滚筒滚压后以面层高出分格条1mm为宜；开磨时间和磨石规格应适宜，初磨应采用 60～90 号金刚石，浇水量不宜过大，使面层保持一定浓度的磨浆水。

六、砖面层地面的施工

砖面层地面材料有水泥花砖、陶瓷锦砖、缸砖、陶瓷地砖等，此类砖面层应在结合层上铺设。

陶瓷地砖是以优质陶土为原料经半干压制而成，再经 1100℃ 左右的高温烧制而成。按照工艺分为釉面砖和通体砖。按照花色可以分为釉面砖、防滑砖、仿古砖、玻化砖、渗花玻化砖及现代出现的一些工艺及花色的面砖。此类面砖具有耐磨、易清洗、不渗水、不渗色、耐腐蚀、耐酸碱、强度高、密度大、装饰效果好的特点，其规格有 300mm×300mm，400mm×400mm，500mm×500mm，600mm×600mm，800mm×800mm，1000mm×1000mm，1200mm×1200mm 等。

陶瓷锦砖就是马赛克的材料，它是由各种形状的小磁片拼成各种图案反贴于牛皮纸上的，形成约 300mm×300mm 的一联，其特点和陶瓷地砖大体相同，具有耐酸碱、耐腐蚀、耐用耐磨、容易清洗、不渗水等优点。

在水泥砂浆结合层上铺设面砖时，应该符合施工要求及规定，在铺设之前，应该对面砖的规格尺寸、色泽及外观进行预选，将不合格的面砖摘出，把预选出来的面砖浸湿，阴干备用。

在水泥砂浆结合层上铺设锦砖，砖的底面应该清洁，锦砖之间、与结合层之间及墙角、镶边和靠墙外应该紧密结合。在沥青胶结料结合层上粘贴面层时，缸砖应清洁干净，铺设时，应在摊铺热沥青胶结料上进行，并应在胶结料凝结前完成。勾缝和压缝应采用同种、同一品牌、同等强度、颜色相同的水泥，并做好养护保护。面层与下一层的结合应粘接牢固，无空鼓。

（一）陶瓷地砖楼地面施工

1. 材料准备

地砖应符合有关要求，对有裂缝、掉角、翘曲、色差明显、尺寸误差大等缺陷的块材应剔除。

水泥宜采用强度等级 32.5 以上的普通硅酸盐水泥、矿渣硅酸盐水泥或白水泥。找平层水泥砂浆用粗纱，嵌缝宜用中、细砂。

2. 施工机具准备

小水桶、方尺、钢卷尺、木抹子、铁抹子、木拍板、手锹、筛子、喷壶、墨斗、长短刮杠、扫帚、橡皮锤、合金錾、开刀、手提式切割机等。

（二）陶瓷地砖楼地面施工工艺流程

1. 有地漏或排水的房间施工工艺流程

基层处理→做灰饼、冲筋→做找平（坡）层→（做防水层）→板块浸水阴干→弹线→铺板块→压平拨缝→嵌缝→养护。

2. 走廊、大厅等室内地坪施工工艺流程

基层处理→做灰饼、冲筋→铺结合层砂浆→板块浸水阴干→弹线→铺板块→压平拨缝→嵌缝→养护。

（三）陶瓷地砖楼地面施工要点

（1）基层清理　表面砂浆、油污和垃圾清除干净，用水冲洗、晾干。若混凝土楼面光滑则应凿毛或拉毛。

（2）标筋　根据墙面水平基准线，弹出地面标高线。在房间四周做灰饼，灰饼表面标高与铺贴材料厚度之和应符合地面标高要求。依据灰饼标筋，在有地漏和排水孔的部位，用 50～55mm 厚 1:2:4 细石混凝土从门口处向地漏找泛水，应双向放坡 0.5%～1%，但最低处不小于 30mm 厚。

（3）铺结合层砂浆　铺砂浆前，基层应浇水润湿，刷一道 4～5mm 厚水泥素浆，随刷随铺 1:3（体积比）干硬性水泥砂浆。砂浆稠度必须控制在 3.5cm 以下。根据标筋标高，用木拍子拍实，短刮杠刮平，再用长刮杠通刮一遍。检测平整度误差不大于 4mm。拉线测定标高和泛水，符合要求后用木抹子搓成毛面。踢脚线应抹好底层水泥砂浆。

有防水要求时，找平层砂浆或水泥混凝土要掺防水剂，也可按设计要求加铺防水卷材，如用水乳型橡胶沥青防水涂料布（无纺布）做防水层，四周卷起 150mm 高，外粘粗砂，门口处铺出 30mm 宽。板块浸水同石材板块地面。

（4）弹线　在已有一定强度的找平层上用墨斗线弹线。弹线应考虑板块间隙。找平、找方同石材板块施工。

（5）铺板块　铺贴操作时，先用方尺找好规矩，拉好控制线，按线由门口向进深方向依次铺贴，再向两边铺贴。铺贴中用 1:2 水泥砂浆铺摊在板块背面，再粘贴到地面上，并用橡皮锤敲压实，使标高、板缝均符合要求。如有板缝误差可用开刀拨缝，对高的部分用橡皮锤敲平，低的部分应起出瓷砖，用水泥砂浆垫高找平。

瓷砖的铺贴形式，对于小房间（面积小于 40m²），通常是做 T 形（直角定位法）标准高度面；对于大面积房间，通常在房间中心按十字形（有直角定位法和对角定位法）做出标准高度面，可便于多人同时施工。铺贴形式如图 5-7 所示。房间内外地砖品种不同，其交接线应在门扇下中间位置，且门口不应出现非整砖，非整砖应放在房间不起眼的位置。

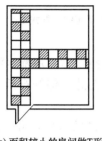
(a) 面积较小的房间做T形

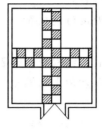
(b) 大面积房间做法

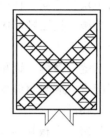
(b) 大面积房间做法

图 5-7　地砖块板铺贴形式

（6）压平拨缝　每铺完一段落或 8～10 块后，用喷壶略洒水，15min 左右用橡皮锤（木槌）按铺砖顺序捶铺一遍，不得遗漏，边压实边用水平尺找平。压实后拉通线先竖缝后横缝调拨缝隙，使缝口平直、贯通。从铺砂浆到压平拨缝应在 5～6h 完成。

（7）嵌缝养护　水泥砂浆结合层终凝后，用白水泥或普通硅酸盐水泥浆擦缝，擦实后铺撒锯末屑养护，4～5d 后方可上人。

（三）质量标准和通病防治

同石材质量要求。

七、大理石面层和花岗岩面层的施工

大理石花岗岩是从天然的石材中开采出来的，经过加工，成为块材或板材。经过粗磨，细磨，抛光，打蜡，再经过细加工成为不同花色、不同质感的高档装饰材料。它的厚度一般情况下为 10～30mm 厚，常见规格为 600mm×600mm，800mm×800mm。其他规格可根据设计要求进行加工，后者用加工好的磨光板材在现场进行各种尺寸规格的加工。天然大理石的技术等级、光泽度、外观等质量要求应符合国家现行行业的标准和规定。

花岗石结构紧密，耐酸，耐腐蚀，坚固耐磨，抗压强度高，耐久性能很好，吸水性小，耐冻性能强，适用范围广，但磨光花岗石不得用于在室外。

大理石结构紧密，强度高，吸水率低和花岗石性能一样，但它的硬度比花岗石低，耐磨性不如花岗石，抗侵蚀能力较差，不宜用于室外。开磨过早易造成石粒松动，大理石花岗岩应在结合层上铺设，在铺设时应进行选料程序，材料有裂缝、翘曲，表面有凹凸、掉角等缺陷的材料应予以及时剔除，将选择好的板材用水浸湿，晾干。面层与下一层应结合牢固，无空鼓。

1. 工艺流程

基层处理→弹线→试拼→试铺→板块浸水→扫浆→铺水泥砂浆结合层→铺板→灌缝→擦缝→上蜡养护。

2. 施工要点

与陶瓷砖基本相同，只是设计楼地面整体图案时，要求试拼、试排。另外大理石、花岗岩板楼地面在养护之前，还需进行打蜡处理。

（1）试拼　板材在正式铺装之前，应按设计要求排列顺序，每间按设计要求的图案、颜色、纹理进行试拼，尽可能使楼地面整体图案及颜色和谐统一。试拼后按要求进行预排编

号，随后按编号堆放整齐。

（2）预排　在房间两个垂直方向，根据施工大样图把石板排好，以便检查板块之间的缝隙，核对板块与墙面、柱面的相对位置。

（3）铺板　铺贴顺序应从里向外逐行挂线铺贴。缝隙宽度如无设计要求时，花岗石板、大理石板不应大于 1mm。

（4）灌缝、擦缝　铺贴完 24h 后，经检查石板表面无断裂、空鼓后，用稀水泥，其颜色应与石板配合，刷浆填缝要饱满，并随用干布擦至无残灰、污迹为止。铺好石板 24h 内禁止踩踏及堆放物品。

（5）打蜡　当板块接头有明显高低差、待砂浆强度达到 70％的时候，分遍浇水磨光，最后用草酸清洗面层再打蜡。

3. 大理石与花岗岩石踢脚板的施工

踢脚板是楼地面与墙面相交处的构造处理。设置处理踢脚板的作用是遮盖楼地面与墙面的接缝，保护墙面根部免受外力冲撞及避免清洗楼地面时被玷污，同时满足室内美观的要求。踢脚板的高度一般为 100～150mm，踢脚板一般在地面铺贴完工后施工。

施工要点：将基层浇水湿透，根据墙上的 500mm 水平线，量出踢脚板上口水平线，弹在墙上，再用线坠吊线。镶贴前，先将石板刷水湿润，阳角接口板按设计要求处理或切割成 45°。镶贴踢脚板时，板缝宜与地面的大理石板缝构成骑马缝。注意在阳角处需要磨角，保证阳角有一等边直角的缺口，阴角应使大面踢脚板压小面踢脚板。用棉布沾与踢脚板同颜色的稀水泥擦缝，踢脚板的面层打蜡同地面一起进行。

4. 质量标准及通病防治

大理石花岗岩板块面层的质量标准和检验方法见表 5-5。

表 5-5　大理石花岗岩板块面层的质量标准和检验方法

项目	项次	质量要求	检验方法
主控项目	1	大理石花岗岩面层所使用的板块的品种、质量应符合设计要求	观察和检查材质合格记录
	2	面层与下一层应结合牢固，无空鼓	用小锤敲击检查
一般项目	3	大理石、花岗岩面层的表面应洁净、平整、无磨痕且图案清晰、色泽一致、接缝均匀、周边顺直、镶嵌正确，板块无裂痕、掉角和缺棱等缺陷	观察；检查
	4	踢脚线表面应洁净、高度一致、结合牢固、出墙厚度一致	用小锤敲击及尺量检查
	5	楼梯踏步和台阶板块的缝隙宽度应一致，齿角整齐，楼梯段相邻踏步高度差不应大于 10mm；防滑条应顺直、牢固	观察及尺量检查
	6	面层表面的坡度应符合设计要求，不倒泛水，无积水；与地漏、管道结合处应严密牢固，无渗漏	观察；泼水或坡度尺及蓄水检查

5. 通病防治

（1）空鼓、起拱产生原因　基层或板块面层与干硬性水泥砂浆粘结不牢；结合层砂浆太稀或结合层砂浆未压实；板块四角部位由于铺放方法不当等形成空鼓。防治措施有：基层在施工前应彻底清洗干净，晾干；干硬性砂浆应拌匀、拌熟，切忌用稀砂浆；铺砂浆前先润湿基层，水泥素浆刷匀后，随即铺结合层砂浆，且必须拍实、揉平、搓毛；大理石板块料铺贴前必须浸湿后阴干备用；若用干水泥素灰作结合层，干水泥灰一定要撒匀，并洒适量的水；铺贴时轻拿轻放，定位后均匀敲实。室外地坪铺贴地砖应设分仓缝断开。

（2）相临板接缝高差及水平度偏大产生原因　板材厚薄不均，板块角度偏差大；操作时检查不严，未严格按拉线对准校核；铺设干硬性砂浆不平整等。防治措施有：用"品"字法挑选合格板块，对厚薄不均的板材，采用厚度调整的办法，在板背面抹砂浆调整板厚；试铺时，浇浆宜稍厚一些，板块正式定位后，应不断用水平尺骑缝检查，并轻敲调整相邻板块的平整度，对水平板缝宽度应用开刀调整直至符合要求。

八、地毯面层的施工

地毯作为地面的装饰材料历史悠久，是一种高级的地面装饰材料。按照施工工艺，地毯分为机织地毯、手织地毯、簇绒编织地毯和无纺地毯等，地毯地面装饰具有美观舒适大方、保温防滑、吸声隔声、脚感柔软、并富于弹性。

按照材料，地毯分为纯毛地毯、混纺地毯、化纤地毯、剑麻地毯和塑料地毯等。

地毯的铺设分为满铺和局部铺设两种，其铺设的方式有固定和不固定两种。固定铺设分为胶黏固定和倒刺板固定。前者适用于单层地板，后者适用于有衬地毯。

水泥面层表面应坚硬、平整，地面必须干燥、光滑，没有凸起、凹坑，没有麻面、裂缝，并且必须清除表面油污和钉头等尖锐物品。

1. 施工准备

（1）地毯　按设计要求的品种和现场实测铺设面积一次备足，放置于干燥房间，不得受潮或水浸。

（2）辅助材料　垫层、胶黏剂（有聚醋酸乙烯胶黏剂和合成橡胶黏剂两类，选用时要与地毯背衬材料相配套确定胶黏剂品种）、接缝带、倒刺钉板条（图5-8）、金属收口条、门口压条（图5-9、图5-10）、尼龙胀管、木螺钉、金属防滑条、金属压杆等。

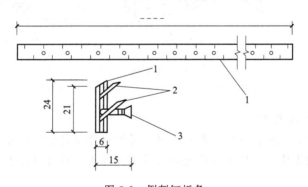

图 5-8　倒刺钉板条

1—胶合板条；2—挂毯朝天钉；3—水泥钉

（3）现场施工条件准备　地毯施工前，室内装饰已完成并经验收合格。铺设地毯前，应做好房间、走道等四周的踢脚板。踢脚板下口均应离开地面8mm，以便将地毯毛边掩入踢脚板下。大面积施工前，应先放样并做样板，经验收合格后方可施工。

2. 施工机具准备

常用机械有地毯撑子、扁铲、墩拐、裁毯刀、电熨斗、裁剪刀、尖嘴钳、角尺、冲击钻、吸尘器等，如图5-11所示。

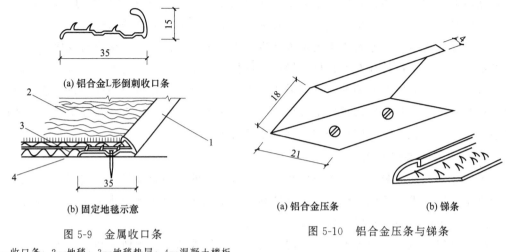

(a) 铝合金L形倒刺收口条

(b) 固定地毯示意

图 5-9　金属收口条

1—收口条；2—地毯；3—地毯垫层；4—混凝土楼板

(a) 铝合金压条　　　(b) 锑条

图 5-10　铝合金压条与锑条

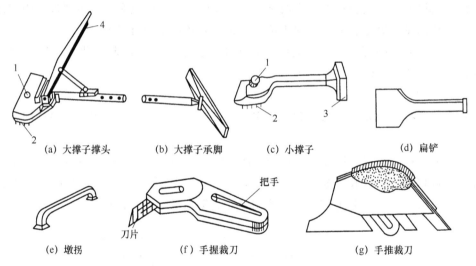

(a) 大撑子撑头　　(b) 大撑子承脚　　(c) 小撑子　　(d) 扁铲

(e) 墩拐　　(f) 手握裁刀　　(g) 手推裁刀

图 5-11　部分施工工具

1—扒齿调节钮；2—扒齿；3—空心橡胶垫；4—杠杆压柄

3. 活动式地毯的铺设规定

地毯的品种颜色、规格、花色、辅料等材质必须符合设计要求，必须符合国家关于地毯的各种规定。地毯的规格、品种主要性能和技术指标等比较符合设计要求，地毯产品应有出厂证明。

胶黏剂应使用无毒、不霉、快干，0.5h 之内使用张紧器时不脱缝，对地面有足够的粘接强度，可剥离，施工方便的胶黏剂，均可用于地毯与地面。地毯与地毯连接拼缝处的粘接，房间内多用于长边拼缝连接，走廊多用于端头拼缝连接。一般采用天然乳胶添加增稠剂、防霉剂等制成的胶黏剂。

铝合金倒刺条，用于地毯段头露明处，起固定和收头作用，多用在外门口或其他材料的地面相接处。

铝合金压条宜采用厚度为 2mm 左右的铝合金材料，用于门框下地面处，压住地毯的边缘，使其免于被踢起或人为损坏。

对于无底垫的地毯，如果采用倒刺钉板条固定，应准备衬垫材料，一般采用海绵作衬垫，或者采用胶垫。

小块地毯的铺设，每块之间必须挤紧服帖。楼梯铺设地毯，每段楼梯顶级地毯应用压条固定于平台之上，每级阴角处用卡条固定牢。

整块地毯直接铺设在清洁的地上，地毯周边应塞入踢脚线下，与不同的建筑地面连接处，应按设计要求收口。

地毯表面应平滑服顺，拼缝处应粘接牢固，图案必须吻合。

4. 固定式地毯的铺设规定

固定地毯用的倒刺板、金属压条、专用双面胶带必须符合国家的规定和设计要求。

铺设的地毯张拉应适宜，四周的卡条应固定牢靠，门口处应用金属条固定。毯四周围边应塞入卡条和踢脚线之间的缝隙中。粘接地毯应用胶黏剂与基层粘接牢固。

5. 固定式地毯的施工工艺

基层处理→弹线，套方，分格，定位→地毯裁剪→钉倒刺板→铺设衬垫→铺设地毯→细部处理及清理。

在地毯铺设之前，一定将地面清理干净，必须保证地面干燥，并且地面要有强度。其地面的平整度其偏差不大于4mm，地面基层含水率不大于8%，只有在这些条件满足后才可进行下一道工序的施工。

弹线、套方、分格、定位必须按照设计图纸，根据不同部位和房间的具体要求进行。如无设计要求，可对称找中，弹线便可定位铺设。

地毯剪裁应该在比较宽阔的地方进行裁剪，并按照每个房间尺寸和形状进行裁剪。在地毯上进行编号，地毯的经线方向应该与房间的长边一致，在裁剪地毯的时候，地毯每一边的长度都应比实际长度长出20mm左右。

钉倒刺板的时候，沿房间或走道四周踢脚板边缘，用钢钉将倒刺板定在基层上，其间距约400mm，倒刺板离踢脚板面8～10mm，便于用钉子砸钉子，如图5-12所示。

铺设衬垫应该采用点粘法，把聚酯乙烯乳胶刷在地面基层上，要离开倒刺板10mm左右，设置衬垫拼缝时应考虑与地毯拼缝至少错开150mm。

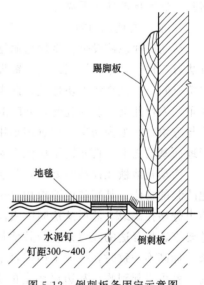

图5-12 倒刺板条固定示意图

地毯拼缝前要判断好地毯的编织方向，以避免拼缝两边的地毯绒毛排列方向不一致。地毯面层的接缝应在地毯的背面，一般采用缝合或者粘接的方法。缝合地毯是将裁好的地毯虚铺在垫层上，然后将地毯卷起，在接缝处结合，缝合完毕后用50～60mm宽的塑料胶带贴于缝合处，保护接缝处不被划破或勾起，然后将地毯平铺，用弯针在接缝处作绒毛密实的缝合。粘接地毯是将裁好的地毯虚铺在垫层上，在地毯上拼缝位置的地面上弹一直线，按照弹线将地毯胶带铺好，两侧地毯对缝压在胶带上，然后用熨斗在胶带上熨烫，使胶层融化，随熨斗的移动立即把地毯紧压在胶带上，接缝以后用剪子将接口处的绒毛剪齐。

铺设地毯时先将地毯的一条长边固定在倒刺板上，并将毛边塞到踢脚板下，用地毯撑拉伸地毯。拉伸时，先压住地毯撑，用膝撞击地毯撑，从一边一步一步地推向另一边，由此反复操作将四边的地毯拉平固定在四周的倒刺板上，并将长出的部分地毯裁割。

固定收边时地毯挂在倒刺板上轻轻敲击，使倒刺全部勾住地毯，以避免没挂实，使地毯松弛，不平整。地毯全部拉平伸展后，应将多余的部分裁去，再用扁铲将地毯边缘塞进踢脚板和倒刺板之间。在门口或其他地面的分界处，弹出线后用螺钉固定铝合金压条，再将地毯塞进铝合金压条口内，轻敲弹起的压片使之押紧地毯。

细部处理时，应注意门口压条的处理和门框，走道与门厅，地面与管根，暖气罩，槽盒，走道与卫生间门槛，楼梯踏步与过道平台，内门与外门，不同颜色地毯交接处和踢脚板等部位地毯的套割与固定和掩边工作。地毯铺设完毕，固定收口条，应用吸尘器清扫干净，将地毯上的尘埃打扫干净。

6. 胶黏剂固定式地毯的方法

此类施工方法一般不需要在地毯下面放置衬垫，只要将胶黏剂刷在基层上，然后固定在地面基层上即可。用此种施工方法，地毯的底层需胶底密实，一般此类地毯都有橡胶、塑胶、泡沫胶底层等。涂刷胶黏剂可以局部刷胶，也可以满刷胶，人员不走动的房间地毯，一般采用局部刷胶。地毯刷完胶以后，铺设的方法可以根据房间的面积灵活施工。面积小的房间，地毯裁完后在地面中心刷一小块胶，然后铺地毯，并用地毯撑向四边撑拉，再沿墙四边的地面上涂刷 120～150mm 宽的胶黏剂，使地毯与地面粘接牢固。如果房间面积大，在铺粘地毯时应在房间一边涂刷胶黏剂，然后再铺放地毯，用地毯撑向两边撑拉，再沿墙边两条刷胶，然后将地毯压平掩边。

7. 活动式地毯的施工

活动式地毯铺设是指将地毯明摆浮搁在楼地面上，不需要与地面固定。此类地毯的铺设方法有三种。一是装饰用地毯，铺设在较为醒目的地方，形成对设计的烘托、营造心理上的虚拟空间。二是小型方块地毯，此类产品厚度较厚并且地毯底层有胶垫，因此此类地毯重量较重，人行此上不容易卷起，同时此类地毯与基层的接触面滞留性很大，承受外力后会使方块与方块之间更为密实，能够满足用户的使用要求。三是大幅地毯预先缝制连成整块，浮铺于地面基层之上，自然铺平后依靠家具的自然重量压紧，周边塞紧在踢脚板。

活动式地毯在铺装时要求其基层必须光洁平整，地面不可有突出于表面的堆积物，或其他凸起的物体。其平整度要求用 2m 的直尺检查时其偏差不得大于 2mm。活动地毯在基层弹出分格控制线，然后从房间中央向四周展开，逐块就位放好并相互紧靠，收口部位应按设计要求选择合适的收口条。与其他材质地面交接处如果标高一致，可以选用铜条或者不锈钢条；标高不一致时，一般采用铝合金收条，将地毯的毛边伸入收口条内，再将收口条端部砸扁，就可以起到收口和边缘固定的双重作用。重要部位也可配合采用粘贴双面胶带等稳固措施。

8. 楼梯地毯的铺设

在铺装前，先测量楼梯以确定地毯的长度，在测得准确的长度后再加上 450mm 的余量，以便挪动地毯，转移调换经常受到磨损的位置。

如果选用的地毯是无底垫地毯时，应在地毯下面使用楼梯垫料增加耐用性，而且还可吸收噪声。衬垫的深度必须能够触及阶梯竖板，并可延伸至每阶踏步板外 50mm，以便包裹。

将衬垫材料用地板木条分别定在楼梯阴角两边，两木条之间应留 1.5mm 的间隙，用于先切好的地毯角铁及倒刺板钉在每级踏板与踏板所形成转角的衬垫上。由于倒刺板有凸起的抓钉，因此可以将地毯紧紧抓住。

在铺装时，首先要从楼梯的最高一级开始铺起，将开始的一端翻起在顶级的踏板上钉住，然后用扁铲将地毯压在第一套的倒刺抓钉上。把地毯拉紧包住阶梯，顺楼梯而下，在楼梯阴角处用扁铲将地毯压进阴角，并使地板木条上的抓钉紧紧抓住地毯，然后铺第二套固定倒刺。连续用以上方法直至最后一级，将多余的地毯朝内折转，钉于底级的踏板上。

如果所用的地毯已经有衬垫，那么直接用地毯胶黏剂代替固定角钢，将胶黏剂涂抹在踏板与踏板面上粘贴地毯。铺设前将地毯的经纬理顺，找出绒毛最为光滑的方向，铺设是以绒毛的走向朝下为准。在楼梯阴角处用扁铲敲打，地板木条上有倒刺抓钉，能将地毯紧紧抓住。在每阶梯，踏板转角处用不锈钢螺钉拧紧铝角防滑条。

楼梯地毯的最高一级是在楼梯面或楼层地面上，应固定牢固并用金属收口条严密收口封边。若楼层面也铺设地毯，固定式地毯铺贴应与楼层地毯拼缝对接。若楼层面无地毯铺设，楼梯地毯的上部始端应固定在踏板竖板的金属收口条内，收口条要牢固安装在楼梯踢面结构上。楼梯地毯最下端，应将多余的地毯朝内翻转钉固于底级的竖板上，如图5-13所示。

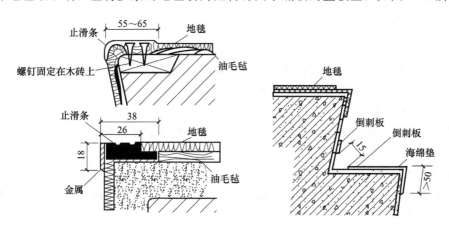

图 5-13　楼梯地毯固定方法

9. 质量验收

地毯面层装饰工程的主控项目及检验方法、一般项目及检验方法见表5-6、表5-7。

表 5-6　地毯面层装饰工程主控项目及检验方法

项次	项目内容	检验方法
1	地毯的品种、规格、颜色、花色、胶料和辅料及其材质必须符合设计要求和国家现行地毯产品标准的规定	观察检查和检查材质合格记录
2	地毯表面应平服，拼缝处粘接牢固、严密平整、图案吻合	观察检查

表 5-7　地毯面层装饰工程一般项目及检验方法

项次	项目内容	检验方法
1	地毯表面不应起鼓、起皱、翘边、卷边、显拼缝、露线和无毛边，绒面毛顺光一致，毯面干净，无污染和损伤	观察检查
2	地毯同其他面层连接处、收口处和墙边、柱子周围应顺直、压紧	观察检查

10. 质量通病的防治

（1）地毯卷边、翻边

产生原因：地毯固定不牢或粘接不牢。

防治措施：墙边、柱边应钉好倒刺板，用以固定地毯；粘贴接缝时，刷胶要均匀，铺贴后要拉平压实。

（2）地毯表面不平整

产生原因：基层不平；地毯铺设时两边用力不一致，没能绷紧，或烫地毯时未绷紧；地毯受潮变形。

防治措施：地毯表面不平面积不应大于 $4m^2$；铺设地毯时必须用大小撑子或专用张紧器张拉平整后方可固定；铺设地毯前后应做好地毯防雨、防潮。

（3）显露拼缝、收口不顺直

产生原因：接缝绒毛未处理；收口处未弹线，收口条不顺直；地毯裁割时，尺寸有偏差。

防治措施：地毯接缝处用弯针做绒毛密实的缝合，收口处先弹线，收口条跟线钉直；严格根据房间尺寸裁割地毯。

（4）地毯发霉

产生原因：基层未进行防潮处理；水泥基层含水率过大。

防治措施：铺设地毯前基层必须进行防潮处理，可用乳化沥青涂刷一道或涂刷掺水防水剂的水泥浆一道；地毯基层必须保证含水率小于 8%。

九、木质地面的施工

木质地面根据材质的不同，其面层主要有实木地板、软木地板、实木复合地板、强化复合地板、竹木地板等。

1. 施工材料准备

（1）龙骨材料　龙骨通常采用 $50mm×(30\sim50)mm$ 的松木、杉木等材料。龙骨必须顺直、干燥，含水率小于 16%。

（2）毛板材料　铺贴毛板是为面板找平和过渡，因此无需企口，可选用实木板、厚木夹板或刨花板，板厚 $12\sim20mm$。

（3）面板材料　采用普通实木地板面层材料。面板和踢脚板材料大多是工厂成品，条状和块状的普通（非拼花制品）实木地板，应采用具有商品检验合格证的产品。按设计要求，选择面板、踢脚板应平直，无断裂、翘曲，尺寸准确，板正面无明显疤痕、孔洞，板条之间质地、色差不宜过大，企口完好。板材的含水率应在 $8\%\sim12\%$ 之间。

采用新型（复合）木地板的地板面层材料。新型（复合）木地板施工材料比较简单，主要是厂家提供的复合木地板、薄型泡沫塑料底垫以及黏结胶带和地板胶水。

（4）地回防潮防水剂　主要用于地面基础的防潮处理。常用的防水剂有再生橡胶沥青防水涂料及其他防水涂料。

（5）黏结材料　木地板与地面直接粘接常用环氧树脂胶和石油沥青。木基层板与木地板粘贴常用 8123 胶、立时得胶等万能胶。

（6）油漆　有虫胶漆和聚氨酯清漆。虫胶漆用于打底，清漆用于罩面。高级地板常用进口水晶漆、聚酯漆罩面。

2. 施工条件准备

地板施工前应完成顶棚、墙面的各种湿作业工程，且干燥程度在80%以上。铺地板前地面基层应做好防潮、防腐处理，而且在铺设前要使房间干燥，并须避免在气候潮湿的情况下施工。水暖管道、电器设备及其他室内固定设施应安装油漆完毕，并进行试水、试压检查，对电源、通信、电视等管线进行必要的测试。复合木地板施工前应检查室内门扇与地面间的缝隙能否满足复合木地板的施工。通常空隙为12～15mm，否则应刨削门扇下边以适应地板安装。

施工机具应准备电动圆锯、冲击钻、手电钻、磨光机、刨平机、锯、斧、锤、凿、螺丝刀、直角尺、量尺、墨斗、铅笔、撬杆及扒钉等。

3.实木地板的施工方法

可以分为两种，即实铺式和空铺式，如图5-14～图5-16所示。

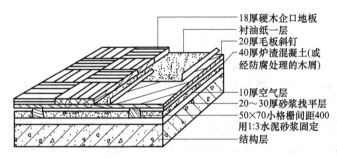

图5-14 实铺式双层木地面构造

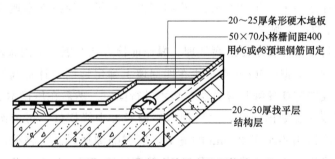

图5-15 实铺式单层木地面构造

实铺式是直接在基层的找平上固定木龙骨方格块，然后再将木地板铺钉在木龙骨方块或者木龙骨方格块上的毛板上。这种施工方法的优点是施工简单，脚感舒适，隔声防潮；缺点是施工复杂，造价高。

空铺式地板是指木地板通过架空的大型基础上，其基础可以是地垄墙，也可以是砖墩，一般用于一层地面，平房或者房屋地面较为潮湿，以及地面需要敷设设备管道，而需要将地面架空的情况。空铺式地板的优点是地面富有弹性，脚感极为舒适，其舒适程度超过实铺式地板，防潮隔

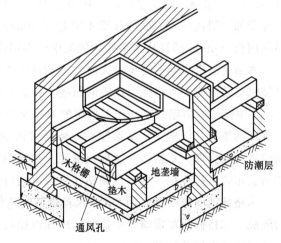

图5-16 空铺式木地面构造

声；其缺点是施工复杂，复杂程度超过实铺地板，造价高，比实铺地板高出很多。

在施工中，木龙骨、垫木一般采用红松或者白松，横截面尺寸、间距和固定方法，按设计要求或者规范执行。木龙骨的表面要刨平见光，并且要经过防腐防虫及防火处理，在固定木龙时，不得损坏基层和预埋线管，木龙骨应垫实钉牢，与墙面要留出 30mm 的隙缝。龙骨铺钉完成后其表面应平滑顺直。横向木撑中距一般为 600mm。

在铺设毛地板的时候，铺设之前必须清除毛地板下面的杂物，木材的髓心应向上，板缝之间的空隙不应大于 3mm，与墙之间应留 8～12mm 的空隙，并且表面需要刨平。

实木地板在施工时所采用的材料和铺设时所采用的材料的含水率，必须符合设计要求和当地的气候要求，木龙骨、毛地板要做到防虫、防腐、防火。为了防止有潮气侵蚀，可以在毛板上铺设一层沥青油毡，或者按设计处理。

面层铺设的时候，应牢固，平直。

4. 普通木地板和硬木地板施工操作要点

（1）基层处理

架空式地板的基层处理。地面找平后，采用水泥砂浆砌筑地垄墙或砖墩，地垄墙的间距不宜太大。其顶面应采取涂刷沥青胶两道或铺设油毡等防潮措施。对于大面积木地板铺装工程的通风构造，应按设计要求。每条地垄墙、暖气沟墙，应按设计要求预留尺寸为 120mm×120mm 至 180mm×180mm 的通风洞口（一般要求洞口不少于 2 个，且要在一条直线上）。在建筑外墙上，每隔 3～5m 设置不小于 180mm×180mm 的洞口及其通风窗设施，洞口下皮距室外地坪标高不小于 200mm，孔洞应设置栅子。为检修木地板，地垄墙上应预留 750mm×750mm 的过人洞口。

先将垫木等材料按设计要求做防腐处理。操作前检查地垄墙、墩内预埋木方、地脚螺栓或其他铁件及其位置。依据＋50cm 水平线在四周墙上弹出地面设计标高线。在地垄墙上用钉、骑马铁件箍定或镀锌铁丝绑扎等方法对垫木进行固定。然后在压檐木表面画出木格栅搁置中线，并在格栅端头也划出中线，之后把木格栅对准中线摆好，再依次摆正中间的木格栅，木格栅离墙面应留出不小于 30mm 的缝隙，以利隔潮通风。木格栅的表面应平直，安装时要随时注意从纵横两个方向找平。用 2m 长的直尺检查时，尺与木格栅间的空隙不应超过 3mm。木格栅上皮不平时，应用合适厚度的垫板（不准用木楔）找平，或刨平，也可对底部稍加砍削找平，但砍削深度不应超过 10mm，砍削处应另做防腐处理。木格栅安装后，必须用长 100mm 圆钉从木格栅两侧向中部斜向成 45°角与垫木（或压檐木）钉牢。

木格栅的搭设架空跨度过大时，需按设计要求增设剪刀撑，为了防止木格栅与剪刀撑在钉接时移动，应在木格栅上面临时钉些木拉条，使木格栅互相拉结。将剪刀撑两端用两根长 70mm 圆钉与木格栅钉牢。若不采用剪刀撑而采用普通的横撑时，也按此法装钉。

实铺地板（格栅式）基层处理。格栅常用 30mm×40mm 或 40mm×50mm 木方，使用前应做防腐处理。木格栅与楼板或混凝土垫层内预埋铁件（地脚螺栓、U 形铁、钢筋段等）或防腐木砖进行连接，也可现场钻孔打入木楔后进行连接。

木格栅表面应平直，用 2m 直尺检查其允许偏差为 3mm。木格栅与墙之间宜留出 30mm 的缝隙。木格栅间如需填干炉渣时，应加以捻实拍平。

（2）毛地板的铺钉

双层木板面层下层的毛地板，表面应刨平，其宽度不宜大于 120mm。在铺设前，应清除已安装的木格栅内的刨花等杂物；铺设时，毛地板应与木格栅成 30°或 45°，并应使其髓心朝上，用钉斜向钉牢，其板间缝隙不应大于 3mm。毛地板与墙之间，应留有 10～15mm 缝隙，接头应错开。每块毛地板应在每根木格栅上各钉 2 枚钉子固定，钉子的长度应为毛地板厚度尺寸的 2.5 倍。毛地板铺钉后，可铺设一层沥青纸或油毡，以利于隔声和防潮。

（3）铺设面板

铺设面板有两种方法，即钉结法和粘接法。

① 钉结法　可用于空铺式和实铺式。先将钉帽砸扁，从板边企口凸榫侧边的凹角处斜向钉入，如图 5-17 所示。铺钉时，钉与表面成 45°或 60°斜角，钉长为板厚的 2～3 倍。

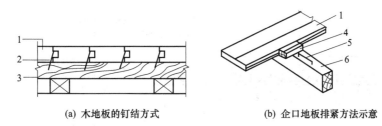

(a) 木地板的钉结方式　　　(b) 企口地板排紧方法示意

图 5-17　面板的铺设

1—企口地板；2—地板钉；3—木龙骨；4—木楔；5—扒钉；6—木格栅

对于不设毛地板的单层条形木板，铺设应与木格栅垂直，并要使板缝顺进门方向。地板块铺钉时，通常从房间较长的一面墙边开始，第一行板槽口对墙，从左至右，两板端头企口插接，直到第一排最后一块板，截去长出的部分。接缝必须在格栅中间，且应间隔错开。板与板间应紧密，仅允许个别地方有空隙，其缝宽不得大于 1mm（如为硬木长条板，缝宽不得大于 0.5mm）。板面层与墙之间应留 10～15mm 的缝隙，该缝隙用木踢脚板封盖。铺钉一段要拉通线检查，确保地板始终通直。

木地板的拼花平面图案形式有方格式、席纹式、人字纹式、阶梯错落长条铺装式等，对于较复杂的拼花图案，宜先弹方格网线，试拼试铺。铺钉时，先拼缝铺钉标准条，铺出几个方块或几档作为标准，再向四周按顺序拼缝铺钉。中间钉好后，最后按设计要求做镶边处理。拼花木板面层的板块间缝隙，不应大于 0.3mm，如图 5-18 所示。

对于长条面板或拼花木板的铺钉，其板块长度不大于 300mm 时，侧面应钉 2 枚钉子；长度大于 300mm 时，每 300mm 应增加 1 枚钉子，板块的顶端部位均应钉 1 枚钉子。当硬木

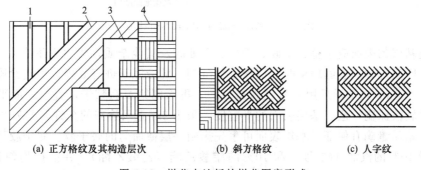

(a) 正方格纹及其构造层次　　(b) 斜方格纹　　(c) 人字纹

图 5-18　拼花木地板的拼花图案形式

1—格栅；2—毛地板；3—油纸；4—拼花硬木地板面层

地板不易直接施钉时，可事先用手电钻在板块施钉位置斜向预钻钉孔（预钻孔的孔径略小于钉杆直径），以防钉裂地板。

② 粘接法　粘接铺贴拼花木地板前，应根据设计图案和板块尺寸试拼试铺，调整至符合要求后进行编号，铺贴时按编号从房间中央向四周渐次展开。所采用的黏结材料，可以是沥青胶结料，也可以是各种胶黏剂。

a. 沥青胶结料铺贴法　采用沥青胶结料粘贴铺设木地板的建筑楼地面水泥类基层，其表面应平整、洁净、干燥。先涂刷一遍冷底子油，然后随涂刷沥青胶结料随铺贴木地板，沥青胶在基层上的涂刷厚度宜为 2mm，同时在地板块背面亦应涂刷一层薄而均匀的沥青胶结料，如图 5-19 所示。

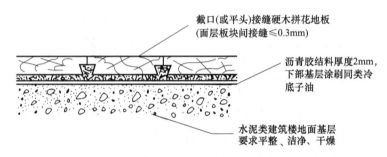

图 5-19　采用沥青胶结料粘贴硬木拼花地板

将硬木地板块呈水平状态就位，与相邻板块挤严铺平；相邻两块地板的高差不得高于铺贴面 1.5mm 或低于铺贴面 0.5mm，不符合要求的应予重铺。铺贴操作时，应尽可能防止沥青胶结料溢出表面，如有溢出时要及时刮除，并随之擦拭干净。

b. 胶黏剂铺贴法　采用胶黏剂铺贴的木地板，其板块厚度不应小于 10mm。粘贴木地板的胶黏剂，与粘贴塑料地板的胶黏剂基本相同，选用时要根据基层情况、地板块的材质、楼地面面层的使用要求确定，如图 5-20 所示。

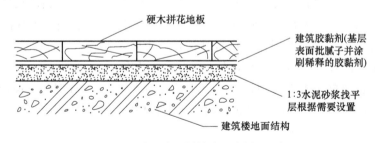

图 5-20　采用胶黏剂粘贴硬木拼花地板

水泥类基层的表面应平整、坚硬、干燥、无油脂及其他杂质，含水率不应大于 9%。当基层表面有麻面起砂、裂缝现象时，应涂刷（批刮）乳液腻子进行处理，每遍涂刷腻子的厚度不应大于 0.8mm，干燥后用 0 号铁砂布打磨，再涂刷第二遍腻子，直至表面平整后，再用水稀释的乳液涂刷一遍。基层表面的平整度，采用 2m 直尺检查的允许偏差为 2mm。

为使粘贴质量确有保证，基层表面可事先涂刷一层薄而匀的底子胶。底子胶可按同类胶加入其质量 10%的汽油（65 号）和 10%的醋酸乙酯（乙酸乙酯），并搅拌均匀进行配制。当采用乳液型胶黏剂时，应在基层表面和地板块背面分别涂刷胶黏剂；当采用溶剂型胶黏剂时，可只在基层表面上均匀涂胶。基层表面及板块背面的涂胶厚度均应≤1mm；涂胶后应静停 10~15min，待胶层不粘手时再进行铺贴；并应到位准确，粘贴密实。

5.踢脚板施工

踢脚板提前刨光，内侧开凹槽，每隔 1m 钻 6mm 通风孔，墙身每隔 750mm 设防腐固结木砖，木砖上钉防腐木块，用于固定踢脚板，如图 5-21 所示。

原木地板面层的表面应刨平、磨光。使用电刨刨削地板时，滚刨方向应与木纹成 45°角斜刨，推刨不宜太快，也不能太慢或停滞，防止啃咬板面。边角部位采用手工刨，必须顺木纹方向。避免戗槎或撕裂木纹，刨削应分层次多次刨平，注意刨去的厚度不应大于 1.5mm。刨平后应用地板磨光机打磨两遍，磨光时也应顺木纹方向打磨，第一遍用粗砂，第二遍用细砂。

采用粘贴的拼花木板面层，应待沥青胶结料或胶黏剂凝固后方可进行地板表面刨磨处理。目前，不少木地板生产厂家已经对木地板进行了表面处理。施工时只需将木地板安装好即可投入使用，而不再进行刨平磨光和油漆等工作。

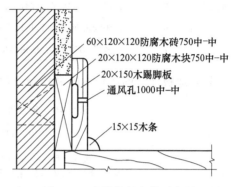

60×120×120防腐木砖750中-中
20×120×120防腐木块750中-中
20×150木踢脚板
通风孔1000中-中
15×15木条

图 5-21　木踢脚板安装示意图

6.质量验收

（1）一般质量要求

木地板面层的允许偏差和检验方法见表 5-8。

表 5-8　木地板面层的允许偏差和检验方法

项次	项目	允许偏差/mm				检验方法
		实木地板面层			中密度（强化）复合地板面层	
		实木地板	硬木地板	拼花地板		
1	板面缝隙宽度	1.0	0.5	0.2	0.5	用钢尺检查
2	表面平整度	3.0	2.0	2.0	2.0	用 2mm 靠尺和楔形塞尺检查
3	踢脚线上口平整	3.0	3.0	3.0	3.0	拉 5m 线,不足 5m 者拉通线和尺量检查
4	板面拼缝平直	3.0	3.0	3.0	3.0	
5	相邻板面高度	0.5	0.5	0.5	0.5	用钢尺和楔形塞尺检查
6	踢脚线与面层的接缝	1.0				楔形塞尺检查

实木地板面层的质量标准和检验方法见表 5-9。

表 5-9　实木地板面层的质量标准和检验方法

项目	项次	质量要求	检验方法
主控项目	1	实木地板面层所采用的材料，其技术等级及质量要求应符合设计要求，木格栅、垫木和毛地板等必须做防腐、防蛀处理	观察检查和检查材质合格证明文件及检测报告
	2	木格栅安装应牢固、平直	观察；脚踩检查
	3	面层铺设应牢固	观察；脚踩检查

项目	项次	质量要求	检验方法
一般项目	4	复合地板面层图案和颜色应符合设计要求,图案清晰,颜色一致,板面无翘曲	观察;用 2m 靠尺和楔形塞尺检查
	5	面层接头应错开,缝隙严密,表面洁净	观察检查
	6	踢脚线表面应光滑,接缝严密,高度一致	观察和钢尺检查
	7	中密度(强化)复合地板面层的允许偏差应符合表 5-7 的规定	

复合地板面层的质量标准和检验方法见表 5-10。

表 5-10　复合地板面层的质量标准和检验方法

项目	项次	质量要求	检验方法
主控项目	1	复合地板面层所采用和铺设时的木材含水率必须符合设计要求,木格栅、垫木和毛地板等必须做防腐、防蛀处理	观察检查和检查材质合格证明文件及检测报告
	2	木格栅安装应牢固、平直	观察;脚踩检查
	3	面层铺设应牢固,粘接无空鼓	观察;脚踩或用小锤轻击检查
一般项目	4	实木地板面层应刨平、磨光,无明显刨痕和毛刺等现象;图案清晰,颜色均匀一致	观察检查
	5	面层缝隙应严密;接头位置应错开,表面洁净	观察检查
	6	拼花地板接缝应对齐,粘、钉严密;缝隙宽度均匀一致;表面洁净;胶黏处无溢胶	观察检查
	7	踢脚线表面应光滑,接缝严密,高度一致	观察和尺量检查

(2) 常见质量通病

① 行走有响声

a. 产生原因

普通木地板:木材松动、变形或钉接不牢。

复合木地板:胶黏剂的涂刷量少和早期黏结力小;粘接地板时没有及时进行早期养护;地板的尺寸太薄或基层不平。

b. 防治措施

普通木地板:严格控制木板的含水率并现场抽样检查,木龙骨含水率应不大于 12%;钉接施工时,每钉一块地板,用脚踩检查,如有响声及时返工;钉接时钉长、数量应符合要求。

复合木地板:选用较厚板材;基层的平整度在 2mm 以内;使用的胶黏剂要有早期强度,而且不能浸入苯乙烯类材料;要充分涂抹胶黏剂,粘接初期要充分挤压粘牢。

② 地板局部翘鼓

a. 产生原因

普通木地板:面层木地板含水率偏高或偏低,偏高时,在干燥空气中失去水分,断面产生收缩,而发生翘曲变形;偏低时,易吸收空气中的水分而产生起拱;地板四周未留伸缩缝、通气孔,面层板铺设后内部潮气不能及时排出;毛地板未拉开缝隙或缝隙过少,受潮膨胀后,使面层板起鼓、变形。

复合木地板：基层没有充分干燥或地板表面的水分沿缝隙进入板下，引起地板受潮膨胀；安装时，基层未充分找平，使地板表面有凹凸；木地板表面被烫或被硬物磕碰，造成表面有损伤。

b. 防治措施

普通木地板：格栅和踢脚板一定要留通风槽孔，并应做到孔槽相通，地板面层通气孔每间不少于 2 处；所有暗埋水、气管施工完，必须试压，合格后才能进行地板施工；阳台、露台厅口与地板连接部位必须有防水隔断措施，避免渗水进入地板内；地板与四周墙面应留有10~15mm 的伸缩缝，以适应地板变形；木地板下层毛地板的板缝应适当拉开，一般为 2~5mm。表面应刨平，相邻板缝应错开，四周离墙 10~15mm。

复合木地板：基层充分干燥才能施工，以防地板受潮膨胀起鼓；安装时，充分找平基层，平整度不得大于 2mm；使用中注意防止硬物碰撞和烫伤地板表面。将起鼓的木地板面层拆开，在毛地板上钻若干通气孔，晾一星期左右，待木龙骨、毛地板干燥后再重新封上面层。此法返工面积大。

修复席纹地板：铺至最后两档时，要两档同时交错向前铺钉。最后收尾的一方块地板，一头有榫另一头无榫，应互相交错并用胶黏剂粘牢。

③ 接缝不严

a. 产生原因：面板收缩变形；板材宽度尺寸误差较大，地板条不直，宽窄不一，企口太窄、太松等；拼装企口地板条时缝太虚，表面上看结合严密，刨平后即显出缝隙；面层板铺设接近收尾时，剩余宽度与地板条宽不成倍数，为凑整块，加大板缝，或将一部分地板条宽度加以调整，经手工加工后，地板条不很规矩，因而产生缝隙；板条受潮，在铺设阶段含水率过大，铺设后经风干收缩而产生大面积"拔缝"。

b. 防治措施：精心挑选合格板材，宽窄不一或有腐朽、劈裂、翘曲等疵病者应剔除，特别注意板材的含水率一定要合格；铺钉时应用楔块、扒钉挤紧面层板条，使板缝一致后再钉接。长条地板与木龙骨垂直铺钉，其接头必须在龙骨上，接头应互相错开，并在接头的两端各钉一枚钉子；装最后一块地板条时，可将其刨成略有斜度的大小头，以小头嵌入并楔紧。

④ 表面不平整

a. 产生原因：房间内水平线弹得不准，使每一房间实际标高不一；木龙骨不平等；先后施工的地面，或不同房间同时施工的地面，操作时互不照应，造成高低不平。

b. 防治措施：木龙骨经检验合格后方可铺设毛地板或面层；施工前校正、调整水平线；两种不同材料的地面如高差在 3mm 以内，可将高处刨平或磨平，但必须在一定范围内顺平，不得有明显痕迹；门口处高差为 3~5mm 时，可加过门石处理。

7. 复合地板的施工

复合地板是以中密度纤维板为基材，用耐磨塑料贴面或者实木作为贴面的一种材料，其贴面的厚度为 2~4mm 薄木。复合地板安装方便，板和板之间用卯榫进行交接。复合地板在施工之前，地面必须平整干净，复合地板直接浮铺在地面上，不需要粘接。

复合地板在铺装之前要注意，如果地板铺装面积过大，会发生中间起鼓的现象，这一点需要特别注意。

复合地板的材质一般有四层材料。复合地板由底材层、基材层、装饰层、耐磨层构成，耐磨层的转数决定了复合地板的耐磨寿命。

它们的规格一般都是统一的，长度 800～2400mm，宽度 120～220mm，市场高档复合地板的长宽尺寸还有其他规格。

复合地板的底材层是由化学聚酯材料组成的，现在市场的低档复合地板没有这一层材料。聚酯材料主要起到防潮、防湿的作用。

基材层一般是由密度板构成的，由于售价及档次不同，其材料可分为低密度板、中密度板、高密度板。

装饰层是由印有特定图案的特殊纸放入三聚氰胺中浸泡，利用其化学原理，使其不再发生化学反应。其化学性质稳定，处理后纸张花纹美丽。

耐磨层是在地板表层压制一层三氧化二铝的耐磨剂，耐磨剂的含量和厚度决定了其耐磨的转数。每一平方米含三氧化二铝为 30g 左右，其转数为 4000r/min；含量为 38g 其转数为 5000r/min；含量为 45g 时为 9000r/min。三氧化二铝含量越高，地板也就越耐磨。

复合地板在铺设的时候，相邻的板材头应错开，其错开的距离不得小于 300mm，符合地板必须与四周墙面留缝，垫层基面层与墙之间应留不小于 10mm 的空隙，并用木楔调直。垫层为聚乙烯泡沫塑料薄膜，垫层可提高地板防潮的效果，并增加地板的稳定性和地板本身的弹性，减少行走的噪声。在铺装时，为使每块板材连接紧密，可以采用捶击法，用方木筷直接捶击板材的边缘，但不可直接击打地板。地板面积超过 30m² 时，中间必须接缝，以防地板过长，中间起鼓。

课题三　实训——陶瓷地砖楼地面操作

一、任务

完成陶瓷地砖楼地面的操作实训。

二、条件

1. 工位准备

长为 2m、宽为 1.5m，每块地面面积为 3m² 的场地，由指导教师根据实际情况给定。

2. 材料准备

陶瓷地砖、踢脚线、石灰膏、水泥、中粗砂、水等。全部材料应配套齐备并符合规范和施工要求，有材料检测报告和合格证。

3. 主要机具

小铲刀、水平尺、拍板、橡皮锤、切割机、卷尺等。

三、施工工艺

处理、润湿基层→打灰饼、做冲筋→铺结合层砂浆→挂控制线→铺贴地砖敲击至平。

小　　结

本章介绍了水磨石面层的施工及质量验收、砖面层施工及质量验收、大理石和花岗岩的施工及质量验收、块材的施工及质量验收、木地板的施工及质量验收，并详细讲解了水磨石、石材、木地板、地毯等面材及块材的施工准备、施工工艺流程及质量标准及同病的防治。

在掌握施工工艺的基础上理解工程的施工及质量验收，使学生对整个施工过程有全面的认识，并学会正确地选择材料和组织施工。

能力训练题

一、填空题

1. 楼地面是对 ＿＿＿＿＿＿＿＿＿ 的总称，是建筑中直接承受荷载，经常受到＿＿＿＿＿＿＿＿的部位。

2. 对土层的软弱应按设计进行处理，填土层应分层＿＿＿＿＿。

3. 砂垫层厚度不应小于＿＿＿＿＿，砂石垫层厚度不应小于＿＿＿＿＿，砂石应选用天然级配料，铺设是不应由＿＿＿＿＿＿＿＿＿的现象。

4. 水磨石面层应采用水泥与石粒拌和铺设，面层厚度除了设计有特出的要求外，其厚度应为＿＿＿＿＿，水磨石面层的＿＿＿＿＿要符合设计要求。

5. 水磨石地面施工除常用的抹灰手工工具，如方头铁抹、木抹子、刮杠、水平尺等工具以外，还需＿＿＿＿＿、＿＿＿＿＿和＿＿＿＿＿等机具。

6. 砖面层地面材料有水泥花砖、＿＿＿＿＿、缸砖、＿＿＿＿＿等，此类砖面层应在＿＿＿＿＿铺设。

7. 石材与陶瓷砖基本相同只是设计楼地面整体图案时，要求试拼、试排。另外＿＿＿＿＿、＿＿＿＿＿楼地面在养护之前，还需进行＿＿＿＿＿处理。

8. 对于无底垫的地毯，如果采用＿＿＿＿＿固定，应准备衬垫材料，一般采用＿＿＿＿＿作衬垫，或者采用＿＿＿＿＿。

9. 实木地板在施工时所采用的材料和铺设时所采用的材料的＿＿＿＿＿必须符合设计要求，和当地的＿＿＿＿＿、木龙骨、毛地板，要做到＿＿＿＿＿。

10. 拼花木地板的拼花平面图案形式有＿＿＿＿＿、＿＿＿＿＿、＿＿＿＿＿、阶梯错落长条铺装式等，对于较复杂的拼花图案，宜先弹方格网线，试拼试铺。

二、选择题

1. 楼地面一般由（　　）三部分组成。

　A. 垫层、基层、面层　　　　B. 垫层、砂石料、基层

　C. 砂石料、基层、面层　　　D、基层、垫层、面层

2. 垫层的性质分为（　　）。

　A. 刚性垫层和非刚性垫层　　B. 砂石垫层和刚性垫层

　C. 石灰垫层和非刚性垫层　　D. 石料垫层和石灰垫层

3. 面水磨石层厚度除了设计有特出的要求外，其厚度应为（　　）。由于石粒的色彩、粒径、形状的不同，可以根据设计方案，完成不同的地面图案。

　A. 12～18mm　　B. 10～16mm　　C. 8～12mm　　D. 16～20mm

4. 水磨石石粒应采用坚硬但可磨的石料，硬度过高的（　　）、刚玉、长石不可以作为施工石料。

　A. 白云石　　　B. 大理石　　　C. 方解石　　　D. 石英石

5. 花岗石结构紧密，耐酸，耐腐蚀，坚固耐磨，抗压强度高，耐久性能很好，吸水性小，耐冻性能强，适用范围广。但磨光花岗石不得用于（　　）。

　A. 室外　　　　B. 室内　　　　C. 家居环境　　　D. 公共环境

6. 大理石结构紧密，强度高，吸水率低，和花岗石性能一样，但它的硬度比花岗石低，耐磨性不如花岗石，抗侵蚀能力较差，不宜用于（　　）。

　A. 室内　　　　B. 室外　　　　C. 墙面　　　　D. 地面

7. 木质地面根据材质的不同，龙骨通常采用 50mm×（30～50）mm 的（　　）等材料。龙骨必须顺直、干燥，含水率小于 16%。

　A. 柚木　　　　B. 榉木　　　　C. 松木、杉木　　D. 柞木

8. 铺贴毛板是为面板找平和过渡，因此无须企口。可选用实木板、厚木夹板或刨花板，板厚（　　）。

    A. 10～20mm   B. 12～20mm   C. 15～18mm   D. 16～20mm

9. 普通木地板应严格控制木板的含水率并现场抽样检查，木龙骨含水率应不大于（　　）。

    A. 12%   B. 10%   C. 15%   D. 18%

10. 复合地板由底材层、基材层、装饰层、耐磨层构成，耐磨层的（　　）决定了复合地板的耐磨寿命。

    A. 耐磨层   B. 装饰层   C. 基材质量   D. 转数

三、简答题

1. 简述三合土垫层的材料要求。

2. 简述水磨石地面的优缺点。

3. 简述水磨石地面的通病种类。

4. 简述大理石面层和花岗岩面层的施工工艺流程。

5. 简述地毯按照材料分为哪几种。

6. 简述地毯面层装饰工程质量的通病种类。

四、问答题

1. 陶瓷锦砖特点及规格是什么？

2. 固定地毯的施工流程是什么？

3. 概述实木地板毛地板的铺钉施工工艺。

4. 地板局部翘鼓产生的原因是什么？

5. 大理石面层和花岗岩面层的施工工艺流程是什么？

裱糊工程施工

课题一　施工工具及施工准备

裱糊饰面工程，又称"裱糊工程"，是指在室内平整光洁的墙面、顶棚面、柱体面和室内其他构件表面，用壁纸、墙布等材料裱糊的装饰工程，它具有色彩丰富、质感性强，既耐用又易清洗的特点。软包饰面工程是指用人造革、锦缎等软包墙面、柱面和室内其他构件表面的装饰工程，可保持柔软、消声、温暖，适用于防止碰撞的房间和声学要求较高的房间。

一、施工工具

裱糊工程工具较多，在施工中主要有裁剪工具、刮图工具、刷具、滚压工具、钢尺、量尺、水平尺、钢卷尺、剪刀、2m 直尺、排笔、板刷、裁纸台案、注射用针管针头、软木和干净的毛巾等，见表 6-1。

表 6-1　常用手工工具

序号	名称	简　图	主 要 用 途
1	裁纸刀		裁切壁纸
2	刮板		刮抹、擀压和理平壁纸
3	批刀		基层处理及擀压壁纸

序号	名称	简　图	主　要　用　途
4	排笔		理平壁纸
5	胶辊		滚压壁纸

二、施工准备

按照设计的要求，施工用壁纸、墙布、裱糊用材的品种、规格要一次准备到位。底胶布作用于墙面、柱面裱糊前封底的材料，可以封闭基层表面的碱性物质，防止表面基层吸水过快，也是便于在裱糊过程中，可以随时校正、调整或揭掉表层墙纸，以保证墙纸墙布花纹图案对接准确，同时也为基层提供一个较为粗糙的表层。现在市场上用的是专用裱糊地窖，底胶涂刷时，必须保证厚度均匀，并且不得漏涂。

胶黏剂环保无毒，其浓度和稠度应与所需要裱糊的材料相吻合，原则上是既能裱糊牢固，又不影响墙纸等材料的底色。

三、裱糊饰面基层处理

混凝土和墙面抹灰已完成，且经过干燥，含水率不高于8％，木材制品不得大于12％。已完成水电及设备、顶棚、墙面上预埋件的留设。门窗油漆工作已完成。

有水磨石地面的房间，出光、打蜡已完成，并将水磨石面层保护好。面层清扫干净，如有凹凸不平、缺棱掉角或局部面层损坏者，提前修补好并应干燥，预制混凝土表面提前刮石膏腻子找平。

事先将突出墙面的设备部件等卸下收存好，待壁纸或墙布粘贴完后再重新装好复原。裱糊工程的墙面要求坚实、平整，表面光滑、不疏松起皮、掉粉，无砂粒、孔洞、麻点和毛刺。

如是混凝土墙面，可根据墙面基层的具体情况，在清扫干净的混凝土墙面上满刮1～2遍石膏腻子，干燥后用水砂纸磨平。如果表层情况不好，疏松起皮，掉粉，有砂粒、孔洞、麻点和毛刺，就应该增加满刮腻子和打磨砂纸，以保证裱糊的质量。

如果是木质的基层墙面，基层要求接缝严密，拼接处不明显和钉固的部位不能外露钉子头，所有接缝处、钉眼处都要用腻子找平，然后满刮石膏腻子一遍，并用砂纸打磨平整。若为纸面石膏板时，就需要用嵌缝腻子将缝堵严，粘贴上绷带，然后局部刮腻子找平。如基层色差大，设计选用的又是易透底的薄型壁纸，粘贴前应先进行基层处理，使其颜色一致。

对湿度较大的房间和经常潮湿的墙体表面，如需做裱糊时，应采用有防水性能的壁纸和胶黏剂等材料。如房间较高，应提前准备好脚手架；房间不高，应提前制作木凳。

对施工人员进行技术交底时，应强调技术措施和质量要求。大面积施工前应先做样板间，经鉴定合格后，方可组织班组施工。

在裱糊施工过程中及裱糊饰面干燥之前，应避免气温突然变化或穿堂风。施工环境温度一般应大于15℃，空气相对湿度一般应小于85％。

裱糊壁纸墙布的基层含水率不能过高，基层既不可以过湿，又不可以过干。过于湿润，抹灰层的碱和水分会使壁纸变色、起泡、开胶。如果墙体经常受到潮湿的侵袭，那么就应该选用防水、防潮的壁纸，否则裱糊质量难以保证。

为确保施工质量，在裱糊之前，需要吊直线，找方，找规矩，弹线。必须将房间四角的阴阳角通过吊垂线，找方，已确定从哪一阴角开始裱糊，并按照壁纸的尺寸进行弹线。每一面墙在裱糊之前都应该在裱糊第一幅壁纸之前挂垂线，以作为裱糊的基准线。一次确保第一幅的壁纸是垂直裱糊。

裁纸时以上口为准，下口可比规定的尺寸长 10～20mm，并按照此尺寸计算用料，裁纸。在裁壁纸的时候，一般应在台案上工作，将壁纸裁好后叠在一起，备用。如果施工中用的壁纸有图案，需要对花，那么再裁剪壁纸的时候，一定要将图案的尺寸计算进去。

壁纸在剪裁后不要马上上墙粘贴。壁纸遇到水后会产生膨胀，干燥后又会收缩，掌握好壁纸这个特性非常重要，也是保证裱糊质量的重要条件。现在的壁纸一般不需要浸水，所以，在壁纸裁好后，直接刷壁纸胶，然后将壁纸折叠起来，静置 10min，这样可以让壁纸充分湿润，让壁纸充分涨开。相反，如果不静置一段时间，壁纸在刷完胶后直接上墙粘贴，那么壁纸与墙面之间就会出现许多气泡、皱褶，出现严重的裱糊质量问题，达不到裱糊的质量要求与效果。刷壁纸胶静置 10min 的壁纸上墙粘贴后，随着水分的挥发，壁纸会自动收缩、绷紧，因而壁纸会很平整，可以达到设计要求与裱糊质量要求。

在刷壁纸胶的时候，为了不让壁纸表面有污染，在工作台上应先打扫干净，并且要满铺白纸。刷壁纸胶的时候，应从壁纸的上半段开始，上半段刷完后，这半段对折，但不允许把壁纸折出印痕，并且对折时应该把胶和胶对面对折，干完此项工作后，壁纸的下半段照此方法继续施工。然后将壁纸静置 10min，此时的壁纸由于吸收了水分变得柔顺，这样裱糊质量有可靠的保证。

胶黏剂的涂刷应该从壁纸的上半段开始，将上半段涂好壁纸胶后，有胶的那一面对折，但壁纸不得有印痕。参照上半段的涂胶方法，将下半段的壁纸胶涂在壁纸上，然后对折，静置 10min，让壁纸胶充分浸透壁纸各部分，使壁纸柔软华顺，便于施工，确保裱糊质量。

有的高档壁纸其背面自带背胶，使用时，将壁纸浸泡在水槽中 5min，让其吸收水分充分，即可施工。

壁纸胶黏剂的涂刷可以用滚筒，其滚刷效果比用棕刷效果好。

四、材料准备及要求

1. 壁纸

普通壁纸（纸基涂塑壁纸）是以纸为基材，用高分子乳液涂布面层，再进行印花、压纹等工序制成的卷材。

发泡壁纸（浮雕壁纸）是以 100g/m 的纸作基材，涂塑 300～400g/m。掺有发泡剂的聚氯乙烯（PVC）糊状料，印花后，再经加热发泡而成，其表面呈凹凸花纹。

纺织纤维壁纸是目前国际上比较流行的新型壁纸，它是由棉、麻、丝等天然纤维或化学纤维制成的各种色泽、花式的粗细纱或织物，用不同的加工工艺，将纱线粘到基层纸上，从而制成的壁纸。

特种壁纸是指具有特殊功能的塑料面层壁纸，如防火壁纸、金属面壁纸、耐水壁纸、彩色砂粒壁纸等。

2. 墙布

玻璃纤维墙布是以玻璃纤维布为基材，以聚丙烯酸甲、乙酯，增塑剂和着色颜料等为原料进行染色，再印花加工而成的。

无纺墙布是采用棉、麻等天然纤维或涤纶等合成纤维，经过无纺成型、上树脂、印制彩色花纹而成。

为保证裱糊质量，各种壁纸、墙布的质量应符合设计要求和相应的国家标准。

3. 胶黏剂

可以用聚醋酸乙烯乳液、羧甲基纤维素、108 胶等自行掺配，也可以购买专用胶黏剂，如粉末壁纸胶。现场调制的胶黏剂应当日用完。胶黏剂应满足建筑物的防火要求，避免在高温下因胶黏剂失去黏结力使壁纸脱落而引起火灾。

4. 腻子与底层涂料

嵌缝腻子用作修补、填平基层表面麻点、钉孔等。

为了避免基层吸水过快，将胶水迅速吸掉，使其失去黏结能力，或因干得太快而来不及裱贴操作，裱糊前应在基层面上先刷一遍底层涂料，作为封闭处理，待其干后再开始。这些材料应根据设计和基层的实际需要提前备齐。

课题二　壁纸的裱糊

一、PVC 壁纸裱糊

（一）壁纸的施工工艺

PVC 壁纸裱糊的施工工艺流程为：基层处理→封闭底涂→弹线→预拼→裁纸编号→润纸→刷胶→上墙裱糊→修整表面→养护。

1. 裱糊壁纸的基层处理

裱糊壁纸的基层，要求坚实牢固，表面平整光洁，不疏松起皮、掉粉，无砂粒、孔洞、麻点和飞刺，污垢和尘土应消除干净，表面颜色要一致。裱糊前应先在基层刮腻子并磨平。裱糊壁纸的基层表面为了达到平整光滑、颜色一致的要求，应视基层的实际情况，采取局部刮腻子、满刮一遍腻子或满刮两遍腻子处理，每遍干透后用 0～2 号砂纸磨平。以羧甲基纤维素为主要胶结料的腻子不宜使用，因为纤维素大白腻子强度太低，遇湿易胀。

不同基体材料的相接处，如石膏板和木基层相接处，应用穿孔纸带粘糊，以防止裱糊后的壁纸面层被撕裂或拉开，处理好的基层表面要喷或刷一遍汁浆。一般抹面基层可配制 108 胶：水为 1：1 喷刷，石膏板、木基层等可配制酚醛清漆：汽油为 1：3 喷刷，汁浆不宜过厚，要均匀一致。封闭底涂腻子干透后，刷乳胶漆一道。若有泛碱部位，应用 9%的稀醋酸中和。

2. 弹线

按 PVC 壁纸的标准宽度找规矩，弹出水平及垂直准线。为了使壁纸花纹对称，应在窗户上弹好中线，再向两侧分弹。如果窗户不在中间，为保证窗间墙的阳角花饰对称，应弹窗间墙中线，由中心线向两侧再分格弹线。

3. 预拼、裁纸、编号

根据设计要求，按照图案花色进行预拼，然后裁纸，裁纸长度应比实际尺寸大 20～30mm。裁纸下刀前，要认真复核尺寸有无出入，尺子压紧壁纸后不得再移动，刀刃贴紧尺边，一气呵成，中间不得停顿或变换持刀角度，手劲要均匀。

4. 润纸

壁纸上墙前，应先在壁纸背面刷清水一遍，立即刷胶，或将壁纸浸入水中 3～5min 后，取出将水擦净，静置约 15min 后，再进行刷胶。因为 PVC 壁纸遇水或胶水，即开始自由膨胀，干后自行收缩，其幅宽方向的膨胀率为 0.5％～1.2％，收缩率为 0.2％～0.8％（体积分数）。如在干纸上刷胶后立即上墙裱糊，纸虽被胶固定，但继续吸湿膨胀，因此墙面上的纸必然出现大量气泡、皱褶，不能成活。润纸后再贴到基层上，壁纸随着水分的蒸发而收缩、绷紧。这样，即使裱糊时有少量气泡，干后也会自行胀平。

5. 刷胶

塑料壁纸背面和基层表面都要涂刷胶黏剂。为了能有足够的操作时间，纸背面和基层表面要同时刷胶。胶黏剂要集中调制，应除去胶中的疙瘩和杂物。调制后，应当日用完。刷胶时，基层表面涂刷胶黏剂的宽度要比上墙壁纸宽约 30mm，涂刷要薄而均匀，不裹边，不宜过厚，一般抹灰面用胶量约为 0.15kg/m，气温较高时用量相对增加。塑料壁纸背面刷胶的方法是：壁纸背面刷胶后，胶面与胶面反复对叠，可避免胶干得太快，也便于上墙，这样裱糊的墙面整洁平整。

6. 裱糊

裱糊时，应从垂直线起至阴角处收口，由上而下进行。上端不留余量，包角压实。上墙的壁纸要注意纸幅垂直，先拼缝、对花形，拼缝到底压实后再刮平大面。一般无花纹的壁纸，纸幅间可拼缝重叠 20mm，并用直钢尺在接缝上从上而下用活动剪纸刀切断。切割时要避免重割，有花纹的壁纸，则采取两幅壁纸花纹重叠，对好花，用钢尺在重叠处拍实，从上往下切。切割余纸后，对准纸缝粘贴，阳角不得留缝，不足一幅的应裱糊在较暗或不明显的地方。基层阴角若遇不垂直现象，可做搭缝，搭缝宽度为 5～10mm，要压实，并不留空隙。

裱糊拼缝对齐后，用薄钢片刮板或胶皮刮板由上而下抹刮（较厚的壁纸必须用胶辊滚压），再由拼缝开始按照向外向下的顺序刮平压实，多余的黏结剂挤出纸边，及时用湿毛巾抹去，以整洁为准，并要使壁纸与顶棚和角线交接处平直美观，斜视时无胶痕，表面颜色一致。为了防止使用时碰蹭，使壁纸开胶，严禁在阳角处甩缝，壁纸要裹过阳角不小于 20mm。阴角壁纸搭缝时，应先裱糊压在里面的壁纸，再粘贴面层壁纸，搭接面应根据阴角垂直度而定，搭接宽度一般不小于 2～3mm，并且要保持垂直无毛边，如图 6-1 所示。

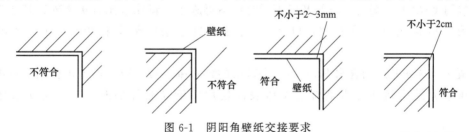

图 6-1　阴阳角壁纸交接要求

遇有墙面上卸不下来的设备或附件，裱糊时可在壁纸上剪口裱上去。其方法是将壁纸轻轻糊于突出的物件上，找到中心点，从中往外剪，使壁纸舒平裱于墙面上，然后用笔轻轻标出物件的轮廓位置，慢慢拉起多余的壁纸，剪去不需要的部分，四周不得有缝隙。壁纸与挂镜线、贴脸和踢脚板接合处，也应紧接，不得有缝隙，以使接缝严密美观。

顶棚裱糊壁纸，先裱糊靠近主窗处，方向与墙平行。长度过短时，则可与窗户成直角粘贴。裱糊前，先在顶棚与墙壁交接处弹上一道粉线，将已刷好胶的壁纸用木柄撑起折叠好的一段，边缘靠齐粉线，先铺平一段，然后再沿粉线铺平其他部分，直到贴好为止。多余的部分，再剪齐修整。

7. 修整

壁纸上墙后，若发现局部不符合质量要求，应及时采取补救措施。如纸面出现皱纹、死褶时，应趁壁纸未干，用湿毛巾轻拭纸面，使壁纸潮湿，用手慢慢将壁纸铺平，待无皱褶时，再用橡胶滚或胶皮刮板搽压平整。如壁纸已干结，则要将壁纸撕下，把基层清理干净后，再重新裱糊。

如果已贴好的壁纸边沿脱胶而卷翘起来，即产生张嘴现象时，要将翘边壁纸翻起，检查产生的原因，属于基层有污物者，应清理干净，补刷胶液粘牢；属于胶黏剂胶性小的，应换用胶性较大的胶黏剂粘贴；如果壁纸翘边已坚硬，应使用黏结力较强的胶黏剂粘贴，还应加压粘牢粘实。

如果已贴好的壁纸出现接缝不垂直、花纹未对齐时，应及时将裱糊的壁纸铲除干净，重新裱糊。对于轻微的离缝或亏纸现象，可用与壁纸颜色相同的乳胶漆点描在缝隙内，漆膜干后一般不易显露。较严重的部位，可用相同的壁纸补贴，不得看出补贴痕迹。

另外，如纸面出现气泡，可用注射针管将气抽出，再注射胶液贴平贴实，如图 6-2 所示。也可以用刀在气泡表面切开，挤出气体用胶黏剂压实。若鼓泡内胶黏剂聚集，则用刀开口后将多余胶黏剂刮去压实即可。对于在施工中碰撞损坏的壁纸，可采取挖空填补的办法，将损坏的部分割去，然后按形状和大小，对好花纹补上，要求补后不留痕迹。

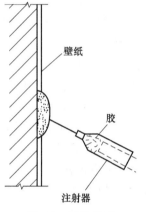

图 6-2 气泡处理

（二）养护

壁纸在裱糊过程中及干燥前，应防止穿堂风劲吹，并应防止室温突然变化。冬季施工应在采暖条件下进行。白天封闭通行或将壁纸用透气纸张覆盖，除阴雨天外，需开窗通风，夜晚关门闭窗，防止潮气入侵。

（三）注意事项

环境温度＜5℃、湿度＞85％及风雨天时均不得施工。新抹水泥石灰膏砂浆基层常温龄期至少需 10d 以上（冬季需 20d 以上），普通混凝土基层至少需 28d 以上，才可粘贴壁纸。

混凝土及抹灰基层的含水率＞8％，木基层的含水率＞12％时，不得进行粘贴壁纸的施工。湿度较大的房间和经常潮湿的墙体表面使用壁纸及胶黏剂时，应采用防水性能优良者。

二、锦缎裱糊

锦缎作为"墙布"来装饰室内墙面，在我国古建筑中早已采用。锦缎柔软光滑，极易变形，不易裁剪，故很难直接裱糊在各种基层表面。因此，必须先在锦缎背面裱一层宣纸，使锦缎硬朗挺括以后再上墙。

（一）施工工艺

锦缎裱糊施工工艺流程为：基层表面处理→刮腻子→封闭底层、涂防潮底漆→弹线→锦缎上浆→锦缎裱纸→预拼→裁纸、编号→刷胶→上墙裱贴→修整墙面→涂防虫涂料→养护。

（二）施工要点

1. 锦缎上浆

将锦缎正面朝下、背面朝上，平铺于大"裱案"上，并将锦缎两边压紧，用排刷沾浆从锦缎中间向两边刷浆。刷浆时应涂刷得非常均匀，浆液不宜过多，以打湿锦缎背面为准。浆的用料配合比为：面粉∶防虫涂料∶水＝5∶40∶20（质量比）。面粉须用纯净的高级面粉，越细越好，防虫涂料可购成品。上述用料按质量比配好后，仔细搅拌，直至拌成稀薄适度的浆液为止。

2. 锦缎裱纸（俗称托纸）

在另一大"裱案"上，平铺上等宣纸一张（宣纸幅宽须较锦缎幅宽宽出100mm左右），用水打湿后将纸平贴于案面之上，以刚好打湿宣纸为宜。宣纸平贴于案面，不得有皱褶之处。

从第一张裱案上，由两人合作，将上好浆的锦缎从案上揭起，使浆面朝下，仔细粘裱于打湿的宣纸之上。然后用牛角刮子从锦缎中间向四边刮压，以使锦缎与宣纸粘贴均匀。刮压时用力须恰当，动作须不紧不慢，恰到好处，以免将锦缎刮褶刮皱或刮伤。待宣纸干后，可将裱好的锦缎取下备用。

3. 裁纸、编号

锦缎属高档装修材料，价格较高，裱糊困难，裁剪不易，故裁剪时应严格要求，避免裁错，导致浪费。同时为了保证锦缎颜色、花纹的一致，裁剪时应根据锦缎的具体花色、图案及幅宽等仔细设计，认真裁剪。裁好的锦缎片子，应编号备用。

4. 刷胶

锦缎宣纸底面与基层表面应同时刷胶，胶黏剂可用专用胶粉。刷胶时应保证厚薄均匀，不得漏刷、裹边和起堆。基层上的刷胶宽度比锦缎宽30mm。

5. 涂防虫涂料

因为锦缎为丝织品，易被虫咬，故表面必须涂防虫涂料。其他施工工序同一般壁纸。

三、金属壁纸裱糊

金属壁纸系室内高档装修材料，以特种纸为基层，将很薄的金属箔压合于基层表面加工而成。有金黄、古铜、红铜、咖啡、银白等色，并有多种图案。用以装饰墙面，雍容华贵、金碧辉煌，高级宾馆、饭店、娱乐建筑等多采用。如在室内一般造型面上，适当点缀一些金属壁纸装修，更有画龙点睛之妙用。

金属壁纸上面的金属箔非常薄，很容易折坏，故金属壁纸裱糊时须特别小心。基层必须特别平整洁净，否则可能将壁纸戳破，而且不平之处会非常明显地暴露出来。

金属壁纸的施工工艺流程为：基层表面处理→刮腻子→封闭底层→弹线→预拼→裁纸、编号→刷胶→上墙裱贴→修整表面→养护。

1. 基层要求

阻燃型胶合板除设计有具体规定外，应用厚9mm以上（含9mm）、两面打磨光的特等或一等胶合板。若基层为纸面石膏板，则贴缝的材料只能是穿孔纸带，不得使用玻璃纤维纱网胶带。

2. 刮腻子

第一道腻子用油性石膏腻子将钉眼、接缝补平，并满刮腻子一遍，找平大面，干透后用砂纸打磨平整。

第一道腻子彻底干后，用猪血料石膏粉腻子再满刮一遍。要求横向批刮，须刮抹平整和均匀，线脚及棱角等处应整齐。腻子干透后，用砂纸打磨平、扫净。第三道再满刮猪血料石膏粉腻子一遍，要求同上，但批刮方向应与第二道腻子垂直。干透后用砂纸打磨平、扫净。第四道、第五道腻子同第三、第四道腻子。第五道腻子磨平、扫净后，须用软布将全部腻子表面仔细擦净，不得有漏擦之处。

3. 刷胶

壁纸润湿后立即刷胶。金属壁纸背面及基层表面应同时刷胶。胶黏剂应用金属壁纸专用胶粉配制，不得使用其他胶黏剂。刷胶注意事项如下：

金属壁纸刷胶时应特别慎重，勿将壁纸上金属箔折坏。最好将裁好浸过水的壁纸，一边在其背面刷胶，一边将刷过胶的部分（使胶面朝上）卷在未开封的发泡壁纸筒上（因发泡壁纸筒未曾开封，故圆筒上非常柔软平整），不致将金属箔折坏，但卷前一定将发泡壁纸筒扫净擦净。

刷胶应厚薄均匀，不得漏刷、裹边和起堆。基层表面的刷胶宽度，应较壁纸宽出30mm左右。

4. 上墙裱贴

裱糊金属壁纸前须将基层再清扫一遍，并用洁净软布将基层表面仔细擦净。

金属壁纸可采用对缝裱糊工艺。

金属壁纸带有图案，故须对花拼贴。施工时二人配合操作，一人负责对花拼缝，一人负责手托已上胶的金属壁纸卷，逐渐放展，一边对缝裱贴，一边用橡胶刮子将壁纸刮平。刮时须从壁纸中部向两边压刮，使胶液向两边滑动而使壁纸裱贴均匀。刮时应注意用力均匀、适中，以免刮伤金属壁纸表面。

刮金属壁纸时，如两幅壁纸之间有小缝存在，则应用刮子将后粘贴的壁纸向先粘贴的壁纸一边轻刮，使缝逐渐缩小，直至小缝完全闭合为止。

课题三　裱糊工程应注意的施工问题

在裱糊的过程中，壁纸的边缘容易翘起。其原因应该是局部没刷胶，或者是边缘没有压实，壁纸干燥后才出现起翘的现象。在施工中，在大面压实后，赶出气泡后，把壁纸边缘翘开，涂刷一遍封口胶，再将边缘重新压实，这样壁纸边缘就不会起翘了。

裱糊工程完工后，如出现壁纸颜色不一、花形深浅不一的时候，多因为在裱糊之前没有进行质量检查，壁纸质量差，施工时没认真挑选。现在市场上销售的壁纸多为复合壁纸，严禁背面闷水；否则复合壁纸一经背面闷水，壁纸作废，因此在施工中一定注意壁纸的品种。金属壁纸可以做短时间的湿润处理，大概2min，取出后静置5~8min即可裱糊。玻璃纤维布或者无纺布，遇水后没有伸缩变形，所以不需要浸水，用湿毛巾湿润即可。在裱糊后发现，上端或下端出现长度不够，这是因为在裁壁纸的时候没有量好长度，因此在裱糊之前一定要注意仔细认真。

裱糊后发现阳角有空鼓，大多因为阳角两个面、一个角，在施工中有些技术难度，在施工中遇到阳角就应该更加仔细认真，在阴角处出现阴角断裂，大多因为在阴角的接缝处没有超出阴角10~20mm而出现了壁纸的收缩，造成了阴角的断裂。阴角的粘贴质量好坏在于其基层批灰质量的好坏，两者有着直接的关系，只要不漏刷胶、压实，阴角基本不会出现质量问题。在裱糊后发现，壁纸存在多处气泡，其主要原因就是基层的含水率过高，或者基层批灰未干就开始了裱糊工程，基层多余的水分被闷在壁纸里面。水分汽化后造成有气泡，解决这种问题的方法是用针头将气泡里的空气抽出来，然后再用针头将壁纸胶注入其中，再用压板压实。

在裱糊后发现表面不平。侧视有疙瘩，其主要原因是墙面在粘贴之前没有彻底清理，表面有大的杂物块，因此导致壁纸表面有鼓包，处理的办法是将壁纸用壁纸刀切开，把杂物取出，再重新刷胶，用刮板压实。

在裱糊工程完成后发现前面壁纸的接缝处有胶痕，在侧视的情况下，接缝处有亮的反光。其原因是壁纸在粘贴的时候，没有及时地用湿毛巾将壁纸接缝处赶压出来的壁纸胶擦干净，后者擦得不彻底、不认真，解决的办法是用干净的湿毛巾仔细地擦拭。

课题四　软包饰面工程施工

软包墙面是现代室内墙面装修常用做法，具有吸声、保温、防儿童碰伤、质感舒适、美观大方等特点。特别适用于有吸声要求的会议厅、会议室、多功能厅、娱乐厅、消声室、住宅起居室、儿童卧室等处。

一、材料及工具准备

主要有人造革或织锦缎、泡沫塑料或矿渣棉、木条、五夹板、电化铝帽头钉、油轮等。工具准备主要有锤子、木工锯、刨子、抹灰用工具。

二、施工准备

（一）作业条件

混凝土和墙面抹灰完成，20mm 厚的 1∶3 水泥砂浆找平层已抹完，并刷冷底子油。水电及设备、顶棚、墙面上的预埋件已埋设完成。

室内的吊顶分项工程、地面分项工程基本完成，并符合设计要求。对施工人员进行技术交底时，应强调技术措施和质量要求。

基层处理后需进行严格检查，要求基层平整、牢固，其垂直度、平整度均应符合验收规范。

（二）材料准备及要求

软包墙面木框、龙骨、底板、面板等木材的树种、规格、等级、含水率和防腐处理必须符合设计要求。龙骨一般用白松烘干料，含水率不大于 12％，厚度应根据设计要求，不得有腐朽、节疤、劈裂、扭曲等瑕疵，并预先经防腐处理，龙骨、衬板、边框应安装牢固。

（三）施工工艺

无吸声层软包墙面的施工工艺流程为：墙内预留防腐木砖→抹灰→涂防潮层→钉木龙骨→墙面软包。其基本构造如图 6-3、图 6-4 所示。

（四）施工要点

（1）墙内预留防腐木砖　砖墙在砌筑时或混凝土墙、大模板混凝土墙在浇筑时，在墙内预埋 60mm×60mm×120mm 防腐木砖，沿横、竖木龙骨中心线，每中距 400～600mm 预埋一块。

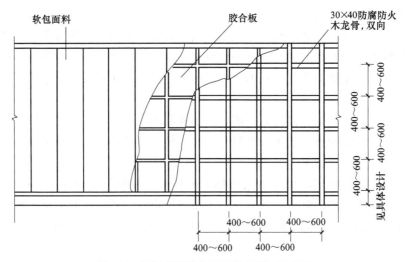

图 6-3 无吸声层软包墙面构造图（立面）

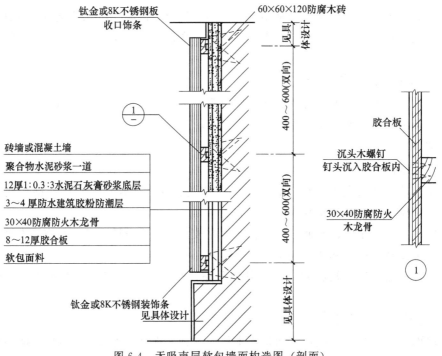

图 6-4 无吸声层软包墙面构造图（剖面）

（2）墙体抹灰 详见抹灰工程。墙体表面涂防潮层。在找平层上满涂 3～4mm 厚防水建筑胶粉防潮层一道，需三遍成活，并涂刷均匀，不得有厚薄不均匀及漏涂之处。

（3）钉木龙骨 30～40mm 横、竖木龙骨，正面刨光，背面刨防翘凹槽一道。满涂氟化钠防腐剂一道，防火涂料三道，中距 400～600mm，钉于墙体内预埋防腐木砖之上，龙骨与墙面之间如有缝隙之处，必须以防腐木片（或木块）垫平垫实。全部木龙骨安装时必须边钉边找平，各龙骨表面必须在同一垂直平面上，不得有凸出、凹进、倾斜、不平之处。整个墙面的木龙骨安装完毕，应进行最后检查、找平。

（4）墙面软包 将 8～12mm 厚阻燃型胶合板按墙面横、竖木龙骨中心间距锯成方块，并将其平行于竖龙骨的两条侧边，整板满涂氟化钠防腐剂一道，涂后将板编号存放备用。

（5）软包墙面面层裁剪　将面层按下列尺寸裁成长条：横向尺寸＝竖龙骨中心间距＋50mm；竖向尺寸＝软包墙面高度＋上、下端压口长度。

（6）软包墙面施工　将胶合板底层就位，并将裁好的面料平铺于胶合板上，面料拉紧，用沉头木螺钉或圆钉将面料压钉于竖向木龙骨上，并将胶合板其余两条直边直接钉于横向木龙骨上。所有钉必须沉入胶合板表面以内，钉孔用油性腻子嵌平，钉距为80～150mm。胶合板底层及软包面料钉完一块，继续再钉下一块，直至全部钉完为止。

（7）收口　软包墙面上下两端或四周，用高级金属饰条（如钛金饰条、8K 不锈钢饰条等）或其他饰条收口。

（8）检查、修理　全部软包墙面施工完毕后，必须详加检查。如有面料褶皱、不平、松动、压缝不紧或其他质量问题，应加以修理。

（五）有吸声层软包墙面

胶合板压钉面料法其构造如图 6-5、图 6-6 所示。软包墙面底层制作同无吸声层。

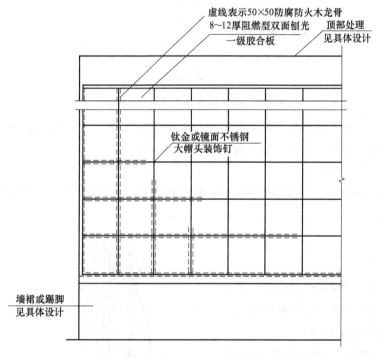

图 6-5　胶合板压钉面料做法（立面）

软包墙面吸声层制作，根据设计要求，可采用玻璃棉、超细玻璃棉或自熄型泡沫塑料等，按设计要求尺寸，裁制成方形（或矩形）吸声块存放备用。软包墙面面层裁剪。将面层按下列尺寸裁剪：横向尺寸＝竖龙骨中心间距＋吸声层厚度＋50mm；竖向尺寸＝软包墙面高度＋吸声层厚度＋上、下端压口长度。

软包墙面施工：将裁好的胶合板底层按编号就位，将制好的吸声块平铺于胶合板底层之上，将裁好的面料铺于吸声块上，并将面料绷紧，用钉将面料压钉于竖向木龙骨上，并将其余两条胶合板直接钉于横向木龙骨上。所有钉头必须沉入胶合板表面以内，钉孔用油性腻子腻平，钉距80～150mm，所有吸声层须铺均匀，包裹严密，不得有漏铺之处。胶合板及面

113

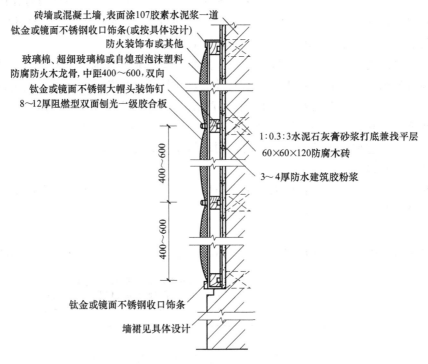

砖墙或混凝土墙,表面涂107胶素水泥浆一道
钛金或镜面不锈钢收口饰条(或按具体设计)
防火装饰布或其他
玻璃棉、超细玻璃棉或自熄型泡沫塑料
防腐防火木龙骨,中距400～600,双向
钛金或镜面不锈钢大帽头装饰钉
8～12厚阻燃型双面刨光一级胶合板

1:0.3:3水泥石灰膏砂浆打底兼找平层
60×60×120防腐木砖
3～4厚防水建筑胶粉浆

400～600
400～600

钛金或镜面不锈钢收口饰条
墙裙见具体设计

图 6-6　胶合板压钉面料做法（剖面）

料压紧钉牢以后，再在四角处加钉镜面不锈钢大帽头装饰钉一个。胶合板底层、吸声层及软包面料钉完一块，继续再钉下一块，直至全部钉完为止。

收口：同无吸声层做法。

吸声层压钉面料法：将裁好的面料直接铺于吸声块上进行压钉，其余做法同前。其构造如图 6-7 所示。

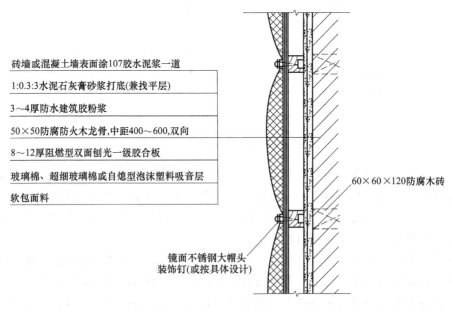

砖墙或混凝土墙表面涂107胶水泥浆一道

1:0.3:3水泥石灰膏砂浆打底(兼找平层)

3～4厚防水建筑胶粉浆

50×50防腐防火木龙骨,中距400～600,双向

8～12厚阻燃型双面刨光一级胶合板

玻璃棉、超细玻璃棉或自熄型泡沫塑料吸音层

软包面料

60×60×120防腐木砖

镜面不锈钢大帽头
装饰钉(或按具体设计)

图 6-7　吸声层压钉面料做法（竖剖图）

课题五　质　量　验　收

裱糊饰面工程每个检验批应至少抽查 10%，并不得少于 3 间，不足 3 间时应全数检查，其主控项目及检验方法、一般项目及检验方法见表 6-2、表 6-3。

表 6-2　裱糊饰面工程主控项目及检验方法

项次	项 目 内 容	检 验 方 法
1	壁纸墙布的种类、规格、图案、颜色和燃烧性能等级必须符合设计要求及国家现行标准的有关规定	观察;检查产品合格证书、进场验收记录和性能检测报告
2	裱糊工程基层处理质量应符合相关规定	观察;手摸检查和检查施工记录
3	裱糊后各幅拼接应横平竖直,拼接处花纹、图案应吻合,不离缝,不搭接,不显拼缝	观察;拼缝检查距离墙面1.5m处正规
4	壁纸、墙布应粘贴牢固,不得有漏贴、补贴、脱层、空鼓和翘边	观察;手摸检查

表 6-3　裱糊饰面工程一般项目及检验方法

项次	项 目 内 容	检 验 方 法
1	裱糊后的壁纸、墙布表面应平整,色泽应一致,不得有波纹起伏、气泡、裂缝、皱褶及斑污,斜视时应无胶痕	观察;手摸检查
2	复合压花壁纸的压痕及发泡壁纸的发泡应无损坏	观察
3	壁纸、墙布与各种装饰线、设备线应交接严密	观察
4	壁纸、墙布边缘应平直整齐,不得有纸毛、飞刺	观察
5	壁纸、墙布阴角处搭接应平顺、光滑,阳角处应无接缝	观察

一、一般规定

（1）裱糊与软包工程验收时应检查下列文件和记录：

裱糊与软包工程的施工图、设计说明及其他设计文件饰面材料的样板及确认文件。材料的产品合格证书、性能检测报告、进场验收记录和复验报告。

（2）各分项工程的检验批应按下列规定划分：

同一品种的裱糊或软包工程每 50 间（大面积房间和走廊按施工面积 30m² 为一间）应划分为一个检验批，不足 50 间也应划分为一个检验批。

（3）检查数量应符合下列规定：

裱糊工程每个检验批应至少抽查 10%，并不得少于 3 间；不足 3 间时应全数检查软包工程每个检验批应至少抽查 20%，并不得少于 6 间；不足 6 间时应全数检查。

（4）裱糊前，基层处理质量应达到下列要求：

新建筑物的混凝土或抹灰基层墙面在刮腻子前应涂刷抗碱封闭底漆。旧墙面在裱糊前应清除疏松的旧装修层，并涂刷界面。混凝土或抹灰基层含水率不得大于 8%（质量百分比），木材基层的含水率不得大于 12%。基层腻子应平整、坚实、牢固，无粉化、起皮和裂缝，腻子的黏结强度应符合《建筑室内用腻子》（JG/T 298—2010）的规定。基层表面平整度、立面垂直度及阴阳角方正应达到高级抹灰的要求。基层表面颜色应一致。裱糊前应用封闭底胶涂刷基层。

二、软包工程主控项目

（1）软包面料、内衬材料及边框的材质、颜色、图案、阻燃性能等级和木材的含水率应符合设计要求及国家现行标准的有关规定。检验方法：观察；检查产品合格证书、进场验收记录和性能检测报告。

（2）软包工程的安装位置及构造做法应符合设计要求。检验方法：观察；尺量检查；检查施工记录。

（3）软包工程的龙骨、衬板、边框应安装牢固，无翘曲，拼缝应平直。检查方法：观察；手摸检查。

（4）单块软包面料不应有接缝，四周应绷压严密。检验方法：观察；手摸检查。

三、软包工程一般项目

（1）软包工程表面应平整、洁净，无凹凸不平及皱褶；图案应清晰、无色差，整体应协调美观。检验方法：观察。

（2）软包边框应平整、顺直、接缝吻合。其表面涂饰质量应符合涂料工程的有关规定。检验方法：观察；手摸检查。

（3）清漆涂饰木制边框的颜色、木纹应协调一致。检验方法：观察。

（4）软包工程安装的允许偏差和检验方法见相关规定。

四、裱糊工程主控项目

壁纸、墙布的种类、规格、图案、颜色和燃烧性能等级必须符合设计要求及国家现行标准的有关规定。

（1）裱糊工程基层处理质量应达到高级抹灰的要求。检验方法：观察；手摸检查；检查施工记录。

（2）裱糊后各幅拼接应横平竖直，拼接处花纹、图案应吻合，不离缝，不搭接，不显拼缝。检查方法：观察；拼缝检查距离墙面 1.5m 处正视。

（3）壁纸、墙布应粘贴牢固，不得有漏贴、补贴、脱层、空鼓和翘边。检验方法：观察；手摸检查。

五、裱糊工程一般项目

（1）裱糊后的壁纸、墙布表面应平整，色泽应一致，不得有波纹起伏、气泡、裂缝、皱褶及斑污，斜视时应无胶痕。检验方法：观察；手摸检查。

（2）复合压花壁纸的压痕及发泡壁纸的发泡层应无损坏。检验方法：观察。

（3）壁纸、墙布与各种装饰线、设备线盒应交接严密。检验方法：观察。

（4）壁纸、墙布边缘应平直整齐，不得有纸毛、飞刺。检验方法：观察。

（5）壁纸、墙布阴角处搭接应顺光，阳角处应无接缝。检验方法：观察。

课题六　实训——粘贴壁纸的操作练习

一、任务

用自配的胶黏剂在抹灰面上裱糊塑料（无泡）壁纸。

二、条件

在实训基地已具备条件的场地上施工，可结合抹灰工程的实训内容进行。240mm 砖墙砌筑和一般抹灰已经完成。

裱糊工程所用的材料应组织进场，并按实训现场平面布置所指示的堆放位置分类堆放，以备使用。所有材料要符合规范和施工要求，并有产品合格证书。

主要施工机具有壁纸、胶黏剂、活动裁纸刀、刮板、胶辊、铝合金直尺、裁纸案、台、钢卷尺、水平尺、普通剪刀、粉线包、软布、毛巾、排笔及板刷等，由指导教师提供。

三、步骤提示

（1）按基层处理要求将墙面清理干净，大的缺陷处用水泥石膏嵌补，在墙面上满批含有108胶的腻子，干后磨平。

（2）用稀释的108胶刷一遍经过处理的墙面。如果墙面是水泥砂浆面层，为确保防水密封的效果，可以用801胶来替代108胶。

（3）在合适的位置弹出一条垂直线，并同时弹出墙面上下两端的水平界线。

（4）根据塑料壁纸的厚薄，用108胶黏剂、化学糨糊和白胶自行配制胶黏剂。

（5）按照墙面实际张贴高度，适当考虑余量，裁划壁纸，浸水湿润。

（6）用滚筒或刷子在墙面上涂刷胶黏剂，按照操作要领，以合理的顺序粘贴壁纸。

（7）注意随时将壁纸上的污迹揩擦干净，在每粘贴3～4幅壁纸后修整清理，并用线锤在接缝处检查垂直度。

四、分项能力标准及要求

分项能力标准及考核要求见表6-4。

表6-4　分项能力标准及考核要求

序号	考核项目	考核要求	满分	评分标准	得分
1	基层处理	墙面污物清除，松动处处理，大缺陷修补，突出物铲除	15	有一处未做扣2分	
		窗台口、门槛、踢脚、地坪等处打扫干净	5	有一处不清扫扣1分	
2	嵌批	拌腻子要软硬适当	3	过硬或过软扣2分，伴有硬块扣1分	
		嵌洞缝密实，高低处嵌平	3	嵌不密实扣1分，漏嵌扣1分	
		批嵌顺直	3	有一处扣2分，严重扣3分	
		复嵌要平直，无凹陷	3	有一处不顺直扣1分	
		操作方法及工艺顺序正确	3	基本正确得2分	
3	打磨砂纸	选砂纸正确，姿势适当，全磨时不能磨穿，清扫干净	8	每一项错误扣2分	
4	刷胶	先竖后横再竖，不挂、不皱、不漏刷	4	按顺序操作得2分，有不挂、起皱、漏刷一项扣1分	
5	吊垂线	量准壁纸宽度，吊垂线	8	误差2mm以内得7分，3mm以内得5分，3mm以外全扣	
6	涂胶黏剂	姿势正确，刷均匀，不遗漏	5	有一项错误扣1分，遗漏较多扣3分	
7	粘贴	先上后下，对准垂线，平整伏贴，每幅横平竖直，擦清胶迹，防止倒花、离缝、褶皱、毛边、气泡等	30	基本正确得20分，每一处错误扣2分	
8	划裁	划裁正确	10	基本正确得7分，有抽丝扣2分，有一处缺陷扣1分	

五、组织形式

分组分工，4～6人一组，指定小组长，小组进行编号，完成的任务即裱糊段编号同小组编号。壁纸粘贴完毕后，必须将地面、踢脚板、门窗等处的胶迹揩擦干净，将多余的大块壁纸卷好，以备今后修补使用。将工具清洗干净，做好清理工作。

小　结

本章学习了裱糊工程施工的常用材料及工具，要求充分了解裱糊工程的常用材料，以及工具的施工用法。

在裱糊壁纸中，应掌握不同壁纸的裱糊方法及质量施工要求，应做到对壁纸的各种特性的基本掌握，以及掌握各种不同壁纸在施工质量标准要求上的具体要求。

在软包工程中，应了解具体的施工要求，以及施工的质量要求，应了解软包工程与裱糊不同的施工方法及不同的质量要求。

能力训练题

一、填空题

1. 裱糊饰面工程，又称_____，是指在室内平整光洁的_____和室内_____，用_____等材料裱糊的装饰工程。

2. 对_____的房间和_____的墙体表面，如需做裱糊时，应采用有_____的壁纸和胶黏剂等材料。

3. 为确保施工质量，在裱糊之前，需要_____。

4. 普通壁纸是以_____为基材，用高分子乳液涂布面层，再进行_____等工序制成的_____。

5. 壁纸在裱糊过程中及干燥前，应防止_____，并应防止室温_____。

6. 金属壁纸系室内高档装修材料，它以_____为基层，将很薄的_____合于基层表面加工而成。

7. 软包墙面是_____常用做法，它具有_____等特点。

8. 新建筑物的混凝土或抹灰基层墙面在刮腻子前应涂刷_____。

9. 壁纸、墙布的_____和燃烧性能等级必须符合设计要求及国家现行标准的有关规定。

10. 裱糊后的壁纸、墙布表面应_____，不得有_____及_____，侧视时应_____。

二、选择题

1. 在裱糊施工过程中及裱糊饰面干燥之前，应避免气温突然变化或穿堂风吹。施工环境温度一般应大于（　　）。

    A. 15℃　　　　　B. 20℃　　　　　C. 25℃　　　　　D. 30℃

2. 裁纸时以上口为准，下口可比规定的尺寸长（　　）。

    A. 10～20mm　　B. 15～25mm　　C. 20～25mm　　D. 15～20mm

3. 壁纸静置（　　），此时的壁纸由于吸收了水分变得柔顺，这样裱糊质量有可靠的保证。

    A. 5min　　　　　B. 15min　　　　C. 10min　　　　D. 20min

4. 特种壁纸是指具有特殊功能的塑料面层壁纸，如（　　）、金属面壁纸、耐水壁纸、彩色砂粒壁纸等。

    A. 发泡壁纸　　　B. 纺织纤维壁纸　C. 手工壁纸　　　D. 防火壁纸

5. 混凝土及抹灰基层的含水率（　　）时，木基层的含水率（　　）时，不得进行粘贴壁纸的施工。

    A. >7%　>14%　　B. >8%　>12%　　C. >6%　>10%　　D. >4%　>8%

6. 裱糊工程每个检验批应至少抽查 10%，并不得少于（　　）。

　　A. 2 间　　　　　　　B. 4 间　　　　　　　C. 1 间　　　　　　　D. 3 间

7. 如果墙体经常受到潮湿的侵袭，那么就应该选用（　　），否则裱糊质量难以保证。

　　A. 锦缎　　　　　　　B. 金属壁纸　　　　　C. 防水，防潮的壁纸　　D. PVC 壁纸

8. 刷壁纸胶静置（　　）的壁纸上墙粘贴后，随着水分的挥发，壁纸会自动收缩，绷紧，因而壁纸会很平整，可以达到设计要求与裱糊质量要求。

　　A. 10min　　　　　　B. 8min　　　　　　　C. 12min　　　　　　　D. 15min

9. 现在市场上销售的壁纸多为（　　），严禁背面闷水，否则一经背面闷水，壁纸作废。

　　A. 金属壁纸　　　　　B. 复合壁纸　　　　　C. PVC 壁纸　　　　　D. 普通壁纸

10. 有的高档壁纸其背面自带背胶，使用时，将壁纸浸泡在水槽中 5min，让其吸收水分充分，即可施工。

　　A. 5min　　　　　　　B. 3min　　　　　　　C. 15min　　　　　　　D. 8min

三、简答题

1. 常用裱糊类施工机具有哪些？

2. 简述壁纸裱糊墙面装饰的施工工艺。

3. 简述软包饰面装饰的施工工艺。

4. 简述裱糊类施工过程容易出现的质量问题。

四、问答题

1. 裱糊饰面基层怎样处理？

2. 裱糊壁纸的基层怎样处理？

3. 金属壁纸裱糊的施工工艺是什么？

4. 裱糊工程的质量验收有哪些标准？

5. 壁纸的种类有哪些种？

涂饰工程施工

课题一　涂料饰面工程的施工准备

建筑涂料是指涂敷于建筑物表面、并能与建筑物表面材料很好粘接、形成完整涂膜的材料。它可以保护墙体、美化建筑物，还可以起到隔声、吸声、防水等作用。

建筑涂料按用途分，有外墙涂料、内墙涂料、地面涂料、顶棚涂料等；按成膜物质分，有无机涂料、有机涂料和复合型涂料，其中有机涂料又分为水溶性涂料、乳液型涂料、溶剂型涂料；按涂层质感分，有薄质涂料、厚质涂料、复层涂料等。根据积极开发、生产和推广应用绿色环保型装饰材料的原则，乳胶漆涂料已成为当今世界涂料工业发展的方向。

一、常用的施工工具

基层处理常用的工具，包括小型机具、手工基层处理工具和涂料涂饰用工具，见表 7-1～表 7-3。

表 7-1　常用小型机具

序号	名　称	简　图	主　要　用　途
1	圆盘打磨机		打磨基层
2	旋转钢丝刷		刷扫清除基层面上的污垢、附着物及尘土

序号	名　称	简　图	主　要　用　途
3	钢针除锈机		刷扫清除基层面上的锈斑

表 7-2　常用手工基层处理工具

序号	名　称	简　图	主　要　用　途
1	尖头锤		
2	尖头锤		
3	弯头刮刀		清除基层面上的杂物
4	圆纹锉		
5	刮铲		
6	钢丝刷		刷扫清除基面上的锈斑
7	钢丝束		

表 7-3　涂料涂饰用工具

序号	名　称	简　图	主　要　用　途
1	油刷		刷涂涂料
2	排笔		刷涂涂料
3	涂料辊		辊涂涂料

二、施工基层的处理

涂料工程的饰面对基层的要求应干燥，含水率小于 20％。表面应平整、坚固，如有空鼓、起砂、孔洞、裂缝、残灰、浮沉等都要认真处理，墙阳角阴角应该方正，轮廓清楚、密实。基层处理的好坏会对涂饰面层的质量好坏起很大的作用。

三、涂饰工程的施工方法

涂饰工程常用的施工方法有刷涂、滚涂、喷涂、抹涂等，每种施工方法都是在做好基层后施涂，不同的基层对涂料施工有不同的要求。

1. 刷涂

刷涂是指采用鬃刷或毛刷施涂。施工方法：刷涂时，头遍横涂走刷要平直，有流坠马上刷开，回刷一次蘸涂料要少，一刷一蘸，不宜蘸得太多，防止流淌；由上向下一刷紧挨一刷，不得留缝；第一遍干后刷第二遍，第二遍一般为竖涂。

施工注意事项：上道涂层干燥后，再进行下道涂层，间隔时间依涂料性能而定。涂料挥发快的和流平性差的，不可过多重复回刷，注意每层厚薄一致。刷罩面层时，走刷速度要均匀，涂层要匀。第一道涂层涂料稠度不宜过大，涂层要薄，使基层快速吸收为佳。

2. 滚涂

滚涂是指利用滚涂辊子进行涂饰。施工方法：先把涂料搅匀调至施工黏度，少量倒入平漆盘中摊开。用辊筒均匀蘸涂料后在墙面或其他被涂物上滚涂。

施工注意事项：平面涂饰时，要求流平性好、黏度低的涂料；立面滚涂时，要求流平性小、黏度高的涂料。不要用力压滚，以保证涂料厚薄均匀。不要让辊中的涂料全部挤压出后才蘸料，应使辊内保持一定数量的涂料。接槎部位或滚涂一定数量时，应用空辊子滚压一遍，以保护滚涂饰面的均匀和完整，不留痕迹。

施工质量要求：滚涂的涂膜应厚薄均匀，平整光滑，不流挂，不漏底，表面图案清晰均匀，颜色和谐。

3. 喷涂

喷涂是指利用压力将涂料喷涂于物面墙面上的施工方法。

施工方法：将涂料调至施工所需稠度，装入贮料罐或压力供料筒中，关闭所有开关。打开空气压缩机进行调节，使其压力达到施工压力。施工喷涂压力一般在 0.4～0.8MPa 范围内。作业时，手握喷枪要稳，涂料出口应与被涂面垂直；喷枪移动时应与被喷面保持平行；喷枪运行速度一般为 400～600mm/s。喷涂时，喷嘴与被涂面的距离一般控制在 400～600mm。喷枪移动范围不能太大，一般直线喷涂 700～800mm 后下移折返喷涂下一行，一般选择横向或竖向往返喷涂。喷涂面的上下或左右搭接宽度为喷涂宽度的 1/3～1/2。喷涂时应先喷门、窗附近，涂层一般要两遍成活。喷枪喷不到的地方应用油刷、排笔填补。

施工注意事项：涂料稠度要适中。喷涂压力过高或过低都会影响涂膜的质感。涂料开桶后要充分搅拌均匀，有杂质要过滤。涂层接槎须留在分格缝处，以免出现明显的搭接痕迹。

施工质量要求：涂膜厚度均匀，颜色一致，平整光滑，不得出现露底、皱纹、流挂、针孔、气泡和失光等现象。

4. 抹涂

抹涂是指用钢抹子将涂料抹压到各类物面上的施工方法。

施工方法：抹涂底层涂料，用刷涂、滚涂方法先刷一层底层涂料做结合层。抹涂面层涂料，底层涂料涂饰后 2h 左右，即可用不锈钢抹压工具涂抹面层涂料，涂层厚度为 2～3mm；

抹完后，间隔 1h 左右，用不锈钢抹子拍抹饰面压光，使涂料中的黏结剂在表面形成一层光亮膜；涂层干燥时间一般为 48h 以上，期间如未干燥，应注意保护。

施工注意事项：抹涂饰面涂料时，不得回收落地灰，不得反复抹压。涂抹层的厚度为 2～3mm。工具和涂料应及时检查，如发现不干净或掺入杂物时，应清除或不用。

施工质量要求：饰面涂层表面平整光滑，色泽一致，无缺损、抹痕。饰面涂层与基层结合牢固，无空鼓，无开裂。阴阳角方正垂直，分格缝整齐顺直。

课题二 涂饰工程施工的基本要求

一、涂料选择的基本要求

选择涂料要考虑建筑的装饰效果、合理的耐久性、经济性和装饰性。建筑物墙面的整体效果在很大程度上取决于墙面的颜色、质感和形状。所以在选择涂料的时候，必须考虑涂料对建筑表面整体效果的表现。

（1）建筑装饰效果 建筑装饰效果由质感、线型和色彩三方面决定。其中，线型由建筑结构及饰面设计方案决定，而质感和色彩则由涂料的装饰效果来决定。因此，在选用涂料时，应考虑所选用的涂料与建筑整体的协调性以及对建筑外形设计的补充效果。

（2）耐久性 耐久性包括两个方面的含义，即对建筑物的保护效果和对建筑物的装饰效果。涂膜的变色、玷污、剥落与装饰效果直接有关，而粉化、龟裂、剥落则与保护效果不可分离。

（3）经济性 涂料饰面装饰比较经济，但影响到其造价标准时又不能不考虑其费用。因此，必须综合考虑，衡量其经济性，对不同建筑墙面选择不同的涂料。

二、涂料的选择方法

（1）根据装饰部位的不同来选择涂料 外墙因长年处于风吹日晒、雨淋之中，所使用的涂料必须具有良好的耐久性、抗玷污性和抗冻融性，才能保证有较好的装饰效果。内墙涂料除了对色彩、平整度、丰满度等具有一定的要求外，还应具有较好的耐干、湿擦洗性能及硬度要求。地面涂料除改变水泥地面硬、冷、易起灰等弊病外，还应具有较好的隔声作用。

（2）根据结构材料的不同来选择涂料 用于建筑结构的材料很多，如混凝土、水泥砂浆、石灰砂浆、砖、木材、钢铁和塑料等。各种涂料所适用的基层材料是不同的，例如，混凝土和水泥砂浆等无机硅酸盐基层用的涂料，必须具有较好的耐碱性，并能防止底材的碱分析出涂膜表面，造成盐析现象而影响装饰效果；钢铁和塑料基层应选用溶剂型或其他有机高分子涂料来装饰，而不能用无机涂料。

（3）根据建筑物所处的地理位置来选择涂料 建筑物所处的地理位置不同，其饰面所经受的气候条件也不同。例如，在炎热多雨的南方，所用的涂料不仅要求具有较好的耐水性，而且要求具有较好的防霉性，否则霉菌的繁殖同样会使涂料饰面失去装饰效果；在严寒的北方，则对涂料的耐冻性有较高的要求。

（4）根据建筑物施工季节的不同来选择涂料 建筑物涂料饰面施工季节的不同，其耐久性也不同。雨期施工时，应选择干燥迅速并具有较好初期耐水性的涂料；冬期施工时，应特别注意涂料的最低成膜温度，应选择成膜温度低的涂料。

（5）根据建筑标准和造价的不同来选择涂料 对于高级建筑，可选择高档涂料，施工时可采用三道成活的施工工艺，即底层为封闭层，中间层形成具有较好质感的花纹和凹凸状，面层则使涂膜具有较好的耐水性、耐玷污性和耐久性，从而达到最佳装饰效果。一般的建筑，可采用中档和低档涂料，采用一道或二道成活的施工工艺。

总之，在选用涂料时，应对建筑的装饰效果、耐久性和经济性三方面综合分析考虑，充分发挥不同涂料的不同性能。选用的涂料确定后，一定要对该涂料的施工要求和注意事项进行全面的了解，并严格按照操作工序进行施工，以达到预期的效果。

三、涂料的颜色调配

涂料的调配是一项复杂又细致的工作，但现在的涂料大多是由工厂直接调配好的，因此在施工中只需要认真地完成涂刷的工作。但在实际的施工中，还需要现场调配涂料的颜色，因此调配涂料的颜色要注意以下事项：

由于不同厂家的配料和配方不一样，所以在调配涂料的时候必须使用同一厂家的同一品牌的涂料，不得将不同的品牌涂料混合。在调和的时候，应将次要的颜色缓缓加入主色中，不可将主色加入次色中，应该将涂料慢慢地加入，并且不断地搅拌，应该随时观察涂料颜色的变化并及时调整。其调配颜色的时候，应该将颜色由浅至深，尤其是强附着力的涂料更需小心。

涂料颜色湿的时候往往比较淡，但干燥后却又略深一些，因此在调配涂料的时候，应该了解涂料的特性及干湿的变化，以随时了解涂料颜色的变化。涂料的颜色调配是一项比较细致而又复杂的工作。涂料的颜色花样非常多，要进行调色，首先需要对涂料颜色性能有一定的了解。各种颜色都可由红、黄、蓝三种最基本的颜色（原色）拼成。例如，黄与蓝相拼成绿色，黄与红相拼成橙色，红与蓝相拼成紫色，红黄蓝相拼成为黑色。在调色时，两种原色拼成一个复色，而与其对应的另一个色则为其补色，补色加入复色中会使颜色变暗，甚至变成灰色或黑色，因此需要注意调色与其补色的关系。如果把三种原色的配比做更多的变化，就可以调出更多的不同色彩。涂料的颜色调配方法及注意事项如下：

涂料的各种颜色在组合比例中，以量多者为主色，量少者为次色或副色。调配各种颜色时，必须使用同类涂料，应将次色或副色加入主色内，不能相反，同时应徐徐加入并不断搅拌，随时观察颜色的变化。应由浅入深，尤其是加入着色力强的颜料时，切忌过量。颜色在湿时较淡，干了以后颜色就会转深。因此，在配色过程中，湿涂料的颜色要比样板上涂料的颜色略淡些，并应事先了解某种原色在复色涂料中的漂浮程度及涂料的变化情况。

四、基层处理的一般要求

对基层表面的裂缝和孔洞要用防水的水泥腻子或者用聚合物水泥砂浆填堵，表面的凹凸不平之处都要找齐，并打磨平整。对混凝土墙面大面积的麻面，应先清洗干净，再用聚合物水泥腻子刮平或者用聚合物水泥砂浆抹平。

基层表面必须处理成平整的墙面，不得有凹凸不平，大的起伏、孔洞，裂缝的质量缺欠，如果不处理将大大影响涂饰质量。

基层表面不应有油污，由于油污会降低涂料的附着性和黏着力，现在建筑施工经常用的金属模板，其常用的脱模剂大多采用油料制品，模板脱模后会留下油质材料，此类材料粘在基层上会大大降低涂料的附着力，为此，必须对墙面进行除油污工序。

涂料的施工其面层应必须干燥，这是保证涂料施工质量的关键。墙面含水率小于10%时方可施工，其外在表象是基层泛白。木质基层含水率可控制在不大于12%。不同的涂料对于含水率的要求不尽相同，溶剂型的涂料要求含水量要低一些，要小于8%。水溶剂和乳液型的涂料则适当高一些，控制在小于10%。

新浇筑的水泥墙面或者抹灰墙面的 pH 值很高，随着水分和碱性的蒸发，其碱性逐步降低，但其过程很缓慢。碱性和水分的挥发会对涂料饰面造成影响，降低涂料的施工质量。因此，在碱性墙面上涂饰，要将 pH 值控制在小于 10。

课题三　涂饰施工的环境要求

建筑涂料的施工环境是指施工时周围环境的气象条件，如温度、湿度、风、雨、阳光及卫生情况（如污染物）等。涂料的干燥、结膜都需要在一定的温度和湿度条件下进行，不同类型的涂料有其最佳的成膜条件。为了保证涂层的质量，应注意施工环境条件。

1. 气温

通常溶剂型涂料宜在 5～30℃ 的气温条件下施工，水溶性和乳液型涂料宜在 10～35℃ 条件下施工，最低温度不得低于 5℃。冬期施工时，应采取保温和采暖措施，室温要始终保持均匀、恒定，不得骤然变化。

2. 湿度

建筑涂料适宜的施工湿度为 60%～70%，在高湿或降雨之前一般不宜施工。通常情况下，湿度低有利于涂料的成膜和提高施工进度，但如果湿度太低、空气太干燥，溶剂性涂料溶剂挥发过快，水溶性和乳液型涂料干燥也快，均会使结膜不够完全，因此不宜施工。

3. 太阳光

阳光照射下基层表面温度太高，脱水或溶剂挥发过快，会使成膜不良，影响涂层质量。

4. 风

大风会加速溶剂或水分的蒸发过程，使成膜不良，又会粘尘土。当风力级别等于或超过 4 级时，应停止建筑涂料的施工。

5. 污染物

在施工过程中，如果发现有特殊的气味或飞扬的尘土时，应停止施工或采取有效措施。建筑涂料施工以晴天为好，当施工周围环境的温度低于 5℃，雨天、浓雾、4 级以上大风时应停止施工，以确保建筑涂料的施工质量。

课题四　涂饰工程的施工工艺

一、内墙涂料的施工要点

内墙涂料品种繁多，其施涂方法基本上都是采用刷涂、喷涂、滚涂、抹涂、刮涂等。不同的涂料品种会有一些微小差别，现将混凝土及抹灰基层上各种涂料的施工要点及注意事项介绍如下：

聚乙烯醇系内墙涂料施工，聚乙烯醇系内墙涂料主要采用刷涂或滚涂施工。墙面上的气孔、磨面、裂缝、凹凸不平等缺陷须进行修补，并用涂料腻子填平。待腻子干燥后，用砂纸打磨平整。

在满刮腻子前，用 108 胶：水=1：3 的稀释液满涂一层，然后在上面批刮腻子。待腻子干后，用 0 号或 1 号铁砂纸打磨平整，并清除粉尘。

待磨平后，可以用羊毛辊或排笔涂刷内墙涂料。一般墙面涂刷两遍即可。如是高级装饰墙面，在第一遍涂刷干燥后进行打磨，批刮第二遍腻子，再打磨，然后涂第二、第三遍涂料。

室内各项抹灰均已完成，穿墙孔洞已填堵完毕。墙面和顶棚面干燥程度已达到但不大于8％～10％。施工环境温度高于5℃。相邻施工环境下无明火施工。

二、材料及施工工具的准备

腻子、封底漆、高档乳胶漆等材料的出厂合格证、准用证等必备，基层处理工具（如刮刀、清扫器具）和涂刷工具（如毛刷、涂料滚子、托盘、手提电动搅拌器等）齐备。

三、内墙、顶棚表面涂饰工程施工

内墙、顶棚涂料常采用高档乳胶漆，此种涂料具有表面感观好，低温状态下不凝聚，不结块，不分离，耐碱、耐水性好等特点。内墙面涂饰时，应在顶棚涂饰完毕后进行，由上而下分段涂饰。涂饰分段的宽度要根据刷具的宽度及涂料稠度决定，快干涂料慢涂宽度150～250mm，慢干涂料快涂宽度为450mm左右。不管内墙涂饰还是顶棚涂饰，其工艺流程都是相似的。内墙、顶棚表面涂饰工程施工工艺流程如下。

（1）基层处理→第一遍满刮腻子、磨光→第二遍满刮腻子→复补腻子、磨光→第一遍乳胶漆→第二遍乳胶漆。

（2）施工要点

① 基层处理　混凝土和砂浆抹灰基层表面处理的基本要求是：基层的pH值在10以内，含水率在8％～10％之间。基层表面应平整，无油污、灰尘、溅沫及砂浆流痕等杂物，阳角应密实，轮廓分明。基层应坚固，如有空鼓、酥松、起泡、起砂、孔洞、裂缝等缺口应进行处理。外墙预留的伸缩缝应进行防水密封处理。针对使用中的不同问题，混凝土和砂浆抹灰基层表面的处理方法也是不同的。水泥砂浆基层分离的修补：水泥砂浆基层分离时，一般情况下应将其分离部分铲平重新做基层。当其分离部分不能铲除时，可用电钻钻孔，往缝隙中注入低黏度的环氧树脂使其固结。

② 小裂缝修补　用防水腻子嵌平，然后用砂纸将其打磨平整。对于混凝土板材出现的较深小裂缝，应用低黏度的环氧树脂或水泥浆进行压力灌浆，使裂缝被浆体充满。

③ 大裂缝处理　手持砂轮或錾子将裂缝打磨或凿成"V"形缺口，清洗干净，干燥后沿缝隙涂刷一层底层涂料，底层涂料应与密封材料相溶并配套；然后，用嵌缝枪或其他工具将密封防水材料嵌填于缝隙内，用竹板等工具将其压平，在密封材料的外表用合成树脂或水泥聚合物腻子抹平；最后打磨平整。

④ 孔洞修补　对于直径小于3mm的孔洞可用水泥聚合物腻子填平，大于3mm的孔洞可用聚合物砂浆填充。待固结硬化后，用砂轮机打磨平整。表面凹凸不平的处理：凸出部分可用錾子凿平或用砂轮机研磨平整，凹入部分用聚合物砂浆填平。待硬化后，整体打磨一次，使之平整。

⑤ 接缝错位处的处理　先用砂轮磨光机打磨或用錾子凿平，再根据具体情况用水泥聚合物腻子或聚合物砂浆进行修补填平。

⑥ 露筋处理　可将露面的钢筋直接涂刷防锈漆，或用磨光机将铁锈全部清除后再进行防锈处理。根据实际情况，可将混凝土少量剔凿。

⑦ 满刮腻子　表面清扫后，用水和醋酸乙烯乳胶（配合比为10∶1）的稀释溶液将腻子调制到适合稠度，用它填补好墙面、顶棚面的蜂窝、洞眼、麻面、残缺处，腻子干透后，先用开刀将多余腻子铲平整，然后用粗砂纸打平。第一遍刮腻子及打磨。当室内墙面、顶棚面涂饰面较大的缝隙填补平整后，使用批嵌工具满刮乳胶腻子一遍。所有微小砂眼及收缩裂缝

均需刮满，以密实、平整、线角棱边整齐为好。同时，应顺次沿着墙面、顶棚面横刮，不得漏刮，接头不得留槎，注意不要玷污门窗。腻子干透后，用1号砂纸裹着小平木板，将腻子渣及高低不平处打磨平整，注意用力均匀，保护棱角。打磨后，用清扫工具清理干净。第二遍满刮腻子及打磨。第二遍满刮腻子方法同第一遍刮腻子，但要求此遍腻子与前遍腻子刮抹方向互相垂直，即沿着墙面、顶棚面竖刮，将面层进一步满刮及打磨平整直至光滑为止。第二遍腻子干后，全部检查一遍，如发现局部有缺陷应局部复补涂料腻子一遍，并用牛角刮刀刮抹，以免损伤其他部位的漆膜。

⑧ 磨光　复补腻子干透后，用细砂纸将涂料面打磨平滑，注意用力轻而匀，不得磨穿漆膜，打磨后将表面清扫干净。

⑨ 第一遍乳胶漆　乳胶漆可喷涂或刷涂于混凝土、水泥砂浆、石棉水泥板和纸面石膏板等基层上。它要求基层具有足够的强度，无粉化、起皮或掉皮现象。

⑩ 喷涂　喷涂是利用压力或压缩空气将涂料涂布于墙面、顶棚面的机械化施工方法。其特点为涂膜外观质量好、工效高，适用于大面积施工，并可通过调整涂料黏度、喷嘴大小及排气量而获得不同质感的装饰效果。

⑪ 喷涂时，空气压缩机的压力应控制在0.4～0.8MPa。手握喷枪要稳，出口料与墙面垂直，喷斗距墙面500mm左右。先喷涂门窗口，然后与被涂墙面做平行移动，相邻两行喷涂面重叠宽度宜控制在喷涂宽度的1/3，防止漏喷和流淌。喷涂施工，尽可能一气呵成，争取到分格缝处再停歇。

⑫ 顶棚和墙面一般喷两遍成活，两遍时间相隔约2h。若顶棚与墙面喷涂不同颜色的涂料时，应先喷涂顶棚，后喷涂墙面。喷涂前，用纸或塑料布将门窗扇及其他装饰物盖住，避免污染。

⑬ 刷涂　刷涂可使用排笔，先刷门窗口，然后竖向、横向涂刷两遍，其间隔时间与施工现场的温度、湿度有密切关系，通常不少于2～4h。要求接槎严密，颜色均匀一致，不显刷纹。

⑭ 第二遍涂料　其涂刷顺序和第一遍相同，要求表面更美观细腻，必须使用排笔涂刷。大面积涂刷时应多人配合流水作业，互相衔接。施工面积较大时，应按设计要求做出样板，并鉴定合格。

四、材料准备

腻子采用成品耐水腻子或用白水泥、合成树脂乳液等调配。底涂料采用水性或溶剂型涂料，与面涂料有良好的配套性。面层涂料采用的乳胶漆应符合国家标准《合成树脂乳液外墙涂料》（GB/T 9755—2001）的规定。

五、外墙涂饰工程的施工工序

外墙涂料饰面应根据涂料种类、基层材质、施工方法、表面花饰以及涂料的配比与搭配等来安排恰当的工序，以保证质量合格。混凝土表面、抹灰表面基层处理：施涂前对基层认真处理是保证涂料质量的重要环节，要按设计和施工规范要求严格执行。新建筑物的混凝土或抹灰基层在涂饰涂料前涂刷抗碱封闭底漆。旧墙面在涂饰涂料前应清涂疏松的旧装修层，并涂刷界面剂。施涂前应将基体或基层的缺棱掉角处修补，表面麻面及缝隙应用腻子补齐填平。表面清扫干净后，最好用清水冲刷一遍，有油污处用碱水或肥皂水擦净。混凝土及抹灰外墙表面薄涂料的施工工序见表7-4。混凝土及抹灰外墙表面厚涂料的施工工序见表7-5。混凝土及抹灰外墙表面复层涂料施工工序见表7-6。

表 7-4　混凝土及抹灰外墙表面薄涂料的施工工序

工 序 名 称	乳液薄涂料	溶剂薄涂料	无机薄涂料
基层修补	＋	＋	＋
清扫	＋	＋	＋
填补缝隙、局部刮腻子	＋	＋	＋
磨平	＋	＋	＋
第一遍厚涂料	＋	＋	＋
第二遍厚涂料	＋	＋	＋

注：1. 表中"＋"表示应进行的工序。

2. 如薄涂两遍涂料后，装饰效果未达到质量要求时，应增加涂料的施涂遍数。

表 7-5　混凝土及抹灰外墙表面厚涂料的施工工序

工 序 名 称	合成树脂乳液厚涂料	无机厚涂料
基层修补	＋	＋
清扫	＋	＋
填补缝隙、局部刮腻子	＋	＋
磨平	＋	＋
第一遍厚涂料	＋	＋
第二遍厚涂料	＋	＋

注：1. 表中"＋"表示应进行的工序。

2. 如需要半球面点状造型时，可不进行滚压工序。

3. 水泥系主层涂料喷涂后，应先干燥 12h，然后洒水养护 24h 后，才能施涂罩面涂料。

表 7-6　混凝土及抹灰外墙表面复层涂料施工工序

工序名称	合成树脂胶乳液复层涂料	硅溶胶类复层涂料	水泥系复层涂料	反应固化型复层涂料
基层修补	＋	＋	＋	＋
清扫	＋	＋	＋	＋
填补缝隙、局部刮腻子	＋	＋	＋	＋
磨光	＋	＋	＋	＋
施涂封底涂料	＋	＋	＋	＋
施涂封底涂料	＋	＋	＋	＋
滚压	＋	＋	＋	＋
第一遍罩面涂料	＋	＋	＋	＋
第二遍罩面涂料	＋	＋	＋	＋

注：1. 表中"＋"表示应进行的工序。

2. 合成树脂乳液厚涂料和无机厚涂料有云母状和砂粒状两种。

3. 机械喷涂的遍数不受表中涂饰遍数的限制，以达到质量要求为准。

六、木质表面涂饰工程施工

（一）施工准备

1. 作业条件

施工温度始终保持均衡，不得突然有较大的变化，且通风良好、湿作业已完工并具备一定的强度，环境比较干燥。一般木质表面涂饰工程施工时的环境温度不宜低于 10℃，相对湿度不宜大于60％。在室外或室内高于3.6m处作业时，应预先搭设脚手架，并以不妨碍操作为准。大面积施工前应事先做样板间，经检查鉴定合格后，方可组织班组进行施工。操作前应认真进行交接检查工作，并对遗留问题进行妥善处理。木基层表面含水率一般不大于12％。

2. 材料准备

涂料有清油、清漆、酚醛树脂漆、调和漆、漆片、天然树脂等。填充料有石膏、重晶石粉、滑石粉、黑烟子、大白粉等。稀释剂有汽油、煤油、松节油、松香水、酒精等。干燥剂有"液体钴干料"、"铅、锰、钴"催干剂等，还有增塑剂、稳定剂、防结皮剂等。

3. 木质表面涂饰工程施工

工艺流程：基层处理→润色油粉→满刮油腻子→刷油色→刷第一遍清漆（刷清漆→修补腻子→修色→磨砂纸）→刷第二遍清漆→刷第三遍清漆。

（二）施工要点

（1）基层处理　对木基层表面的基本要求是：平整光滑、节疤少、棱角整齐、木纹颜色一致，无尘土、油污等脏物。木制品表面的缝隙、毛刺、脂囊应进行处理，可以用腻子刮平、打光，较大的脂囊和节疤应剔除后用木纹相同的木料修补。施工前应用砂纸打磨木基层表面。针对使用中的不同问题，木基层表面的处理方法也是不同的。木基层表面的毛刺可用火燎法和湿润法处理。油脂和胶渍可用温水、肥皂水、碱水等清洗，也可用酒精、汽油或其他溶剂擦拭掉。若用肥皂水、碱水清洗还应用清水将肥皂水和碱水洗刷干净。

树脂可用溶剂溶解、碱液洗涤或烙铁烫铲等方法清除。常用的溶剂有丙酮、酒精、苯类与四氯化碳等。溶剂去脂效果较好，但价格较贵，且易着火或有毒性（如苯类）。常用的碱液是5％的碳酸钠水溶液或5％的火碱水溶液，如将80％的碱液和20％的丙酮水溶液掺合使用，效果会更好。但用碱液去脂，易使木材颜色变深，所以只适用于深色涂料。烙铁烫铲法是等树脂受热渗出时铲除，反复几次至无树脂渗出时为止。这几种处理方法只能解决渗露于木材表面的部分树脂。为防止内部树脂继续渗出，宜在铲去脂囊的部位，涂一层虫胶漆封闭，在节疤处用虫胶漆点涂二三遍。除高级细木活外，一般木制品表面应用腻子刮平，然后用砂纸磨光，以达到表面平整的要求。磨光应根据木制品精度要求，选择不同型号的砂纸进行磨光。对于浅色、本色的中、高级清漆装饰，应采用漂白的方法将木材的色斑和不均匀的色调消除。漂白一般是在局部深色的木材表面上进行，也可在制品整个表面进行，可用浓度为15％～30％的过氧化氢（俗称"双氧水"）或草酸或次氯酸钠等漂白剂。漂白剂使用时应注意，在贮存和使用中，不同的漂白剂不能混合，否则会引起燃烧或爆炸。配制成的漂白溶液不能盛在金属容器内，以免与金属容器发生反应而变质。漂白剂对人体皮肤有腐蚀作用，操作时应戴橡胶手套和面具。为了得到木材表面优美的纹理，可以采用颜料着色或化学着色。

填管孔，又称"生粉"或"润粉"。对于涂刷清漆的木材表面，在准备阶段应配制专用填孔材料，将木材的管孔全部填塞封闭。填孔材料多自行调配，常用的水性填孔料，主要用水、大白粉或滑石粉掺加少量着色颜料调配而成。

（2）润色油粉　用大白粉24、松香水16、熟桐油2（质量比）等混合搅拌成润色油粉盛在小油桶内。用棉丝蘸油粉反复涂抹木料表面，擦过木料鬃眼内，然后用抹布擦净，线角用竹片除去余粉。注意墙面及五金件上不得沾染油粉。待油粉干后，用1号砂纸轻轻顺木纹打磨，先磨线角、裁口后磨四口平面，直到光滑为止。注意不要将鬃眼内油粉磨掉。磨光后用潮湿的软布将磨下的粉末、灰尘擦净。

（3）满刮油腻子　用石膏粉 20、熟桐油 7、水 50（质量比），并加颜料调成油腻子。要注意腻子油性不可过大或过小，如油性过大，涂刷时不易浸入木质内；如油性过小，涂刷时则易钻入木质内，这样刷的油色不易均匀。用开刀或牛角板将腻子刮入钉孔、裂纹、鬃眼内。刮抹时要横抹竖起，如遇接缝或节疤较大时，应用开刀、牛角板将腻子挤入缝内，然后抹平。腻子一定要刮光，不残留。待腻子干透后，用 1 号砂纸轻轻顺木纹打磨，先磨线角、裁口，后磨四口平面，注意保护棱角，来回打磨至光滑为止。磨完后用潮湿的软布将磨下的粉末擦净。

（4）刷油色　先将铅油（或调和漆）、汽油、光油、清油等混合在一起过箩，然后倒在小油桶内，使用时经常搅拌，以免沉淀造成颜色不一致。刷油色时，应从外至内，从左至右，从上至下进行，顺着木纹涂刷。刷门窗框时不得污染墙面，刷到接头处要轻抹，达到颜色一致。刷木窗时，刷好框子上部后再刷亮子；亮子全部刷完后，将梃钩勾住，再刷窗扇。如为双扇窗，应先刷左扇后刷右扇；三扇窗最后刷中间扇；纱窗扇先刷外面后刷里面。刷木门时，先刷亮子后刷门框、门扇背面，刷完后用木楔将门扇固定，最后刷门扇正面。全部刷好后，检查有无漏刷，小五金件上沾染的油色要及时擦净。因油色干燥较快，所以刷油色时动作应敏捷，要求无缕无节，横平竖直，刷油时刷子要轻飘，避免出刷纹。油色涂刷后，要求木材色泽一致，而又不盖住木纹，所以每一个刷面一定要一次刷好，不留接头，两个刷面交接接口不要互相沾油，沾油后要及时擦掉。

（5）刷第一遍清漆

① 刷清漆　刷法与刷油色相同，但刷第一遍用的清漆应略加一些稀释剂便于快干。因清漆黏性较大，最好使用已用出刷口的旧刷子，刷时要注意不流、不坠，涂刷均匀。待清漆完全干透后，用 1 号或旧砂纸彻底打磨一遍，将头遍清漆面上的光亮基本打磨掉，再用潮湿的软布将粉尘擦净。

② 修补腻子　一般要求刷油色后不抹腻子，特殊情况下，可以使用油性略大的带色石膏腻子，修补残缺不全之处。操作时必须使用牛角板刮抹，不得损伤漆膜，腻子要收刮干净，光滑无腻子疤。

③ 修色　木料表面上的黑斑、节疤、腻子疤和材色不一致处，应用漆片、酒精加色调配，或用由浅到深的清漆、调和漆和稀释剂调配，进行修色。材色深的应修浅，浅的应加深，将深浅色的木料拼成一色，并绘出木纹。

④ 磨砂纸　使用细砂纸轻轻往返打磨，然后用潮湿的软布擦净粉末。

（6）刷第二遍清漆　应使用原桶清漆不加稀释剂（冬季可略加催干剂），刷油操作同前，但刷油动作要敏捷，清漆涂刷应饱满一致，不流不坠，光亮均匀，刷完后再仔细检查一遍，有毛病要及时纠正。刷此遍清漆时，周围环境要整洁，宜暂时禁止通行，最后将木门窗用梃钩钩住或用木楔固定牢固。

（7）刷第三遍清漆　待第二遍清漆干透后，首先要进行磨光，然后用水砂纸磨光。第三遍清漆刷法同第二遍。

七、金属表面涂饰工程施工

（一）施工准备

1. 作业条件

施工环境应通风良好，湿作业已完成并具备一定的强度，环境比较干燥。大面积施工前应事先做样板间，经鉴定合格后，方可组织班组进行大面积施工。施工前应对钢门窗和金属面层外形进行检查，有变形不合格者，应拆换。操作前应认真进行交接检查工作，并对遗留问题进行妥善处理。刷最后一道油漆前，必须将玻璃全部安装好。

2. 金属表面涂饰工程施工

钢门窗和金属表面施涂混色油漆中级做法的工艺流程：基层处理→刮腻子→刷第一遍油漆→刷第二遍油漆（刷铅油→擦玻璃→打磨）→刷最后一遍调和漆。

钢门窗和金属表面施涂混色油漆高级做法的工艺流程：基层处理→刮腻子→刷第一遍油漆→刷第二遍油漆→刷第三遍油漆→水砂纸磨光、湿布擦净→刷第四遍油漆。

如果是普通混色油漆涂料工程，其做法与工艺基本相同，不同之处在于，除少刷一遍油漆外，只找补腻子，不满刮腻子。

（二）施工要点

（1）基层处理　金属基层表面处理的基本要求是：表面平整，无尘土、油污、锈斑、鳞片、焊渣、毛刺和旧涂层等。

首先将钢门窗和金属表面上浮土、灰浆等打扫干净，已刷防锈漆但出现锈斑的钢门窗或金属表面，需用铲刀铲除底层防锈漆后，再用钢丝刷和砂布彻底打磨干净，补刷一道防锈漆，待防锈漆干透后，将钢门窗或金属表面的砂眼、凹坑、缺棱、拼缝等处，用石膏腻子刮抹平整（金属表面腻子的质量配合比为石膏粉 20：熟桐油 5：油性腻子或醇酸腻子 10：底漆 7，水适量）。腻子要调成不软、不硬、不出蜂窝、挑丝不倒为宜。金属表面除锈，可用手工除锈或用气动、风动工具除锈，也可采用喷砂、酸洗、电化学除锈等方法。铝、镁合金及其他制品的表面涂漆时，可用肥皂水、洗洁剂等除去尘污、油腻，再用清水洗净，也可用稀释的磷酸溶液清洗。此外，焊渣和毛刺可用小砂轮机除去。

（2）刮腻子　用开刀或橡皮刮板在钢门窗或金属表面上满刮一遍石膏腻子，要求刮得薄，收得干净，均匀平整无飞刺。等腻子干透后，用 1 号砂纸打磨，注意保护棱角，要求达到表面光滑、线角平直、整齐一致。

（3）刷第一遍油漆　刷铅油（或醇酸无光调和漆）。铅油用色铅油、光油、清油和汽油配制而成，经过搅拌后过笋，冬季宜加适量催干剂。铅油的稠度以达到盖底、不流淌、不显刷痕为宜，铅油的颜色要符合样板的色泽。刷铅油时应先从框上部左边开始涂刷，框边刷油时不得刷到墙上，要注意内外分色，厚薄要均匀一致，刷纹必须通顺，框子上部刷好后再刷亮子，全部亮子刷完后，再刷框子下半部。窗扇和门的涂刷方法前面内容已有详细介绍。

（4）抹腻子　待油漆干透后，对于底层腻子收缩或残缺处，再用石膏腻子补抹一次，要求做法同前。

（5）磨砂纸　待腻子干透后，用 1 号砂纸打磨，要求同前。磨好后用潮湿的软布将磨下的粉末擦净。

（6）刷第二遍油漆　刷铅油同前。

（7）擦玻璃、打磨　使用潮布将玻璃内外擦干净。注意不得损伤油灰表面和八字角。磨砂纸应用 1 号砂纸或旧砂纸轻磨一遍，方法同前，但注意不要把底漆磨穿，要保护棱角。磨好砂纸应打扫干净，用潮布将磨下的粉末擦干净。

（8）刷最后一遍调和漆　刷法同前。在玻璃油灰上刷调和漆，应等油灰达到一定强度后方可进行，刷调和漆动作要敏捷，刷子轻，油要均匀，不损伤油灰表面光滑。刷完调和漆后，要立即仔细检查一遍，如发现有毛病，应及时修整。最后用梃钩或木楔子将门窗扇打开固定好。

应注意的质量问题有漏刷、反锈。漏刷多发生在钢门窗的上、下冒头和靠合页面以及门窗框、压缝条的上、下端。其主要原因是,内门扇安装没与油漆工配合好,往往发生下冒头未刷油漆就安装门扇了,事后油漆工根本无法涂刷(除非把门扇合页卸下来重刷);再有就是钢纱门和钢纱窗,未预先把分色的铅油刷上就绷纱,加上把关不严等,往往有少刷一遍油漆的现象。其他漏刷问题主要是施工人员操作不认真所致。

反锈一般多发生在钢门窗表面,主要原因:一是产品在出厂前没认真除锈就涂刷防锈漆;二是运输和保管不好碰破了防锈漆;三是钢门窗或其他金属制品表面在安装之前,未认真进行检查,未补做除锈漆和涂刷防锈漆工作。

① 缺腻子、缺砂纸 一般多发生在合页槽、上下冒头、榫接头和钉孔、裂缝、节疤以及边棱残缺处等,主要原因是施工人员未认真按照工艺操作规程所致。

② 流坠、裹楞 主要原因有,一是由于漆料太稀、漆膜太厚或环境温度高、油漆干性慢等原因而造成的流坠;二是由于操作顺序和手法不当,尤其是门窗边分色处,一旦油量大和操作不注意,就容易造成流坠和裹楞。

③ 刷纹明显 主要是油刷子小或刷子未泡开、刷毛硬所致。应用合适的刷子,并把油刷泡软后使用。

④ 皱纹 主要是漆质不好、兑配不均匀、溶剂挥发快或气温高、加催干剂等原因造成。

⑤ 五金污染 除了操作要仔细和及时将小五金件等污染处清擦干净外,应尽量把门锁、拉手和插销等后装。

⑥ 倒光 由于钢门窗和金属制品表面吸油快慢不均或表面不平,加上室内潮湿或底漆未干透及稀释剂过量等原因,都可能产生局部漆面失去光泽的倒光现象。

课题五 涂料工程中的常见工程质量问题及防治措施

1. 流坠(流挂、流淌)

(1) 特征 在挑檐或水平线角的下方,涂料产生流淌使涂膜厚薄不匀,形成泪痕,严重的有似帷幕下垂状。

(2) 原因 涂料施工黏度过低;涂膜太厚;施工场所温度太低,涂料干燥较慢;在成膜中流动性较大;油刷蘸油太多;喷枪的孔径太大;涂饰面凹凸不平,在凹处积油太多;涂料中含有密度大的颜料,搅拌不匀;溶剂挥发缓慢,周围空气中溶剂蒸发浓度高、湿度大。

(3) 防治措施 严格控制涂料的施工黏度(20~30s);提高操作人员的技术水平,控制施涂厚度;施工场所的通风,施工环境温度应保持在10℃左右;油刷蘸油应少蘸、勤蘸;调整喷嘴孔径;刷涂用力刷匀;控制基层的含水率达到规范要求;选用干燥稍快的涂料。在施工中,应尽量使基层平整,选择适当的溶剂。

2. 渗色

(1) 特征 面层涂料把底层涂料软化或溶解,使底层涂料的颜色渗透到面层(咬底),造成色泽不一致的现象。

(2) 原因 在底层涂料未充分干透的情况下,涂刷面层涂料;在一般的底层涂料上涂刷强溶剂型的面层涂料;底层涂料中使用了某些有机颜料(如酞青绿、沥青等);木材中含有某些有机染料、木胶等，如不涂封底涂料，日久或高温下易出现渗色；底层涂料较面层涂料的颜色更深，也易发生这种情况。

（3）防治措施　底层涂料充分干燥后，再涂刷面层涂料；底层涂料和面层涂料应配套使用；底层涂料中最好选用无机颜料或抗渗色性好的有机颜料；避免沥青等混入涂料；木材中的染料、木胶应尽量清除干净，节疤处应点刷2～3遍漆片清漆，并用漆片进行封底，待干后再施涂面层涂料。

3. 咬底

（1）特征　在涂刷面层涂料时，面层涂料把底层涂料的涂膜软化、膨胀、咬起。

（2）原因　底层涂料与面层涂料不配套，在一般底层涂料上刷涂强溶剂型的面层涂料；底层涂料未完全干燥就涂刷面层涂料；刷面层涂料动作不迅速，反复涂刷次数过多。

（3）防治措施　涂刷强溶剂型涂料，应技术熟练，操作准确、迅速，反复次数不宜多；选择合适的涂料，底层涂料和面层涂料应配套使用；应待底层涂料完全干透后，再刷面层涂料；遇到咬底时，应将涂层全部铲除洁净，待干燥后再进行一次涂饰施工。

4. 泛白

（1）特征　各种挥发性涂料在施工和干燥过程中，出现涂膜浑浊、光泽减退甚至发白。

（2）原因　在喷涂施工中，由于油水分离器失效，而把水分带进涂料中；快干挥发性涂料不会发白，有时也会出现细裂纹；当快干挥发性涂料在低温、高湿度（80%）的条件下施工，使部分水汽凝积在涂膜表面而形成白雾状；凝积在湿涂膜上的水汽，使涂膜中的树脂或高、分子聚合物部分析出，而引起涂料的涂膜发白；基层潮湿或工具内带有大量水分。

（3）防治措施　喷涂前，应检查油水分离器，不能漏水；快干挥发性涂料施工中，应选用配套的稀释剂，在涂料中加入适量防潮剂或丁醇类憎水剂；基层应干燥，工具内的水分应清除。

5. 浮色（涂膜发花）

（1）特征　混色涂料在施工中，颜料分层离析，造成干膜和湿膜的颜色差异很大。

（2）原因　混色涂料的混合颜料中，各种颜料的比密度差异较大；油刷的毛太粗硬；使用涂料时，未将已沉淀的颜料搅匀。

（3）防治措施　在颜料比密度差异较大的混色涂料的生产和施工中，适量加入甲基硅油；使用含有比密度大的颜料；最好选用软毛油刷；选择性能优良的涂料，涂刷时经常搅拌均匀。

6. 橘皮

（1）特征　涂膜表面呈现出许多半圆形凸起，形似橘皮状。

（2）原因　喷涂压力太大，喷枪口径太小，涂料黏度过大，喷枪与喷涂面的间距不当；低沸点的溶剂用量太多，挥发迅速，在静止的液态涂膜中产生强烈的静电现象，使涂层出现半圆形凹凸不平的皱纹状，未等流平，表面已干燥形成橘皮；施工湿度过高或过低，涂料中混有水分。

（3）防治措施　应熟练掌握喷涂施工技术，调好涂料的施工黏度，选好喷枪口径，调好喷涂的压力和间距；注意稀释剂中高低沸点适当；施工湿度过高或过低都不宜施工；在涂料生产、施工、储存中不应混进水分，一旦混入，应除净后再用；若出现橘皮，应用水砂纸将凸起部分磨平，凹陷部分抹补腻子，再涂饰一遍面层涂料。

7. 起泡

（1）特征　涂膜在干燥过程中或高温高湿条件下，表面出现许多大小不均、圆形不规则的突起物。

（2）原因　木材、水泥等基层含水率过高；木材本身含有芳香油或松脂，当其自然挥发时；耐水性低的涂料用于浸水物体的涂饰，油腻子或底层涂料未干时施涂面层涂料；金属表面处理不佳，凹陷处积聚潮气或有铁锈，使涂膜附着不良而产生气泡；喷涂时，压缩空气中有水蒸气，与涂料混在一起；涂料的黏度较大，抹涂时易夹带空气进入涂层；施工环境温度太高或日光强烈照射，使底层未干透，遇雨水后又涂面层涂料，则底层涂料干结时产生的气体将面层涂膜顶起；涂料涂刷太厚，涂膜表面已干燥而稀释剂还未完全蒸发，则将涂膜顶起，形成气泡。

（3）防治措施　应在基层充分干燥后，再进行涂饰施工；除去木材中的芳香油或松脂；在潮湿处选用耐水涂料，应在腻子、底层涂料充分干燥后，再涂面层涂料；金属表面涂饰前，必须将铁锈清除干净；涂料黏度不宜过大，一次涂膜不宜过厚，喷涂前，检查油水分离器，防止水汽混入。

8. 涂膜开裂

（1）特征　由于面层涂料的伸缩与底层不一致而使表面开裂，从而涂膜产生细裂、粗裂和龟裂。

（2）原因　涂膜干后，硬度过高，柔韧性较差；涂层过厚，表干里不干；催干剂用量过多或各种催干剂搭配不当；受有害气体的侵蚀，如二氧化硫、氨气等；木材的松脂未除净，在高温下易渗出涂膜而产生龟裂；彩色涂料在使用前未搅匀；面层涂料中的挥发成分太多，影响成膜的结合力；在软而有弹性的基层上涂刷稠度大的涂料。

（3）防治措施　选择正确的涂料品种；面层涂料的硬度不宜过高，应选用柔韧性较好的面层涂料来涂饰；应注意催干剂的用量和搭配；施工中每遍涂膜不能过厚；施工中应避免有害气体的侵蚀；木材中的松脂应除净，并用封底涂料封底后再涂各层涂料；施工前应将涂料搅匀；面层涂料的挥发成分不宜过多。

9. 涂膜脱落

（1）特征　涂膜开裂后失去应有的黏附力，以致形成小片或整张揭皮脱落。

（2）原因　基层处理不当，没有完全除去表面的油垢、锈垢、水气、灰尘或化学药品等；在潮湿或污染了的砖、石和水泥基层上涂饰，涂料与基层粘接不良；每遍涂膜太厚；底层涂料的硬度过大，涂膜表面光滑，使底层涂料和面层涂料的结合力较差；在粉状易碎面上涂刷涂料，如水性涂料表面；涂膜下有晶化物形成。

（3）防治措施　施涂前应将基层处理干净；基面应当干燥并除去污染物后再涂刷涂料；控制每遍涂膜厚度；注意底层涂料和面层涂料的配套，应选用附着力和润湿性较好的底层涂料。

10. 网黏

（1）特征　涂料超过规定的干燥时间涂层尚未全干，涂料的表层涂膜形成后，经过一段时间表面仍有黏手现象。

（2）原因　在氧化型的底漆、腻子未干之前就涂第二遍涂料；物面处理不洁，有蜡、油、盐等（木材的脂肪酸酯、钢铁表面的油脂）未处理干净；涂膜太厚，施工后又在烈日下暴晒；涂料中混入了半干性油或不干性油，使用了高沸点的溶剂；干料加入量过多或过少，干料的配合比不合适，铅、锰干料偏少；涂料在施工中，遇到冰冻、雨淋和霜打；涂料中含有挥发性很差的溶剂；涂料熬炼不够，催干剂用量不足；涂料贮存太久，催干剂被颜料吸收而失去作用。

（3）防治措施　选择优良的施工环境和涂料；应在涂料完全干燥后，再涂第二遍涂料；基体表面的油脂等污染物均应处理干净，木材还应用封底涂料进行封底，每遍涂料不宜太厚，施涂后不能在烈日下暴晒；应注意涂料的成分和溶剂的性质，合理选用涂料和溶剂；应按试验和经验来确定干料的用量和配比；施工时，应采取相应的保护措施，以防止冰冻、雨淋和霜打。

11. 发汗

（1）特征　基层的矿物油、蜡质或底层涂料有未挥发的溶剂，把面层涂料局部溶解并渗透到表面。

（2）原因　树脂含有较少的亚麻仁或熟桐油膜，易发汗；施工环境潮湿、阴暗或天气湿热，涂膜表面凝聚水分，通风不良；涂膜氧化未充分，或油料未能从底部完全干燥；金属表面有油污，旧涂层有石蜡、矿物油等。

（3）防治措施　选用优质涂料，改善施工环境，加强通风，促使涂膜氧化和聚合，待底层涂料完全干燥后再涂面层涂料；将污、旧涂层彻底清理干净后再施涂；一般应将涂层铲除，重新进行基层处理，再进行涂饰施工。

12. 涂膜生锈

（1）特征　钢铁基层涂刷涂料后，涂膜表面开始略透黄色，然后逐渐破裂出现锈斑。

（2）原因　涂饰出现针孔或漏有空白点，涂膜太薄，水汽或有害气体穿透膜层，产生针孔而发展到大面积锈蚀；基层表面有铁锈、酸液、盐水、水分等未清理干净。

（3）防治措施　钢铁表面涂刷普通防锈涂料时，涂膜应略厚一些，最好涂两遍；涂刷前，必须把钢铁表面的锈斑、酸液、盐水和水分等清除干净，并应尽快涂一遍防锈涂料；若出现锈斑，应铲除涂层，进行防锈处理后，再重新涂刷底层防锈涂料。

课题六　美术涂料和新型涂料

随着涂料的发展及人们对装饰艺术的不断追求，美术涂料及一些新型涂料在工程中也逐渐被采用。

一、工程中较常见的美术涂料

1. 套色漏花涂饰

套色漏花涂饰的形式有边漏、墙漏和假墙纸。假墙纸是经常采用的一种涂饰形式。假墙纸是将花纹图案连续漏满墙面，使之类似有裱糊的效果。

套色漏花的施工工序：刷涂底层涂料→制作套色漏花板→配料→定位→套色漏花的喷印。特别指出，边漏是指涂饰镶边所采用的漏施工方法，墙漏是指墙面、图案填心的漏涂施工方法，假墙纸是指整面墙仿墙纸花纹漏涂施工方法，三种漏花涂饰施工方法可以套色漏花也可以单色漏花。

2. 滚花涂饰

滚花的施工工序：批刮腻子→刷底层涂料→弹线→滚花。

按设计要求或样板配好涂料后，用刻有花纹图案的胶皮辊蘸涂料，从左至右、从上至下进行滚印，辊筒垂直于粉线，不得歪斜，用力均匀，滚印1～3遍，达到图案颜色鲜明、轮廓清晰为止。不得有漏涂、污斑和流坠，并且不显接槎。

3. 仿木纹涂饰

仿木纹涂饰是在装饰面上用涂料仿制出如梨木、檀木、水曲柳、榆木等硬质木材的木纹，多用于墙裙等部位。

仿木纹涂饰的施工工序：底层涂料→弹分格线→刷面层涂料→做木纹→用净毛刷轻扫→划分格线→刷罩面清漆。

4. 仿石纹涂饰

仿石纹涂饰是在基层上用涂料仿制出如大理石、花岗石等的石纹。这种涂饰多用于墙裙和室内柱子的饰面。

仿石纹涂饰的施工工序：基层处理→涂刷底层涂料→划仿石纹拼缝→挂丝绵→喷色浆→取下丝绵→划分格线→刷清漆。

5. 鸡皮皱面层涂饰

鸡皮皱面层涂饰就是将面层涂膜通过油刷拍打产生均匀美观的皱纹和疙瘩，它不仅有保护基体和装饰的作用，而且还有消声作用。鸡皮皱面层涂饰的施工工序：涂刷底层涂料→涂刷鸡皮皱面涂料。在涂刷鸡皮皱涂料时，一般由两个人操作，一人涂刷，另一人用专用的鸡皮皱油刷拍打；鸡皮皱涂层厚度一般为 2mm 左右；拍打时，毛刷与墙面平行，距墙面200mm 左右，一起一落，利用毛刷与墙面产生的弹性，将涂层拍击成稠密均匀的疙瘩。

6. 彩色涂料涂饰

彩色涂料喷涂于内墙后，可形成多种色彩层次，产生立体花纹，耐水性、耐洗刷性和透气性增强，可适用于混凝土、砂浆、石膏板、木材、钢、铝等基层涂饰。

彩色涂料施工工序：基层处理→滚涂底层涂料→喷涂面层涂料。底层、面层涂料贮存温度为 5～35℃，避免在日光下直接暴晒；不得用水或不适当的溶剂稀释物料；施工时，应保持场地空气流通，严禁在施工现场出现明火。

二、新型涂料

新型涂料、环保涂料发展很快，产品不断问世，新的产品在简化施工过程，缩短施工周期等方面有了很大改进，现简单介绍几种颗粒涂料。

1. 碎瓷颗粒涂料

在涂料里加入碎瓷颗粒涂饰墙面，形成麻面色点的仿斩假石效果，施工简便。用于外墙、展厅、观众厅等室内外装饰，其艺术效果很好。

碎瓷颗粒涂料的施工工序：基层处理→喷涂结合层→弹分段水平线→喷涂饰面层（拌有碎瓷颗粒）→喷涂罩面层。

2. 仿火爆花岗岩涂料

仿火爆花岗岩涂料是在溶剂型乳液涂料中掺入碎石颗粒，涂饰后形成颗粒麻面，如同火爆花岗岩贴面效果。涂层色彩由各色涂料和碎石搭配调制，适用于外墙饰面、勒脚饰面或室内需要花岗饰面的部位。

仿火爆花岗岩涂料的施工工序：基层处理→喷结合层→弹分格线→贴分格布→喷饰面层→揭分格布→喷保护层。仿火爆花岗岩涂料预制墙板是采用硬质 PVC 塑料板（板厚 3～4mm），按墙板分块尺寸，模压成凹凸形板面，然后在工作台上喷涂仿花岗岩涂料，经烘烤后，涂料与 PVC 塑料板粘接，运至现场吊装，与建筑主体结构挂接，作为建筑物外墙，其效果如同石砌外墙。

3. 室内轻颗粒涂料

室内轻颗粒涂料是在涂料中掺入膨胀珍珠岩颗粒、泡沫聚苯乙烯塑料颗粒等轻质碎屑，作为室内天棚、内墙面涂饰，装饰效果很有特色，产品成本低、利润高，很受广大消费者欢迎。涂层具有调节室内湿度的作用。

室内轻颗粒涂料的施工工序与普通涂料相同。

4. 高光漆

高光漆是根据磁漆、调和漆研制而成的一种新品种。其光亮度超过磁漆 3～4 倍，固体含量大、涂层厚，适用于家具、设备，尤其在木基层、金属基层涂饰是首选涂料。利用各色高光漆绘制壁画，制作仿天然大理石、花岗岩等花纹图案的涂饰几乎可以乱真。绘制壁画镶于室内外墙上，可代替烧瓷壁画。

高光漆的基层处理施工工序：打底漆→磨平→喷涂罩面保护层→擦洗→盖保护膜→干燥后揭除保护膜。

课题七　实训——乳胶漆内墙面涂刷

一、任务

完成一面内墙乳胶漆的涂刷。

二、条件

在实训基地已具备条件的场地上施工（环境要求数间实习训练用房间），可结合抹灰工程的实训内容进行。24 砖墙砌筑和一般抹灰已经完成。

内墙涂饰工程所用材料均已到场，由指导教师提供适当数量不同颜色的乳胶漆，并具有产品合格证书和检验报告。

主要施工机具有喷枪、排笔、涂料辊等，若基层粉化掉皮，还需备有基层处理用砂纸、刮铲等工具。

三、步骤提示

乳胶漆可喷涂或刷涂于混凝土、水泥砂浆、石棉水泥板和纸面石膏板等基层上。它要求基层具有足够的强度，无粉化、起砂或掉皮现象。新墙面可用乳胶加老粉作腻子嵌平，磨光后再涂刷。旧墙面应先除去风化物和旧涂层，用水清洗干净后方能涂刷。

（1）喷涂　喷涂是利用压力或压缩空气将涂料涂布于墙面的机械化施工法。其特点为：涂膜外观质量好、工效高，适用于大面积施工，并可通过调整涂料黏度、喷嘴大小及排气量而获得不同质感的装饰效果。

（2）刷涂　刷涂可使用排笔，先刷门窗口，然后竖向、横向涂刷两遍，其间隔时间约为 2h。

四、分项能力标准及要求

通过本次实训练习，学会根据实际情况进行内墙涂料的颜色搭配设计，掌握乳胶漆的施工方法和步骤，掌握涂料施工常用工具的使用，了解施工过程中应注意的事项，达到能够独立进行内墙乳胶漆墙面的施工的水平。

五、组织形式

分组分工，以 3～4 人为一组，指定小组长，小组进行编号，完成的任务即内墙涂饰段编号同小组编号。乳胶漆喷涂完毕后，必须将地面、门窗等处的材料印迹揩擦干净，将工具及时清洗干净，做好清理工作。

小　　结

通过本章学习应掌握涂饰工程施工对基层表面的要求。掌握内墙、外墙、木质和金属表面涂饰工程的要领，并且会处理在施工中所出现的质量问题。在熟练掌握施工工艺的基础上，学会对工程质量的验收标准。

应了解涂饰工程的施工方法、外墙涂饰施工的一般要求及施工程序，了解内墙涂饰施工的一般要求、施工工序和施工要点，并且可以解决涂饰工程施工中产生的工程质量问题及防治措施。

能力训练题

一、填空题

1. 建筑涂料是指涂敷于_____、并能与建筑物_____很好粘接、形成_____的材料。

2. 涂饰工程常用的施工方法有_____、_____、_____、_____等。

3. 选择涂料要考虑建筑的_____、合理的_____。装饰性、建筑物墙面的_____在很大的程度上取决于墙面的_____。

4. 涂料颜色湿的时候往往_____，但干燥后却又_____，因此在调配涂料的时候，应该了解涂料的_____及_____的变化。

5. 涂料的施工其面层必须_____，这是保证涂料施工质量的_____。墙面含水率小于_____时方可施工，其外在表象是_____。

6. 内墙、顶棚涂料常采用_____，此种涂料具有表面感观好，低温状态下不_____、_____、_____、_____等特点。

7. 高光漆的施工工序是基层处理：打底漆_____喷涂罩面保护层，_____，盖保护膜，干燥后揭除保护膜。

8. 仿火爆花岗岩涂料是在_____掺入碎石颗粒，涂饰后形成_____，如同火爆花岗岩贴面效果。

9. 彩色涂料喷涂于内墙后，可形成多种色彩层次，产生_____，耐水性、_____和透气性增强。

10. 鸡皮皱面层涂饰就是将_____通过油刷拍打产生均匀美观的_____，它不仅有保护基体和装饰的作用，而且还有消声作用。

二、选择题

1. 建筑涂料按（　　）分，有外墙涂料、内墙涂料、地面涂料、顶棚涂料等。
　　A. 材料　　　　　　　B. 效果　　　　　　　C.用途　　　　　　　D. 功能

2. 建筑涂料按成膜物质分，有无机涂料、有机涂料和（　　）。
　　A. 溶剂型涂料　　　B. 水溶性涂料　　　C. 乳液型涂料　　　D. 复合型涂料

3. 涂料工程的饰面对基层的要求应干燥，含水率小于（　　）。
　　A. 12％　　　　　　　B. 20％　　　　　　　C. 22％　　　　　　　D. 25％

4. 建筑装饰效果由质感、线型和（　　）三方面决定。
　　A. 色彩　　　　　　　B. 颜料　　　　　　　C. 体积　　　　　　　D. 面积

5. 钢铁和塑料基层应选用溶剂型或其他有机高分子涂料来装饰，而不能用（　　）。
　　A. 乳液涂料　　　　B. 无机涂料　　　　C. 有机涂料　　　　D. 复合涂料

6. 高光漆是根据磁漆、（　　）研制而成的一种新品种。

    A. 调和漆   B. 聚酯漆   C. 醇酸漆   D. 硝基漆

7. 仿石纹涂饰是在基层上用涂料仿制出如大理石、花岗石等的石纹。这种涂饰多用于（　　）的饰面。

    A. 墙裙和室内柱子   B. 大面积室内墙   C. 大面积是外墙   D. 室外柱子和局部地方

8. 外墙涂料饰面应根据涂料种类、基层材质、（　　）、表面花饰以及涂料的配比与搭配等来安排恰当的工序，以保证质量合格。

    A. 施工方法   B. 施工工艺   C. 施工技术   D. 施工管理

9. 内墙面涂饰时，应在顶棚涂饰完毕后进行，（　　）分段涂饰。

    A. 先前而后   B. 先后而前   C. 由上而下   D. 由左而右

10. 建筑涂料施工以晴天为好，当施工周围环境的温度低于（　　），雨天、浓雾、4级以上大风时应停止施工，以确保建筑涂料的施工质量。

    A. 5℃   B. 2℃   C. 3℃   D. 4℃

三、简答题

1. 简述涂料装饰施工对不同基层的处理要求。

2. 简述内墙乳胶漆施工操作的要点。

3. 简述木质表面油漆涂刷工艺的操作要点。

4. 简述金属表面涂饰工程的施工要点。

5. 涂料装饰施工的质量检验标准有哪些？

四、回答题

1. 涂饰工程的施工方法有哪些？

2. 涂料的选择方法有哪些？

3. 外墙乳胶漆施工操作的要点是什么？

4. 涂饰工程在施工中需要怎样的环境条件？

5. 木质表面涂饰工程施工工艺是什么？

单元八

门窗工程施工

知识点

　　装饰木门窗的组成与分类，装饰木门窗的制作与安装，铝合金门窗的制作与安装，塑料门窗安装工程，特种门安装，门窗工程的质量验收。

教学目标

　　通过对门窗工程的学习，使学生对门窗工程有一个全面理解、融会贯通的认识。通过对门窗施工工艺的融会理解，使学生学会正确选择和使用门窗的材料和实施的相关工艺，并能通过学习组织相关工程的施工以及根据所学知识现场解决可能出现的实际质量问题。并且可以根据所学知识，领会实际的质量验收标准。

课题一　装饰木门窗的组成与分类

　　门窗是建筑物的眼睛，在塑造室内外空间艺术形象中起着十分重要的作用。门窗经常成为重点装饰的对象。

　　门窗施工包括制作和安装两部分，一些门窗在工厂生产、施工现场只需安装即可，如钢制门窗、塑钢门窗等。而一些门窗则有较多的现场制作工作，如木制门窗、铝合金门窗等。由于门窗所处的位置接近于人的视野，因此无论是制作还是安装，不仅要经得起远看，更要经得起近观。

　　作为门窗的材料种类很多，门窗的造型也很多，这些都决定了门窗在装饰工程中档次、风格和效果的不同。由于我国各地经济发展水平、气候条件、风俗习惯等差别很大，造成了建筑门窗工程发展的多元化、多层次化。

　　一、门窗的分类

　　门窗按材质可分为木门窗、塑钢门窗、铝合金门窗、钢门窗、钢木门窗、无框玻璃门窗、特殊材质门窗等；按功能可分为普通门窗、保温门窗、隔声门窗、防火门窗、防爆门窗等。门按开启方式可分为平开门、推拉门、旋转门、折叠门、卷帘门、弹簧门、自动门等；窗按开启方式可分为平开窗、推拉窗、悬窗、固定窗等。

　　按制作门窗的材质可以分为以下几类。木门窗：以木材为原料制作的门窗，是最原始、最悠久的门窗。其特点是易腐蚀变形、维修费用高、无密封措施等，加上保护环境和节省能源等因素，因此用量逐渐减少。钢制门窗：以钢型材为原料制成的门窗，有空腹和实腹钢门窗。其使用功能较差，易锈蚀，密封和保温隔热性能较差，我国已基本淘汰。新型彩板门窗是以镀锌或渗锌钢板经过表面喷涂有机材料制成的型材为原料加工制成，耐腐蚀性好，但价格较高，能耗大。铝合金门窗：以铝合金型材为原料加工制成的门窗，其特点是耐腐蚀，不易变形，密封性能较好，但价格高，使用和制造能耗大。塑料门窗：以塑料异型材为原料加工制成的门窗，其特点是耐腐蚀、不变形、密封性好、保温隔热、节约能源。

门按用途分为防火门 FM、隔声门 GM、保温门 BM、冷藏门 LM、安全门 AM、防护门 HM、屏蔽门 PM、防射线门 RM、防风砂门 SM、密闭门 MM、泄压门 EM、壁橱门 CM、变压器间门 YM、围墙门 QM、车库门 KM、保险门 XM、引风门 DM、检修门 JM。

二、门窗工程常用的机具

常用手工工具见表 8-1。

表 8-1　常用手工工具

序号	名　　称	简　图	主　要　用　途
1	卷尺		上面有清晰的刻度，是量长度用的，做木工活时随身携带
2	水平尺		测量门窗安装的水平度
3	斧		坎削木料
4	凿		与锤子配合凿榫眼时使用
5	锤		主要是羊角锤，钉木钉或与凿子配合使用，有时用于拔木料里的钉子

常用机械工具见表 8-2。

表 8-2　常用机械工具

序号	名　　称	简　图	主　要　用　途
1	电动冲击钻		在混凝土、砖墙上钻孔、扩孔
2	台式电锯		大块木料切割
3	手提电动圆锯		材料切割

除了上述机械及手工工具外，还有墨斗、直角尺、手推刨、手电刨、扁铲、螺钉旋具等工具。

课题二　装饰木门窗的制作与安装

在装饰工程中，木门窗的制作安装占了很大比例，特别是在室内装饰造型中，木门窗应用得更为广泛，是创造装饰气氛与效果的一个很重要的手段。木门窗具有质量轻、强度高、使用寿命长、保温隔热性能好、易加工等优点，而且传统木门窗还具有装饰典雅、温馨、亲切的感觉。但是木门窗也有缺点，如易燃、易腐朽和虫蛀、湿胀干缩较严重、易变形开裂等，以上缺点通过适当的处理能等到避免和改善。

木门由门框和门扇两部分组成。当门的高度超过 2.1m 时，门的上部需增加亮子。各种类型木门的门框构造基本一样，但门扇的式样和构造做法不尽相同。门框由冒头与边框组成，通常在冒头上打眼，在边框端头开榫，有亮子的门框，应在门扇上方加设中贯挡。门框边框与中贯挡的连接是在边框上打眼，在中贯挡的两端开榫，其构造如图 8-1 所示。门扇分为实门和木玻璃门，实门按其骨架与面板拼装方式又分为镶板门和贴板门。镶板门的面板一般采用实木板、多层木夹板或木屑板等。贴板门的面板一般采用胶合板和纤维板等。木门扇的构造如图 8-2 所示。

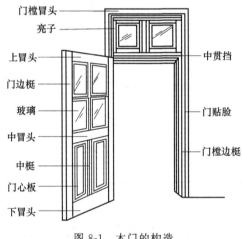

图 8-1　木门的构造

木窗主要由窗框和窗扇组成。窗框与门框的连接方式相似，窗扇的连接构造与木门略同，榫眼开在窗扇边框上，在上、下冒头和中间窗棂的两端做榫头。木窗的构造如图 8-3所示。

一、木门窗的制作

1. 木门窗制作的生产操作程序

木门窗制作的生产操作程序为：配料→截料→刨料→画线、凿眼→开榫、裁口→整理线角→堆放→拼装。

木门窗制作的施工要点，配料、截料的施工要点：

在配料、截料时，需要特别注意精打细算，配套下料，不得大材小用、长材短用；采用马尾松、木麻黄、桦木、杨木易腐朽、虫蛀的树种时，整个构件应做防腐、防虫药剂处理。

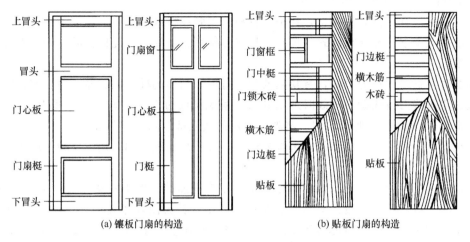

図 8-2 木门扇的构造

(a) 镶板门扇的构造   (b) 贴板门扇的构造

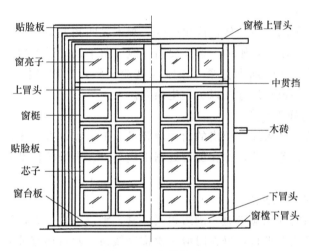

图 8-3 木窗的构造

要合理确定加工余量。宽度和厚度的加工余量，一面刨光者留 3mm，两面刨光者留 5mm，如长度在 50cm 以下的构件，加工余量可留 3~41mm。门窗构件长度加工余量见表 8-3。门窗框料有顺弯时，其弯度一般不应超过 4mm。扭弯者一般不准使用。青皮、倒楞如在正面，裁口时能裁完者，方可使用。如在背面超过木料厚的 1/6 和长的 1/5，一般不准使用。

表 8-3　门窗构件长度加工余量

构件名称	加工余量
门框立梃	按图纸规格放长 7cm
门窗框冒头	按图纸规格放长 20cm，无走头时放长 4cm
门窗框中冒头、窗框中竖梃	按图纸规格放长 1cm
门窗扇梃	按图纸规格放长 4cm
门窗扇冒头、玻璃棂子	按图纸规格放长 1cm
门窗中冒头	在五根以上者，有一根可考虑做半榫
门心板	按图纸冒头及扇梃内净距放长各 5cm

2. 门窗框、扇画线的施工要点

画线前应检查已刨好的木材，合格后将料放到画线机或画线架上，准备画线。画线时应仔细看清图纸要求，和样板样式、尺寸、规格必须完全一致，并先做样品，经审查合格后再正式画线。

画线时要选光面作为表面，有缺陷的放在背后，画出的榫、眼、厚、薄、宽、窄尺寸必须一致。用画线刀或线勒子画线时须用钝刃，避免画线过深，影响质量和美观。画好的线，最粗不得超过 0.3mm，要求均匀、清晰。不用的线立即废除，避免混乱。

画线顺序，应先画外皮横线，再画分格线，最后画顺线，同时用方尺画两端头线、冒头线、棂子线等。

门窗框及厚度大于 50mm 的门窗扇应采用双夹榫连接。冒头料宽度大于 180mm 时一般画上下双榫。榫眼厚度一般为料厚的 1/5～1/3，中冒头大面宽度大于 100mm 者，榫头必须大进小出。门窗棂子榫头厚度为料厚的 1/3。半榫眼深度一般不大于料宽度的 1/3，冒头拉肩应和榫吻合。门窗框的宽度超过 120mm 时，背面应推凹槽，以防卷曲。

3. 打眼的施工要点

打眼的凿刀应和眼的宽窄一致，凿出的眼，顺木纹两侧要直，不得错岔。打通眼时，先打背面，后打正面。凿眼时，眼的一边线要凿半线、留半线。手工凿眼时，眼内上下端中部宜稍微突出些，以便拼装时加楔打紧，半眼深度应一致，并比半榫深 2mm。成批生产时，要经常核对，检查眼的位置尺寸，以免发生误差。

4. 拉肩、开榫的施工要点

拉肩、开榫要留半个墨线。拉出的肩和榫要平、正、直、方、光，不得变形。开出的榫要与眼的宽、窄、厚、薄一致，并在加楔处锯出楔子口。半榫的长度要比眼的深度短 2mm。拉肩不得伤榫。

5. 裁口、起线的施工要点

起线刨、裁口刨的刨底应平直，刨刃盖要严密，刨口不宜过大，刨刃要锋利。起线刨使用时应加导板，以使线条平直，操作时应一次推完线条。裁口遇有节疤时，不准用斧砍，要用凿剔平然后刨光，阴角处不清时要用单线刨清理。裁口、起线必须方正、平直、光滑，线条清秀，深浅一致，不得戗槎、起刺或凹凸不平。

6. 门窗拼装成形的施工要点

拼装前对部件应进行检查。要求部件方正、平直，线脚整齐分明，表面光滑，尺寸、规格、式样符合设计要求，并用细刨将遗留墨线刨去、刨光。拼装时，下面用木楞垫平，放好各部件，榫眼对正，用斧轻轻敲击打入。所有榫头均需加楔。楔宽和榫宽一样，一般门窗框每个榫加两个楔，木楔打入前应粘胶鳔。紧榫时应用木垫板，并注意随紧随找平，随规方。窗扇拼装完毕，构件的裁口应在同一平面上。镶门心板的凹槽深度应于镶入后尚余 2～3mm 的间隙。制作胶合板门（包括纤维板门）时，边框和横楞必须在同一平面上，面层与边框及横楞应加压胶结。应在横楞和上、下冒头各钻两个以上的透气孔，以防受潮脱胶或起鼓。

普通双扇门窗，刨光后应平放，刻刮错口（打叠），刨平后成对做记号。门窗框靠墙面应刷防腐涂料。拼装好的成品，应在明显处编写号码，用楞木四角垫起，离地 20～30cm，水平放置，加以覆盖。

二、木门窗的安装

1. 木门窗安装的作业条件

结构工程已完成并验收合格。室内已弹好+50cm水平线。门窗框、扇在安装前应检查窜角、翘扭、弯曲、劈裂、崩缺、榫槽间结合处无松离，如有问题，应进行修理。

门窗框进场后，应将靠墙的一面涂刷防腐涂料，刷后分类码放平整。准备安装木门窗的砖墙洞口已按要求预埋防腐木砖，木砖中心距不大于1.2m，并应满足每边不少于2块木砖的要求；单砖或轻质砌体应砌入带木砖的预制混凝土块中。砖墙洞口安装带贴脸的木门窗，为使门窗框与抹灰面平齐，应在安框前做出抹灰标筋。门窗框安装在砌墙前或室内、外抹灰前进行，门窗扇安装应在饰面完成后进行。

2. 木门窗框的安装要点

先立门窗框（立口）前须对成品加以检查，进行校正规方，钉好斜拉条（不得小于2根），无下坎的门框应加钉水平拉条，以防在运输和安装中变形。立门窗框前要事先准备好撑杆、木橛子、木砖或倒刺钉，并在门窗框上钉好护角条。立门窗框前要看清门窗框在施工图上的位置、标高、型号、门窗框规格、门扇开启方向、门窗框是里平、外平或是立在墙中等，按图立口。立门窗框时要注意拉通线，撑杆下端要固定在木橛子上。立框子时要用线锤找直吊正，并在砌筑砖墙时随时检查是否倾斜或移动。

后塞门窗框（后塞口）前要预先检查门窗洞口的尺寸、垂直度及木砖数量，如有问题，应事先修理好。门窗框应用钉子固定在墙内的预埋木砖上，每边的固定点应不小于两处，其间距应不大于1.2m。在预留门窗洞口的同时，应留出门窗框走头（门窗框上、下坎两端伸出口外部分）的缺口，在门窗框调整就位后，封砌缺口。当受条件限制、门窗框不能留走头时，应采取可靠措施将门窗框固定在墙内木砖上。

后塞门窗框时需注意水平线要直。多层建筑的门窗在墙中的位置，应在一条直线上。安装时，横竖均拉通线。当门窗框的一面需镶贴面板，则门窗框应凸出墙面，凸出的厚度等于抹灰层的厚度。寒冷地区门窗框与外墙间的空隙，应填塞保温材料。

3. 木门窗扇的安装要点

安装前检查门窗扇的型号、规格、质量是否合乎要求，如发现问题，应事先修好或更换。安装前先量好门窗框的高低、宽窄尺寸，然后在相应的扇边上画出高低宽窄的线，双扇门要打叠（自由门除外），先在中间缝处画出中线，再画出边线，并保证梃宽一致，上下冒头处要画线刨直。画好高低、宽窄线后，用粗刨刨去线外部分，再用细刨刨至光，使其合乎设计尺寸要求。将扇放入框中试装合格后，按扇高的1/10~1/8，在框上按合页大小画线，并剔出合页槽，槽深一定要与合页厚度相适应，槽底要平。门窗扇安装的留缝宽度，应符合有关标准的规定。

4. 木门窗小五金的安装要点

有木节处或已填补的木节处，均不得安装小五金。

安装合页、插销、L铁、T铁等小五金时，先用锤将木螺钉打入长度1/3，然后用改锥将木螺钉拧紧、拧平，不得歪扭、倾斜。严禁打入全部深度。采用硬木时，应先钻2/3深度的孔，孔径为木螺钉直径的0.9倍，然后再将木螺钉由孔中拧入。

合页距门上、下端宜取立梃高度的1/10，并避开上、下冒头。安装后应开关灵活。门窗拉手应位于门窗高度中点以下，窗拉手距地面以1.5~1.6m为宜，门拉手距地面以0.9~1.05m为宜，门拉手应里外一致。

门锁不宜安装在中冒头与立梃的结合处，以防伤榫。门锁位置一般宜高出地面90~95mm。

门窗扇嵌L铁、T铁时应加以隐蔽，作凹槽，安完后应低于表面1mm左右。外开时，

L 铁、T 铁安在内面；内开时安在外面。

上、下插销要安在框宽的中间，如采用暗插销，则应在外框上剔槽。

5. 后塞口预安窗扇的安装要点

按图纸要求，检查各类窗的规格、质量，如发现问题，应进行修整。按图纸的要求，将窗框放到支撑好的临时木架（等于窗洞 H）内调整，用木拉子或木楔子将窗框稳固，然后安装窗扇。

对推广采用外墙板施工者，也可以将窗扇的纱窗扇同时安装好。有关安装技术要点与现场安装窗扇要求一致。装好的窗框、扇，应将插销插好，风钩用小圆钉暂时固定，把小圆钉砸倒。并在水平面内加钉木拉子，码垛垫平，防止变形。已安好五金的窗框，将底油和第一道油漆刷好，以防止受湿变形。

在塞放窗框时，应按图纸核对，做到平整方直，如窗框边与墙中预埋木砖有缝隙时，应加木垫垫实，用大木螺钉或圆钉与墙木砖联固，并将上冒头紧靠过梁，下冒头垫平，用木楔夹紧。

三、装饰木门窗制作安装工程的质量验收

装饰木门窗每个检验批应至少抽查 5%，并不得少于 3 樘，不足 3 樘时应全数检查。高层建筑的外窗，每个检验批应至少抽查 10%，并不得少于 6 樘，不足 6 樘时应全数检查。装饰木门窗制作与安装工程主控项目及检验方法、一般项目及检验方法见表 8-4、表 8-5。木门窗制作与安装的允许偏差及检验方法见表 8-6 和表 8-7。

表 8-4 装饰木门窗制作与安装工程主控项目及检验方法

项次	项目内容	检验方法
1	木门窗的木材品种、材质等级、规格、尺寸、框扇的线型及人造木板的甲醛含量应符合设计要求；涉及未规定材质等级时，所用木材质量应符合国家相应规范的规定	观察；检查材料进场验收记录和复检报告
2	木门窗应采用烘干的木材，含水率应符合《标准建筑木门、木窗》(JG/T 122—2000)的规定	观察；检查材料进场验收记录
3	木门窗的防火、防腐、防虫蛀处理应符合设计要求	观察；检查材料进场验收记录
4	木门窗的结合处和安装配件处不得有木节或已填补的木节。木门窗如有允许限值以内的死节及直径较大的虫眼时，应用同一材质的木塞加胶填补。对于清漆制品，木塞得木纹和色泽应与制品一致	观察
5	门窗框和厚度大于 50mm 的门窗扇应用双榫连接。榫槽应采用胶料严密嵌合，并应用胶楔夹紧	观察；手板检查
6	胶合板门、纤维板门和模压门不得脱胶。胶合板不得刨透表面单板，不得有戗茬。制作胶合板门、纤维板门时，边框和横楞应在同一平面上，面层、边框及楞应加压胶结。横楞和上下冒头应各钻两个以上的透气孔，透气孔应通畅	观察
7	木门窗的品质、类型、规格、开启方向、安装位置及连接方式应符合设计要求	观察；尺量检查；检查成品门的产品合格书
8	木门窗框的安装必须牢固。预埋木砖的防腐处理，木门窗框固定点的数量、位置及固定方法应符合设计要求	观察；手板检查；检查隐蔽工程验收记录和施工记录
9	木门窗扇必须安装牢固，并应开关灵活，关闭严密，无倒翘	观察；开启和关闭检查；手板检查
10	木门窗配件的型号、规格、数量应符合设计要求，安装应牢固，位置应正确，功能应满足使用要求	观察；开启和关闭检查

表 8-5　装饰木门窗制作与安装工程一般项目及检验方法

项次	项 目 内 容	检验方法
1	木门窗表面应洁净,不得有刨痕、锤印	观察
2	木门窗的割角、拼缝应严密平整。门窗框、扇裁口应顺直,刨面应平整	观察
3	木门窗上的槽、孔边缘整齐,无毛刺	观察
4	木门窗与墙体间的缝隙的填嵌材料应符合设计要求,填嵌应饱满。寒冷地区外门窗与砌体间的空隙应填充保温材料	轻敲门窗框检查;检查隐蔽工程验收记录和施工记录
5	木门窗批水、盖口条、压缝条、密封条的安装应顺直,与门窗应牢固、严密	观察;手板检查

表 8-6　木门窗制作的允许偏差及检验方法

项次	项 目	构件名称	允许偏差/mm 普通	允许偏差/mm 高级	检验方法
1	翘曲	框	3	2	将框、扇平放在检查平台上,用塞尺检查
		扇	2	2	
2	对角线长度	框、扇	3	2	用钢尺检查,框量裁口里角,扇量外角
3	表面平整度	扇	2	2	用1m靠尺和塞尺检查
4	高度、宽度	框	0;−2	0;−1	用钢尺检查,框量裁口里角,扇量外角
		扇	+2;0	+1;0	
5	裁口、线条结合处高低差	框、扇	1	0.5	用钢尺和塞尺检查
6	相邻棂子两端间距	扇	2	1	用钢尺检查

表 8-7　木门窗安装的窗缝限值、允许偏差及检验方法

项次	项 目		留缝限值/mm 普通	留缝限值/mm 高级	允许偏差/mm 普通	允许偏差/mm 高级	检验方法
1	门窗槽口对角线长度差		—	—	3	2	用钢尺检查
2	门窗框的正面垂直度		—	—	2	1	用1m垂直尺检查
3	框与扇、扇与扇接缝高低差		—	—	2	1	用钢尺和塞尺检查
4	门窗扇对口缝		1~2.5	1.5~2	—	—	用塞尺检查
5	工业厂房双扇大门对口缝		2~5	—	—	—	
6	门窗扇与上框间留缝		1~2	1~1.5	—	—	
7	门窗扇与侧框间留缝		1~2.5	1~1.5	—	—	
8	窗扇与下框间留缝		2~3	2~2.5	—	—	
9	门窗与下框间留缝		3~5	3~4	—	—	
10	双层门窗内外框间距		—	—	4	3	用钢尺检查
11	无下框时门扇与地面间留缝	外门	4~7	5~6	—	—	用塞尺检查
		内门	5~8	6~7	—	—	
		卫生间	8~12	8~10	—	—	
		厂房大门	10~20	—	—	—	

课题三 铝合金门窗的制作与安装

铝合金材料是由纯铝加入锰、镁等金属元素合成，具有质轻、高强、耐蚀、耐磨、韧性大等特点。经氧化着色表面处理后，可得到银白色、金色、青铜色和古铜色等几种颜色。铝合金门窗是将经过表面处理的型材，通过下料、打孔、铣槽、攻螺纹、制作等加工工艺而制成的门窗框料构件，然后再与连接件、密封件、开闭五金件一起组合装配而成。它与普通木门窗、钢门窗相比，具有质轻高强、密闭性能好、使用中变形小、耐久性好、施工速度快、使用维修方便、立面美观、能成批定型生产等优点。但是，在建筑装饰工程中，特别是对于高层建筑、高档次的装饰工程，如果从装饰效果、年久维修等方面考虑，铝合金门窗的使用价值是较高的，而在北方冬季寒冷地区，应考虑其导热率大的缺点。

1. 施工准备及作业条件

主体结构经有关质量部门验收合格，工种之间已办好交接手续。检查门窗洞口尺寸及标高是否符合设计要求，有预埋件的还应检查预埋件的数量、位置及埋设方法。检查铝合金门窗的外观质量，如有劈裂、窜角、翘曲不平、表面损伤、变形及松动、偏差超过标准、外观色差较大的，应与有关人员协商解决，经认真处理，验收合格后才能安装。按图纸要求弹好门窗中线，并弹好室内+500mm的水平基准线。

2. 材料准备及要求

型材表面质量应满足下列要求。型材表面应清洁，无裂纹、起皮和腐蚀存在，装饰面不允许有气泡。普通精度型材装饰面上碰伤、擦伤和划伤，其深度不得超过0.2mm；由模具造成的纵向挤压痕深度不得超过0.1mm。对于高精度型材的表面缺陷深度，装饰面应不大于0.1mm，非装饰面应不大于0.25mm。型材经表面处理后着银白色、金黄色、青铜色、古铜色和黄黑色等颜色，色泽应均匀一致；其面层不允许有腐蚀斑点和氧化膜脱落等缺陷。铝合金型材常用截面尺寸。见表8-8。

表8-8 铝合金型材常用截面尺寸

代号	型材截面系列	代号	型材截面系列
38	38系列(框料截面宽度38)	70	70系列(框料截面宽度70)
42	42系列(框料截面宽度40)	80	80系列(框料截面宽度80)
50	50系列(框料截面宽度50)	90	90系列(框料截面宽度90)
60	60系列(框料截面宽度60)	100	100系列(框料截面宽度100)

(1) 密封材料 密封材料种类很多，如聚氯酯密封膏，是高档密封膏的一种，适用于±25%接缝变形部位的密封，价格较便宜，只有硅酮密封膏的一半；聚硅氧烷密封膏也是高档密封膏的一种，性能全面，变形能力达50%，高强度且耐高温；水膨胀密封膏遇水后，膨胀能将缝隙填满。另外还有密封带、密封垫、底衬泡沫条和防污纸质胶带等。

(2) 五金配件 双头通用门锁配有暗藏式弹子锁，可以内外启闭，适用于铝合金平开门；扳动插锁用于铝合金弹簧门（双扇）及平开门（双扇）；推拉式门锁作为推拉式门窗的拉手和锁闭器用；铝窗执手适用于平开式、上悬式铝窗的启闭；地弹簧装置于门窗下部的一种缓速自动闭门器；半月形执手适用于推拉窗的扣紧，有左、右两种形式等。总之，铝合金门窗选材时，规格、型号应符合设计或用户的要求，五金配件配套齐全，并有产品出厂合格证。辅材，如防腐材料、保温材料、水泥、砂、镀锌连接件、膨胀螺栓、防水密封膏、嵌缝材料、橡胶垫块、防锈漆、电焊条等应按要求选定。

一、铝合金门窗的制作

1. 工艺流程

选料→下料→钻孔→门窗框组装→门窗扇组装。

2. 施工要点

（1）下料　在砖墙中的铝合金门框多选用 44～70mm 或 100mm×44mm 的扁方铝管材。裁料时门框高度和宽度略小于门洞口尺寸，其误差应控制在 2mm 范围内。

（2）门框组装　铝合金门常用于铝合金隔断和砖墙中。如在铝合金隔墙中，则在制作隔墙骨架时留出门框的位置即可，而在砖墙中的铝合金门则需专门制作门框。

门框横竖框料用铝角码连接固定。连接前，先将两个竖门框料靠在一起，并在与横框料连接之处划线，然后用一小截同样的框料扁方管做模；将做模的扁方管放在划线处，把铝角码放入模内靠紧，用手电钻把铝角码和竖框料一并钻孔，再用自攻螺钉将铝角码紧固在竖框上。将横向框料的端头插入固定在竖向框料上的铝角码，用直角尺检查横竖框料对接的直角度，合格后在横向框料的端头钻孔。钻孔时，将横向框料与插入其内的铝角码一并钻通，用自攻螺钉拧紧，将横竖框料连接在一起。

（3）门扇组装　门扇由两边框、上横和玻璃压条所组成。门扇的宽度比门框宽度小 3～6mm，高度通常比门框上横料至地弹簧平面的距离短 10～15mm。

门扇框的连接也是用铝角码固定，具体做法与门框连接相同。当门扇框较宽时（超过900mm），在门扇框下横料中穿入一条两头都有罗纹的钢条进行加固。安装钢条前先在门扇边框料下端内钻孔，再将钢条穿入紧固。注意加固钢条应在地弹簧连杆与下横安装完毕后再装，不得妨碍地弹簧连杆与地弹簧座的对接。图 8-4 为铝合金门的装配图。

3. 铝合金窗的制作

铝合金推拉窗有带上窗和不带上窗之分，图 8-5 为铝合金双扇推拉窗装配图。

（1）下料　窗框的下料是切割两条边封铝型材和上、下滑道铝型材各一条。框料尺寸比窗洞口尺寸小 20～30mm，上、下滑道的长度等于窗框的宽度减去两条边封铝型材的厚度。

下料时用铝合金切割机切割型材，切割机的刀口位置应在划线之外，并留出划线痕迹。通过挂钩把窗扇锁住。窗扇锁定时，与带钩边框上的钩边刚好相碰。因为窗扇在装配后既要在上、下滑道内滑动，又要进入边框料的槽内，所以窗扇开料要十分小心，使窗扇与窗框配合恰当。窗扇的边框和带钩边框为同一长度，其长度为窗框边封的长度再减 45～50mm。窗扇的上、下横为同一长度，其长度为窗框宽度的一半再加 5～8mm。

（2）窗框的组装　首先测量出在上滑道上两条固紧槽孔距侧边的距离和高低位置尺寸，按这两个尺寸在窗框边封上部衔接处划线打孔，孔径 5mm 左右。钻好孔后，用专用的碰口胶垫，放在边封的槽口内，再将直径 4mm、长 35mm 的自攻螺钉，穿过边封上打出的孔和碰口胶垫上的孔，拧进上滑道上的固紧槽孔内，如图 8-6 所示。在紧固螺钉的同时，要注意上滑道与边封对齐，各槽对正，然后拧紧螺钉，最后再边封内装毛条。按同样的方法连接固定下滑道，注意固定时不得将下滑道的位置装反，下滑道的滑轨面一定要与上滑道相对应，才能使窗扇在上下滑道上滑动，如图 8-7 所示。窗框的四个角连接好后，用直角尺测量校正窗框的直角度，最后拧紧各角上的连接自攻螺钉。

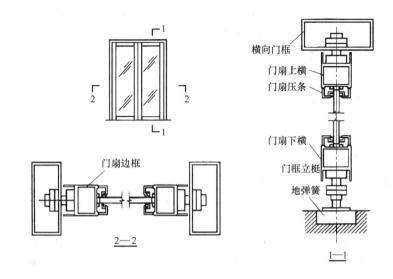

图 8-4　铝合金门的装配图

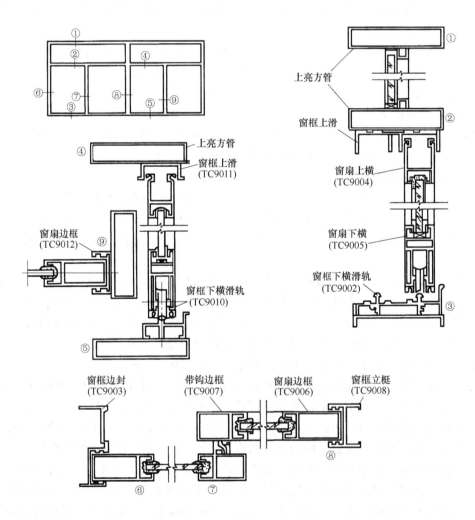

图 8-5　铝合金双扇推拉窗装配图

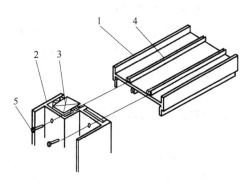

图 8-6　窗框上滑道的连接组装

1—上滑道；2—边封；3—碰口胶垫；

4—上滑道上的固紧槽；5—自攻螺钉

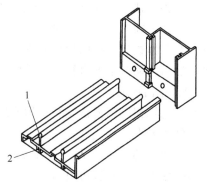

图 8-7　窗框下滑道的连接组装

1—下滑道的滑轨；2—下滑道下的固紧槽孔

（3）窗扇的组装　连接拼装前，先在窗扇的边框和带钩边框上下两端进行切口处理，上端切开 51mm 长，下端切开 76.5mm 长，以便上、下横插入切口内进行固定。边框与上、下横连接固定好后，在下横的底槽中安装滑轮，每条下横的两端各装一只滑轮。在窗扇的边框与下横衔接端划线打三个孔，上、下两个是连接固定孔，中间一个是留出进行调节滑轮框上调整螺钉的工艺孔。这三个孔的位置，要根据固定在下横内的滑轮框上孔位置来划线，然后打孔，并要求固定后边框下端要与下横底边平齐，如图 8-8 所示。

（4）安装上横角码和窗扇钩锁　截取两个铝角码，将角码放入上横的两头，使其一个面与上横端头面平齐，将角码与上横一起钻通并钻两个孔，用自攻螺钉将角码固定在上横内。再在角码的另一面的中间打一个孔。根据此孔的尺寸和位置，在扇的边框及带钩框上打孔以便用螺钉固定边框与上横，如图 8-9 所示。

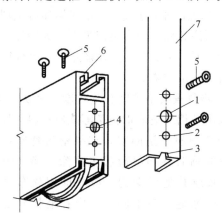

图 8-8　窗扇下横安装

1—调节滑轮；2—固定孔；3—半圆槽；4—调节螺钉；

5—滑轮固定螺钉；6—下横；7—边框

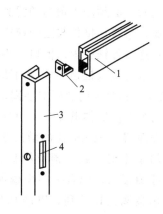

图 8-9　窗扇上横安装

1—上横；2—角码；3—窗角边框；

4—窗锁洞

（5）上密封毛条及安装窗扇玻璃　窗扇上的密封毛条有两种，一种是长毛条，一种是短毛条。长毛条装于上横顶边的槽内以及下横底边的槽内，短毛条装于带钩边框的钩部槽内和窗框边封的凹槽两侧。在安装窗扇玻璃时，要检查玻璃尺寸。通常玻璃长宽方向比窗扇内侧长宽尺寸大 25mm。然后，从窗扇一侧将玻璃装入窗扇内侧的槽内，并紧固连接好边框。

（6）窗钩锁挂钩的安装　窗钩锁的挂钩安装于窗框的边封凹槽内，挂钩的安装位置尺寸要与窗扇上挂钩锁洞的位置相对应。挂钩的钩平面一般可位于锁洞孔中心线处。根据这个对应位置，在窗框边封凹槽内划线打孔。钻孔直径一般为 4mm，用 M5 的自攻螺钉将挂钩临时固紧，然后移动窗扇到窗框边封槽内，检查窗扇锁可否与挂钩相接锁定。

4. 铝合金门窗的安装

（1）工艺流程　门窗框安装→填塞缝隙→门窗扇安装→玻璃安装→打胶清理。

（2）施工要点

① 门窗框安装　门窗洞口尺寸复核。门窗框上连接件间距一般应小于 600mm，设在转角处的连接件位置应距转角边缘 150mm。连接件多为 1.5mm 厚的镀锌板，长度根据现场需要进行加工。门窗洞口墙体厚度方向的预埋件中心线若无设计规定，距内墙面 38～60 系列为 100mm，90～100 系列为 150mm。有窗台时，安装位置要以同一房间内的窗台板外露尺寸一致为准。窗台板伸入铝合金窗下 5mm 为宜。按设计尺寸在门窗洞口墙体上划出水平标高线和门窗位置中心线，同一房间内的窗水平高度应一致，误差不应超过 5mm。

② 门窗框就位　门窗框就位在洞口安装线上，调整使门窗框四周间隙均匀，同时注意框中心线与洞。口中心线吻合，并调整门窗框的垂直度、水平度及对角线在允许偏差范围内。用木楔将框四角处固定，但须防止门窗框被挤压变形。组合门窗框应先进行预拼装，然后先安装通长拼接料，后安装分段拼接料，最后安装基本门窗框。拼接处应用密封胶条密封及拼接条搭接以防拼接处裂缝渗水。组合门窗框拼接料如需加强时，其加固型材应经防锈处理，用镀锌螺钉连接。铝合金门窗框的两侧应涂刷防腐涂料，也可粘贴塑料薄膜进行保护，所用铁件也应进行防腐处理，以免因直接接触水泥砂浆产生电化学反应而腐蚀。

③ 门窗框固定　沿门窗框外墙用电锤打直径为 10mm 的孔，用膨胀螺栓固定门窗框的连接件或用射钉枪将连接件与墙体固定，但射钉枪不能在多孔空心砖墙中使用。在多孔空心砖进行固定时，必须砌入预制的混凝土垫块，并在垫块上固定连接件。如果墙体有预埋钢板或结构钢筋，可将连接件与之焊接牢固，焊接时必须注意保护铝合金门窗框。如墙体已预留槽口，可将连接件铁脚埋入槽口，用 C25 细石混凝土或 1∶2 的水泥砂浆灌实。组合窗框间的拼接上下端各嵌入框顶和框底的墙体（或梁）内 25mm 左右。

④ 填缝　铝合金门窗框安装固定好后，应进一步复查其平整度和垂直度，确认无误后，及时处理门窗框与墙体缝隙，无设计要求时，应采用矿棉或玻璃棉毡条等软质材料分层填塞缝隙。外表面留 5～8mm 深的槽口填嵌嵌缝膏。由于只有一道防水，如果密封膏质量没有保证或嵌填不密实，或无预留槽口，保护门窗框的临时性塑料薄膜未清除干净，雨水很有可能从缝隙侵入。铝合金门窗框如果沾上水泥浆或其他污染物，应立即用软布清洗干净，不准用金属工具铲刮，以防损坏门窗表面。待灌缝砂浆干固后，应在框接缝处填嵌硅胶密封。

⑤ 安装门窗扇和玻璃　一般应在内外墙粉刷、贴面等装饰工作完成并验收合格后，再进行门窗扇和玻璃的安装工作。门窗扇的安装要求周边密封，开启灵活。

推拉门窗在门窗框安装固定后，将配好玻璃的门窗扇整体装入框内滑槽，调整好框与扇的缝隙即可。平开门窗在框与扇格架上组装上墙，安装固定好后再安装玻璃，即先调整好框与扇的缝隙，再将玻璃安入扇并调整好位置，最后镶嵌密封条和密封胶。

⑥ 打胶清理　大片玻璃与框扇接缝处，要用玻璃胶筒打入玻璃胶，整个门安装好后，以干净抹布擦洗表面，清理干净后交付使用。

二、铝合金门窗施工注意事项

应选用合适的型材系列，要满足强度、刚度、耐腐蚀及密封性要求，减轻质量，降低造价。铝合金门窗的尺寸一定要准确，尤其是框扇之间的尺寸关系，要保证框与洞口的安装缝隙。门窗框与结构应为弹性连接，至少填充 20mm 厚的保温软质材料，避免门窗框四周形成冷热交换区；粉刷门窗套时，应在门窗框内外框边嵌条留 5～8mm 深槽口；槽口内用密封胶嵌填密封，胶体表面应压平、光洁；严禁水泥砂浆直接同门窗框接触，以防腐蚀。

制作窗框的型材表面不能有沾污、碰伤的痕迹，不能使用扭曲变形的型材；室内外粉刷未完成前切勿撕掉门窗框保护胶带；粉刷门窗套时应用塑料膜遮掩门窗框；门窗框上沾上灰浆应及时用软布抹除，切忌用硬物刨刮。

铝合金门窗安装后要平整方正，安装门窗框时一定要吊垂线和对角线卡方；塞缝前要检查平整垂直度；塞缝过程中，有一定强度后再拔去木楔；安框时要考虑窗头线（贴脸）及滴水板与框的连接。横向及竖向门窗之间组合杆件必须同相邻门窗套插、搭接，形成曲面组合，其搭接时应大于 8mm，并用密封胶密封，防止门窗因受冷热和建筑变化而产生裂缝。

推拉窗下框、外框和轨道根部应钻排水孔，横竖框相交丝缝注硅酮胶封严；窗台应放流水坡，切忌密封胶掩埋框边，避免槽内积水无法外流。

门窗框固定一定要牢固可靠，洞口为砖砌体时，应用钻孔或凿洞的方法固定铁脚，不宜用射钉直接固定。门窗锁与拉手等小五金可在门窗扇入框后再组装，这样有利于对正位置，所有使用的五金件要配套，保证开闭灵活。安装时，先用木楔在门窗框四角或框端能受力的部位临时塞住，然后用水平尺或线锤校验水平及垂直度，并调整使得各方向完全一致，各边缝隙不大于 1mm，且开关灵活，无阻滞和回弹现象。窗框立好后，将铁脚埋入预留孔中，用 1∶2 水泥砂浆填平，硬化 72h 后，可将四周埋设的木楔取出，并用砂浆把缝隙嵌填密实。窗框的组合应按一个方向顺序逐框进行，拼合要紧密，缝隙嵌填油灰。组合构件上下端必须伸入砌体 5cm，凡是两个组合构件的交接处必须用电焊焊牢。各种零部件正确选用，并各自紧固于适当的位置，外露的零部件必须凿平；门窗玻璃应紧贴底灰放于芯内，安装钢丝弹簧销子扎住玻璃，满嵌油灰压紧刮平。

金属门安装前首先分清开启方向，单开门还需分清左开或右开；将门装入门洞后，同样用木楔固定四角，校正方位；因为门的长度尺寸较大，打开门扇，用一根与门框内净空等长的板条在中部支撑，待安装完毕固定砂浆硬化后，再拆除支撑板条；其余步骤与金属窗相同。

课题四　塑料门窗安装工程

塑料门窗根据所采用的材料不同，常分为以下几种类型：钙塑门窗、玻璃钢门窗、改性聚氯乙烯塑料门窗等，其中钙塑门窗（又称硬质 PVC 门窗）以其优良的品质使用最为广泛。它是以聚氯乙烯树脂为基料，以轻质碳酸钙做填料，掺加少量添加剂，机械加工制成各种截面的异型材，并在其空腔中设置衬钢，以提高门窗骨架的整体刚度，故亦称塑钢门窗。塑钢门窗表面光洁细腻不需油漆，有重量轻、抗老化、保温隔热、绝缘、抗冻、成型简单、耐腐蚀、防水和隔声效果好等特点，在 30～50℃ 的环境下不变形、不降低原有性能，防虫蛀又不助燃，线条挺拔清晰、造型美观，有良好的装饰性。塑钢型材均为工厂生产制作，下面介绍其安装施工。

一、施工准备

1. 复查洞口尺寸

塑钢门窗采用预留洞孔后安装的方法，门的宽度为 900～2100mm、高度为 2100～3300mm，安装缝宽度方向一般为 20～26mm、高度方向为 20mm，窗的宽度为 900～2400mm、高度为 900～2100mm，安装缝各方向均为 40mm，洞口尺寸允许偏差：表面平整度、侧面垂直度和对角线长度均为 ±3mm，不合格的要及时修整。

2. 检查门窗成品

门窗表面色泽均匀，无裂纹、麻点、气孔和明显擦伤，保护膜完好；门窗框与扇应装配成套，各种配件齐全；门窗制作尺寸允许偏差应符合表 8-9 的规定。此外，还应该核查成品与设计要求是否一致，在设计中应准确使用代号与标记，见表 8-9。

表 8-9　门窗尺寸允许偏差

项次	项　目	名称	单位	允许偏差	附注
1	翘曲	框	mm	2	
		扇	mm	2	
2	对角线长度	框、扇	mm	2	
3	高度、宽度	框	mm	+0，−2	框外包尺寸

3. 安装材料与工具

（1）材料　尼龙胀管螺栓、自攻螺钉、密封膏、填充料、木螺钉、对拔木楔、钢钉、抹布、塑钢门窗和全套附件。

（2）工具、机具　吊线锤、灰线包、水平尺、挂线板、手锤、扁铲、钢卷尺、螺丝刀、冲击电钻和射钉枪等。另外，需要脚手架安装时，保留或提前搭设脚手架。

二、安装程序

（1）找平放线　为保证门窗安装位置准确，外观整齐，首先要找平放线。先通长拉水平线，用墨线弹在侧壁上；再在顶层洞孔找中，吊线锤弹窗中线。单个门窗可现场用线锤吊直。

（2）安装铁脚　把连接件（即铁脚）与框成 45°放入框内背面燕尾槽中，然后沿顺时针方向把连接件扳成直角，旋进一只自攻螺钉固定。

（3）安装门窗框　把门窗框放在洞口的安装线上，用对拔木楔临时固定；校正各方向的垂直度和水平度，用木楔塞在四周和受力部位；开启门窗扇检查，调至开启灵活、自如。

此外，门窗定位后，可以作好标记后取下扇存放备用；待玻璃安装完毕，再按原有标记位置将扇安回框上。用膨胀螺栓配尼龙膨胀管固定连接件，每只连接件不少于 2 只膨胀螺栓，如洞口已埋设木砖，直接用 2 只木螺栓将连接件固定在木砖上。

（4）填缝抹口　门窗洞口粉刷前，一边拆除木楔、一边在门窗框周围缝隙内塞入填充材料，使之形成柔性连接，以适应热胀冷缩；在所有的缝隙内嵌注密封膏，做到密实均匀；最后再做门窗套抹灰。

（5）安装五金玻璃　塑钢门窗安装五金及配件时，必须先钻孔后用自攻螺丝拧入，严禁直接锤击打入；待墙体粉刷完成后，将玻璃用压条压紧在门窗扇上，在铰链内滴入润滑剂，将表面清理干净即可。

三、安装施工注意事项

塑钢门窗在运输过程中注意保护，门窗之间用软线毯或软质泡沫塑料隔开，下面用方木垫平、竖直靠立，装卸时要轻拿轻放，存放时要远离热源、避免阳光直射，基地平整、坚实，防止因地面不平或沉降造成门窗扭曲变形。窗的尺寸较宽时，不得用小窗组合，分段用扁铁与相邻窗框连接，扁铁与梁或地面、墙体的预埋件焊接；拼框扁钢安装前应先按400mm间距钻连接孔，除锈并涂刷两道防锈漆，外露部分刷两道白漆，然后用螺栓连接。

门窗框与墙体为弹性连接，间隙填入泡沫塑料或矿棉等软质材料；含沥青的材料禁止使用；填充材料不宜填塞过紧，不得在门窗上铺搭脚手架、脚手杆或悬挂物体；需要使用螺栓、自攻螺钉等，必须用电钻钻孔，严禁用锤直接击打。门窗上的保护膜，在装饰工程全部结束后方可撕去。

课题五　特种门安装

一、全玻璃装饰门安装

全玻璃门按开启动能分为手动门和自动门两种，按开启方式分为平开门和推拉门两种。全玻璃门由固定玻璃和活动门扇两部分组成。固定玻璃与活动玻璃门扇连接有两种方法，一种是直接用玻璃门夹具进行连接，另一种是通过横框或小门框连接，如图8-10所示。

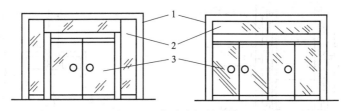

图8-10　全玻璃门的形式
1—金属包框；2—固定部分；3—活动开启窗

1. 工艺流程

固定部分安装：定位放线→安装门框顶部限位槽→安装竖向边框及中横框、小门框→装木底托→玻璃安装。注胶封口。活动玻璃门扇安装。划线、安装地弹簧和门顶枢轴→确定门扇高度。固定上下横挡。门扇定位安装。安装五金件。

2. 施工要点

（1）定位放线　根据图纸设计要求，弹出全玻璃门的安装位置中心线以及固定玻璃部分、活动门扇的位置线。准确测出室内、外地面标高和门框顶部及中横框的标高，做好标记。

（2）安装门框顶部限位槽　限位槽的宽度应大于玻璃厚度2～4mm，槽深为10～20mm。顶部玻璃限位槽安装如图8-11所示。安装时，先由全玻璃门的安装位置线引出门框的两条边线，沿边线各装一根定位方木条。校正水平度，合格后用钢钉或螺钉将方木固定在门框顶部过梁上。然后通过胶合板垫板，调整槽口深度，用1.5mm厚的钢板或铝合金限位槽衬里与定位方木条通过

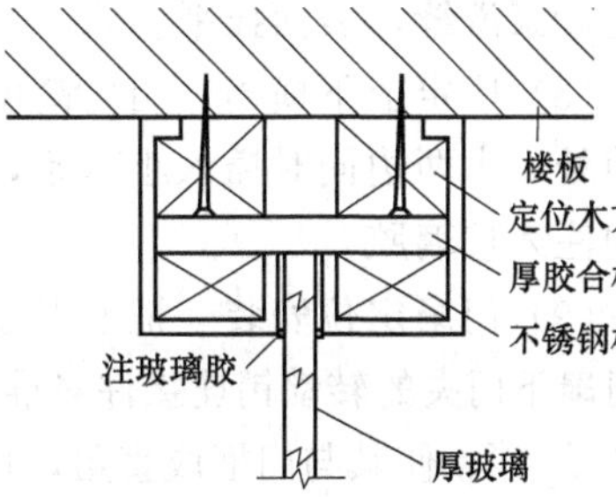

楼板
定位木方
厚胶合板
不锈钢板

注玻璃胶

厚玻璃

图8-11　顶部玻璃限位槽安装

155

自攻螺钉固定。最后在其表面粘上压制成型的不锈钢面板。

（3）安装竖向边框及中横框、小门框　按弹好的中心线和门框边线，钉竖框方木。竖框方木上部抵至顶部限位槽方木，下埋入地面30～40mm，并在墙体预埋木砖钉接牢固。骨架安装完工后，钉胶合板包框，表面再粘贴不锈钢饰面板。应注意竖框与顶部横门框的饰面板按45°角斜接对缝。当有中横框或小门框时，先按设计要求弹出其位置线，再将骨架安装牢固，并用胶合板包衬，表面粘贴不锈钢饰面板。包饰面不锈钢板时，要把接缝位置留在安装玻璃的两侧中间位置，接缝位置要保证准确并垂直。

（4）装木底托　按放线位置，先将方木条固定在地面上，方木条两端抵住门洞口竖向边框，用钢钉或膨胀螺栓将方木条直接钉在地上。如地面已预埋防腐木砖，就用圆钉或木螺钉将其固定在木砖上。

（5）玻璃安装　安装时，使用玻璃吸盘进行玻璃的搬运和移位。先将裁割好的玻璃上部插入门框顶部的限位槽，然后把玻璃板的下部放在底托上。玻璃下部对准中心线，侧边对准竖向边框的中心线。有小门框时，玻璃侧边就对准小门框的竖框不锈钢饰面板接缝处。不锈钢饰面板接缝示意图如图8-12所示。

在底托方木上顶两根方木条，把厚玻璃夹在中间，方木条距玻璃面留3～4mm缝隙，缝宽及槽深应与门框顶部一致。然后在方木条上涂胶，将做好的不锈钢饰面板粘贴在木条上，如图8-13所示。

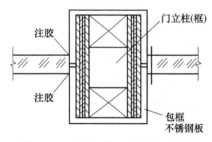

图8-12　不锈钢饰面板接缝示意图

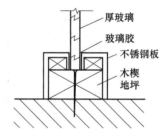

图8-13　木底托构造

（6）注玻璃胶封口　在门框顶部限位槽和底部木底托的两侧以及厚玻璃与竖框接缝处，注入玻璃胶封口。注胶时，应从一端向另一端连续均匀地注胶，随时擦去多余的胶迹。当固定玻璃部位面积过大，玻璃需要拼接时，两玻璃板之间要留2～3mm的接缝宽度。玻璃板固定后，将玻璃胶注入接缝内，并用塑料刮刀将胶刮平，使缝隙均匀洁净。

（7）安装地弹簧和门顶枢轴　先安装门顶枢轴，轴心通常固定在距门边框70～73mm处，然后从轴心向下吊线坠，定出地弹簧的转轴位置，之后在地面上开槽安装地弹簧。安装时必须反复校正，确保地弹簧转轴与门顶枢轴的轴心处于同一条垂直线上。复核无误后，用水泥砂浆灌缝，表面抹平。

（8）固定上下横挡　门扇高度确定后，即可固定上下横挡，在玻璃与金属横挡内的两侧空隙处，由两边同时插入小木条，轻敲稳实，然后在小木条、门扇玻璃及横挡之间形成的缝隙中注入玻璃胶。

（9）门扇定位安装　把上下金属门夹分别装在玻璃门扇上下两端，然后将玻璃门扇竖起，把门扇下门夹的转动销连接件对准地弹簧的转动轴，并转动门扇将孔位套在销轴上；然后把门扇转动90°，使其与门框成直角，再把门扇上门夹的转动连接件的孔对准门框枢轴的轴销，调节枢轴的调节螺钉，将枢轴的轴销插入孔内15mm左右。门扇定位安装如图8-14所示。

（10）安装拉手　全玻璃门扇上固定拉手的孔洞，一般在裁割玻璃时加工完成。拉手连接部分插入孔洞中不能过紧，应略松动。如过松，可在插入螺杆上缠软质胶带。安装前在孔洞的孔隙内涂少许玻璃胶，拉手根部与玻璃板紧密结合后再拧紧固定螺钉，以保证拉手无松动。门拉手安装如图 8-15 所示。

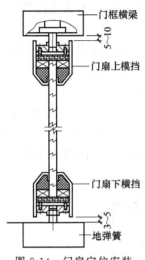

图 8-14　门扇定位安装

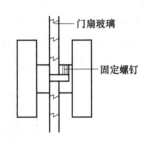

图 8-15　门拉手安装

二、自动门安装

自动门一般指电子感应自动门，可分为微波感应式自动门、踏板式自动门和光电感应自动门三种类型。现在普遍使用的为微波感应式自动门。按扇型可分为四扇和六扇型，按开启方式分为推拉式、中分式、折叠式、滑动式和平开式。

1. 工艺流程

地面导轨安装→安装横梁→固定机箱→安装门扇→调试。

2. 施工要点

（1）地面导轨安装　先撬出地面上导轨位置预埋的方木条，再埋设下轨道，下轨道长度应为开启门宽的 2 倍。轨道必须水平，并与地面的面层标高保持一致。埋设的动力线不得影响门扇的开启。自动门下轨道埋设如图 8-16 所示。

（2）安装横梁　自动门上部机箱层横梁是安装中的重要环节，横梁一般采用 18 号槽钢。安装时，应先按设计要求就位、校平、吊直，与下轨道对应好位置关系，然后与墙体上预埋钢板焊接牢固。安装横梁下的上导轨时，应考虑门上盖的装拆方便，一般可采用活动条密封。由于机箱内装有机械及电控装置，因此要求横梁的支撑结构要有一定的强度和稳定性。

（3）固定机箱　将厂家生产的机箱牢固地固定在横梁上。

（4）安装门扇　安装门扇，使门扇滑动平稳、顺畅。

3. 调试

自动门安装后，接通电源，对探测传感系统和机电装置进行反复调试，使其达到最佳工作状态，感应灵敏度∠探测

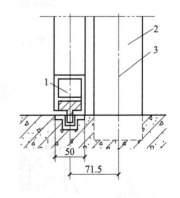

图 8-16　自动门下轨道埋设示意
1—自动门扇下帽；2—门柱；
3—门柱中心线

157

距离、开闭速度等都达到技术指标的要求，以满足使用的需要。一旦调试正常后，不得任意改变各种旋钮位置，以免出现故障。

三、卷帘门安装

卷帘门又称卷闸门，是近年来广泛应用于商业建筑的一种门。卷帘门具有造型新颖、结构紧凑、操作简便、防风、防火等特点，可以争取到一般门窗所不能达到的较大净高和净宽的完整开放空间，而且不占用门下的空间，隐蔽性好。

卷帘门按传动方式可分为电动卷帘门、手动卷帘门、遥控卷帘门三种，按材质分为铝合金卷帘门、镀锌铁皮卷帘门、不锈钢卷帘门、钢管卷帘门等，按性能分为普通型卷帘门、防火型卷帘门和抗风型卷帘门等。

卷帘门主要是由卷帘片、导轨及传动装置组成。卷帘门的安装方式有三种：洞外安装，即卷帘门安装在门洞外，帘片向外卷起；洞内安装，即卷帘门安装在门洞内，帘片向内侧卷起；洞中安装，即卷帘门安装在门洞中间，帘片可向内侧或向外侧卷起。卷帘门安装形式如图 8-17 所示。

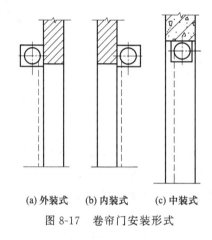

(a) 外装式　(b) 内装式　(c) 中装式

图 8-17　卷帘门安装形式

电动卷帘门构造如图 8-18 所示。

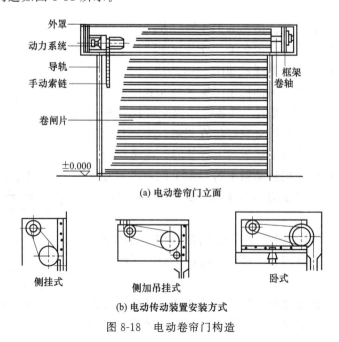

(a) 电动卷帘门立面

侧挂式　　　侧加吊挂式　　　卧式

(b) 电动传动装置安装方式

图 8-18　电动卷帘门构造

防火卷帘门的构造如图 8-19 所示。

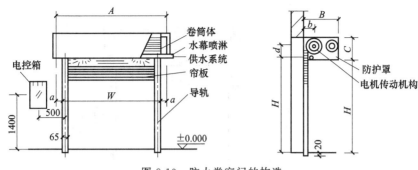

图 8-19　防火卷帘门的构造

防火卷帘门的安装与普通卷帘门安装方式相同，但防火卷帘门一般采用冷轧钢，必须配备自动报警、自动喷淋及自动断链保护等装置，其安装要求高于普通卷帘门。

1. 工艺流程

洞口处理→弹线→安装卷筒传动装置→空载试车→帘板拼装→安装导轨→试车→安装卷筒防护罩→清理。

2. 施工要点

（1）洞口处理　复核洞口尺寸与产品尺寸是否相符，检查导轨、支架的预埋铁件位置、数量是否正确，预埋件与导轨、轴承架焊接是否牢固（当墙体洞口为混凝土时）。卷帘门预埋件及其埋设位置如图 8-20 所示。如果墙体洞口为砖砌体时，可钻孔埋设胀锚螺栓，与导轨、轴承架连接。

（2）弹线　根据设计要求，测量出洞口标高，弹出两侧导轨垂直线及卷筒中心线。按放线位置安装导轨，应先找直，吊正轨道，轨道槽口尺寸应准确，上下保持一致，对应槽口应在同一平面内，然后将连接件与洞口处的预埋铁件焊接牢固。

（3）帘板拼装　将帘板拼装起来，然后安装在卷筒上，帘板叶片插入轨道不得少于 30mm，门帘板有反正面，安装时要注意，不能装反。

（4）安装导轨　按图纸规定位置，将两侧及上方导轨焊牢于墙体预埋件上，并焊成一体，各导轨应在同一垂直平面上。

（5）试车　先手动试运行，再用电动机启闭数次，调整至无卡住、无阻滞及无异常噪声等为止，启闭的速度要符合要求。

（6）装卷筒防护罩　卷筒上的防护罩尺寸应与门的宽度和门帘卷起后的直径相适应，保证卷筒将门帘板卷满后与防护罩有一定的间隙，不能发生碰撞。检查无误后将防护罩与预埋铁件焊牢。

四、自动闭门器安装施工

自动闭门器主要包括地弹簧、门顶弹簧、门底弹簧和鼠尾弹簧等。

1. 地弹簧

地弹簧是用于重型门扇下面的一种自动闭门器。当门扇向内或向外开启角度不到 90°时，能使门扇自动关闭，可以调整关闭速度，还可以将门扇开启至 90°的位置，失去自动关闭的作用。地弹簧的主要结构埋于地下，美观，坚固耐用，使用寿命长。

安装时先将顶轴套板固定于门扇上部，再将回转轴杆装于门扇底部，同时将螺钉安装于

159

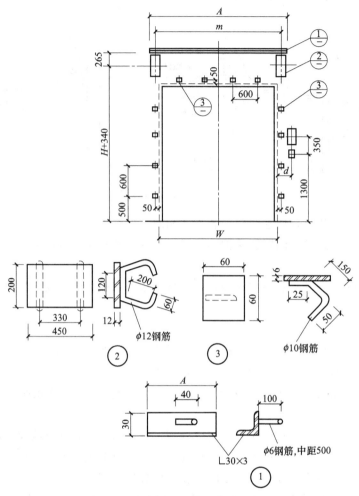

图 8-20　卷帘门预埋件及其埋设位置
1—导轨预埋件；2—支架预埋件；3—防护罩预埋件

两侧，对齐上、下两轴孔，将顶轴安装于门框顶部。安装底座时，从顶轴中心吊一垂线至地面，对准底座上地轴之中心，同时保持底座的水平以及底座上面板和门扇底部的缝隙为15mm，然后将外壳用混凝土填实。待混凝土达到龄期后，将门扇上回转轴连杆的轴孔套在底座的地轴上，再将门扇顶部顶轴套板的轴孔和门框上的顶轴对准，拧动顶轴上的升降螺钉，使顶轴插入轴孔15mm即可。

如果门扇的启闭速度需要调节，可将底板上的螺钉拧掉，螺钉孔对准的是油泵调节螺钉；使用一年后，底座内应加纯洁油（12号冷冻机油），顶轴上应加润滑油；底座进行拆修后，必须按原状进行密封。

2. 顶弹簧

门顶弹簧又称门顶弹弓，是装于门顶部的自动闭门器。特点是内部装有缓冲油泵，关门速度较慢，使行人能从容通过，且碰撞声很小。

门顶弹簧用于内开门时，应将门顶弹簧装在门内；用于外开门时，则装于门外。门顶弹簧只适用于右内开门或左外开门，不适用于双向开启的门使用。

首先将油泵壳体安装在门的顶部，并注意使油泵壳体上速度调节螺钉朝向门上的合页一面，油泵壳体中心线与合页中心线之间的距离应为 350mm；其次将牵杆臂架安装在门框上，臂架中心线与油泵壳体中心线之间的距离应为 15mm；最后松开牵杆套梗上的紧固螺钉，并将门开启到 90°，使牵杆伸长到所需长度，再拧紧紧固螺钉，即可使用。

速度调节螺钉供调节开闭速度之用。门顶弹簧使用一年后，通过油孔螺钉加注防冻机油，其余各处的螺钉和密封零件不要随意拧动，以免发生漏油。

3. 门底弹簧

门底弹簧又称地下自动门弓，分横式和竖式两种。能使门扇开启后自动关闭，能里外双向开启，不需自动关闭时，将门扇开到 90° 即可。门底弹簧适用于弹簧木门。

安装时将顶轴安装于门框上部，顶轴套管安装于门扇顶端，两者中心必须对准；从顶轴下部吊一垂线，找出楼地面上底轴的中心位置和底板木螺丝的位置，然后将顶轴拆下；先将门底弹簧主体（指框架底板等）安装于门扇下部，再将门扇放入门框，对准顶轴和底轴的中心及木螺丝的位置，分别将顶轴固定于门框上部、底板固定于楼地面上，最后将盖板装在门扇上，以遮蔽框架部分。

4. 鼠尾弹簧

鼠尾弹簧又称门弹簧、弹簧门弓，选用优质低碳钢弹簧钢丝制成，表面涂黑漆、臂梗镀锌或镀镍，是安装于门扇中部的自动闭门器。其特点是门扇在开启后能自动关闭，如不需自动关闭时，将臂梗垂直放下即可，适用于安装在一个方向开启的门扇上。安装时，可用调节杆插入调节器圆孔中，转动调节器使松紧适宜，然后将销钉固定在新的圆孔位置上。

课题六 门窗工程的质量验收

一、木门窗制作与安装工程质量要求

木窗的木材品种、材质等级、规格、尺寸、框扇的线型及人造木板的甲醛含量应符合设计要求。

木门窗应采用烘干的木材，含水率应符合有关规范的规定。

门窗的防火、防腐、防虫处理应符合设计要求。木门窗的结合处和安装配件处不得有木节或已填补的木节。木门窗如有允许限值以内的死节及直径较大的虫眼时，应用同一材质的木塞加胶填补。对于清漆制品，木塞的木纹和色泽应与制品一致。门窗框和厚度大于 50mm 的门窗扇应用双榫连接。榫槽应采用胶料严密嵌合，并应用胶楔加紧。胶合板门、纤维板门和模压门不得脱胶。胶合板不得刨透表层单板，不得有戗胶合板门、纤维板门和模压门不得脱胶。胶合板不得刨透表层单板，不得有戗槎。横楞和上、下冒头应各钻两个以上的透气孔，透气孔应通畅。

木门窗的品种、类型、规格、开启方向、安装位置及连接方式应符合设计要求。木门窗框的安装必须牢固。木门窗框固定点的数量、位置及固定方法应符合设计要求。木门窗扇必须安装牢固，并应开关灵活，关闭严密，无倒翘。木门窗配件的型号、规格、数量应符合设计要求，安装应牢固，位置应该正确，功能应满足使用要求。

木门窗表面应整洁，不得有刨痕、锤印。木门窗的割角、拼缝应严密平整。门窗框、扇裁口应顺直，刨面应平整。木门窗上的槽、孔应边缘整齐，无毛刺。木门窗与墙体间缝隙的填嵌材料应符合设计要求，填嵌应饱满。寒冷地区外门窗与砌体间的空隙应填充保温材料。木门窗批水、盖口条、压缝条、密封条的安装应顺直，与门窗结合应牢固、严密。

木门窗制作的允许偏差和检验方法符合表 8-10 的规定。

表 8-10　木门窗制作的允许偏差和检验方法

项次	项　目	构件名称	允许偏差/mm		检 验 方 法
			普通	高级	
1	翘曲	框	3	2	将框、扇平放在检查平台上，用塞尺检查
		扇	2	2	
2	对角线长度差	框、扇	3	2	用钢尺检查，框量裁口里角，扇量外角
3	表面平整度	扇	2	2	用 1m 靠尺和塞尺检查
4	高度、宽度	框	0；—2	0；—1	用钢尺检查，框量裁口里角，扇量外角
		扇	+2；0	+1；0	
5	裁口、线条结合处高低差	框、扇	1	0.5	用钢直尺检查和塞尺检查
6	相邻棂子两端间距	扇	2	1	用钢直尺检查

木门窗安装的留缝限值、允许偏差和检验方法符合表 8-11 的规定。

表 8-11　木门窗安装的留缝限值、允许偏差和检验方法

项次	项　目	留缝限值/mm		允许偏差/mm		检 验 方 法
		普通	高级	普通	高级	
1	门窗槽口对角线长度差	—	—	3	2	用钢尺检查
2	门窗框的正、侧面垂直度	—	—	2	1	用 1m 垂直检测尺检查
3	框与扇、扇与扇接缝高低差	—	—	2	1	用钢尺和塞尺检查

二、金属门窗安装工程质量要求

金属门窗的品种、类型、规格、尺寸、性能、开启方向、安装位置、连接方式及铝合金门窗的型材壁厚应符合设计要求。金属门窗的防腐处理及填嵌、密封处理应符合设计要求。

金属门窗框和副框的安装必须牢固。预埋件的数量、位置、埋设方式、与框的连接方式必须符合设计要求。金属门窗扇必须安装牢固，并应开关灵活、关闭严密，无倒翘。推拉门窗扇必须有防脱落措施。金属门窗配件的型号、规格、数量应符合设计要求，安装应牢固，位置应正确，功能应满足使用要求。金属门窗表面应洁净、平整、光滑、色泽一致，无锈蚀。大面应无划痕、碰伤。漆膜或保护层应连接。铝合金门窗推拉门窗开关力应不大于100N。金属门窗框与墙之间的缝隙应填嵌饱满，并采用密封胶密封。密封胶表面应光滑、顺直，无裂纹。

金属门窗扇的橡胶密封条或毛毡密封条应安装完好，不得脱槽。有排水孔的金属门窗，排水孔应畅通，位置和数量应符合设计要求。钢门窗安装的留缝限值、允许偏差和检验方法应符合表 8-12 的规定。铝合金门窗安装的允许偏差和检验方法应符合表 8-13 的规定。涂色镀锌钢板门窗安装的允许偏差的检验办法应符合表 8-14 的规定。

三、塑料门窗安装工程质量要求

塑料门窗的品种、类型、规格、尺寸、开启方向、安装位置、连接方式及填嵌密封处理应符合设计要求，内衬增强型钢的壁厚及设置应符合国家进行产品标准的质量要求。

表 8-12　钢门窗安装的留缝限值、允许偏差和检验方法

项次	项目		留缝限值/mm	允许偏差/mm	检验方法
1	门窗槽口宽度、高度/mm	≤1500	—	2.5	用钢尺检查
		>1500	—	3.5	
2	门窗槽口对角线长度差/mm	≤2000	—	5	用钢尺检查
		>2000	—	6	
3	门窗框的正、侧面垂直度		—	3	用1m垂直尺检查
4	门窗横框的水平度		—	3	用1m垂直尺检查
5	门窗横框标高		—	5	用钢尺检查
6	门窗竖向偏离中心		—	4	用钢尺检查
7	双层门窗内外框间距		—	5	用钢尺检查
8	门窗框、扇配合间隙		≤2	—	用塞尺检查
9	无下框时门窗与地面间留缝		4～8	—	用塞尺检查

表 8-13　铝合金门窗安装的允许偏差和检验方法

项次	项目	允许偏差/mm	检验方法
1	门窗框的正、侧面垂直度	2.5	用垂直检测尺检查
2	门窗横框的水平度	2	用1m水平尺和塞尺检查
3	门窗横框标高	5	用钢尺检查
4	门窗竖向偏离中心	5	用钢尺检查
5	双层门窗内外框间距	4	用钢尺检查
6	推拉门窗与框搭接量	1.5	用钢直尺检查

表 8-14　涂色镀锌钢板门窗安装的允许偏差的检验办法

项次	项目		允许偏差/mm	检验方法
1	门窗槽口宽度、高度/mm	≤1500	2	用钢尺检查
		>1500	3	
2	门窗槽口对角线长度差/mm	≤2000	4	用钢尺检查
		>2000	5	
3	门窗框的正、侧面垂直度		3	用垂直检测尺检查
4	门窗横框的水平度		3	用1m水平尺和塞尺检查
5	门窗横框标高		5	用钢尺检查
6	门窗竖向偏离中心		5	用钢尺检查
7	双层门窗内外框间距		4	用钢尺检查
8	推拉门窗与框搭接量		2	用钢直尺检查

塑料门窗框、副框和扇的安装必须牢固。固定片或膨胀螺栓的数量与位置应正确，连接方式应符合设计要求。固定点应距窗角、中横框、中竖框150～200mm，固定点间距离应不大于600mm。塑料门窗拼樘料内衬增强型钢的规格、壁厚必须符合设计要求，型钢应与型

材内腔紧密吻合，其两端必须与洞口固定牢固。窗框必须与拼樘料连接紧密，固定点间距应不大于600mm。塑料门窗应开关灵活、关闭严密，无倒翘。推拉门窗扇必须有防脱落措施。塑料门窗配件的型号、规格、数量应符合设计要求，安装应牢固，位置应正确功能应满足使用要求。塑料门窗框与墙体间缝隙应采用闭孔弹性材料填嵌饱满，表面应采用密封胶密封。密封胶应粘接牢固，表面应光滑、顺直、无裂纹。

塑料门窗表面应洁净、平整、光滑，大面应无划痕、碰伤。塑料门窗扇的密封条不得脱槽。旋转窗间隙应基本均匀。塑料门窗扇的开关力应符合下列规定：平开门窗扇平铰链的开关力应不大于80N；滑撑铰链的开关力应不大于80N并不小于30N。推拉门窗的开关力应不大于100N。

玻璃密封条与玻璃槽口的接缝应平整，不得卷边、脱槽。排水孔应畅通，位置和数量应符合设计要求。塑料门窗安装的允许偏差和检验方法应符合表8-15的规定。

表8-15 塑料门窗安装的允许偏差和检验方法

项次	项　　目		允许偏差 /mm	检验方法
1	门窗槽口宽度、高度/mm	≤1500	2	用钢尺检查
		>1500	3	
2	门窗槽口对角线长度差/mm	≤2000	3	用钢尺检查
		>2000	5	
3	门窗框的正、侧面垂直度		3	用1m垂直检测尺检查
4	门窗横框的水平度		3	用1m水平尺和塞尺检查
5	门窗横框标高		5	用钢尺检查
6	门窗竖向偏离中心		5	用钢尺检查
7	双层门窗内外框间距		4	用钢尺检查
8	同樘平开门窗相邻扇高度差		2	用钢直尺检查
9	平开门窗铰链部位配合间隙		+2；-1	用塞尺检查
10	推拉门窗扇与框搭接量		+1.5；-1	用钢直尺检查
11	推拉门窗扇与竖框平行度		2	用1m水平尺和塞尺检查

四、特种门安装工程质量要求

特种门的质量和各项性能应符合设计要求。特种门的品种、类型、规格、尺寸、开启方向、安装位置及防腐处理应符合设计要求。带有机械装置、自动装置或智能化装置的特种门，其功能应符合设计要求和有关标准的规定。

特种门的安装必须牢固。预埋件的数量、位置、埋设方式、与框的连接方式必须符合设计要求。特种门的配件应齐全，位置应正确，安装应牢固，功能应满足使用要求和特种门的各项性能要求。特种门的表面应洁净，无划痕、碰伤，表面装饰应符合设计要求。推拉自动门安装的留缝限值允许偏差和检验方法应符合表8-16的规定。推拉自动门的感应时间限值和检验方法应符合表8-17的规定。旋转门安装的允许偏差和检验方法应符合表8-18的规定。

五、门窗玻璃安装工程质量要求

玻璃的品种、规格、尺寸、色彩、图案和涂膜朝向应符合设计要求。单块玻璃大于

1.5m³ 时应使用安全玻璃。门窗玻璃裁割尺寸应正确。安装后的玻璃应牢固，不得有裂纹、损伤和松动。

表 8-16　推拉自动门安装的留缝限值允许偏差和检验方法

项次	项　目		留缝限值/mm	允许偏差/mm	检验方法
1	门窗槽口宽度、高度/mm	≤1500	—	1.5	用钢尺检查
		>1500	—	2	
2	门槽口对角线长度差/mm	≤2000	—	2	用钢尺检查
		>2000	—	2.5	
3	门框的正、侧面垂直度		—	1	用1m垂直检测尺检查
4	门构件装配间隙		—	0.3	用塞尺检查
5	门梁导轨水平度		—	1	用1m水平尺和塞尺检查
6	下导轨与门梁导轨平行度		—	1.5	用钢尺检查
7	门扇与侧框间留缝		1.2~1.8	—	用塞尺检查
8	门窗对口缝		1.2~1.8	—	用塞尺检查

表 8-17　推拉自动门的感应时间限值和检验方法

项次	项　目	感应时间限值/s	检验方法
1	开门响应时间	≤0.5	用秒表检查
2	堵门保护延时	16~20	用秒表检查
3	门扇全开启后保持时间	13~17	用秒表检查

表 8-18　旋转门安装的允许偏差和检验方法

项次	项　目	允许偏差/mm		检验方法
		金属框架玻璃旋转门	木质旋转门	
1	门扇正、侧面垂直度	1.5	1.5	用1m垂直检测尺检查
2	门扇对角线长度差	1.5	1.5	用钢尺检查
3	相邻扇高度差	1	1	用钢尺和塞尺检查
4	扇与圆弧边留缝	1.5	2	用塞尺检查
5	扇与上顶间留缝	2	2.5	用塞尺检查
6	扇与地面间留缝	2	2.5	用塞尺检查

　　玻璃的安装方法应符合设计要求。固定玻璃的钉子或钢丝卡的数量、规格应保证玻璃安装牢固。镶钉木压条接触玻璃处，应与裁口边缘平齐。木压条应互相紧密连接，并与裁口边缘紧贴，割角应整齐。密封条与玻璃、玻璃槽口的接触应紧密、平整。密封胶与玻璃、玻璃槽口的边缘应粘接牢固、接缝平齐。带密封条的玻璃压条，其密封条与玻璃全部贴紧，压条与型材之间无明显缝隙，压条接缝应不大于 0.5mm。腻子应填抹饱满、粘贴牢固，腻子边缘与裁口应平齐。固定玻璃的卡子不应在腻子表面显露。玻璃表面应洁净，不得有腻子、密封胶、涂料等污渍。中空玻璃内外表面均应洁净，玻璃中空层内不得有灰尘和水蒸气。门窗玻璃不应直接接触型材。单面镀膜玻璃的镀膜层及磨砂玻璃的磨砂面应朝向室内。中空玻璃的单面镀膜玻璃应在最外层，镀膜层应朝向室内。

课题七 实训——装饰木门窗

一、任务

完成一樘木门安装，可以结合其他实训内容。

二、条件

指导教师给定条件，选择实训场所。根据实际情况，按照规范要求设计一樘木门，并绘制木门平、立面图及门框与墙体的连接构造图。具体尺寸要完整、标注清楚。

木门制作材料及安装洞口应按要求准备齐全。需门框一樘，门扇一扇，亮子扇一扇。普通合页两副，翻窗合页一副，门锁一把，翻窗插锁一把，圆钉若干，玻璃两块。主要机具有操作凳、刨子、木锯（手电锯）、凿、斧、锤、钻、螺丝刀、线坠等。

三、实训步骤

门框方正度、平整度、几何形状与尺寸的检查→根据门扇的设置位置和开启方向嵌入门框，要求框梃下部的锯路线与地坪标高一致→校正门框垂直度、方正度和平整度应在洞口内。固定门框→安装合页→安装门扇和亮子扇→安装门锁及玻璃。

四、组织形式

以小组为单位，每组3～4人，指定小组长，小组进行编号，完成的任务即一樘木门编号同小组编号。

五、其他

小组成员要协作互助，在开始操作前以小组为单位合作编制一份简单的针对该行动的局部施工方案和验收方案。

六、安全保护措施

七、环境保护措施等

小 结

通过对门窗工程的学习，使学生对门窗工程有一个全面理解和融会贯通的认识。学会正确选择和使用门窗的材料和实施的相关工艺，并能通过学习组织相关工程的施工以及根据所学知识现场解决可能出现的实际质量问题。并且根据所学知识，领会实际的质量验收标准。

通过本章学习，了解门窗的组成与分类、木门窗的制作和安装、钢门窗施工的安装方法以及铝合金门窗工程的施工、型材及附件，包括铝合金门窗的制作安装和施工注意事项。了解其他门窗，如塑料门窗、特种门窗、自动闭门器安装的方法及质量验收。

能力训练题

一、填空题

1._____是建筑物的眼睛，在塑造_____中起着十分重要的作用。门窗经常成为_____的对象。

2. 门窗施工包括_____和_____两部分。

3. 铝合金材料是由纯铝加入 _____、_____ 等金属元素合成，具有 _____、高强、_____、_____、韧性大等特点。

4. 金属门安装前首先分清 _____，单开门还需分清 _____ 或 _____。

5. 全玻璃门按开启动能分为 _____ 和 _____ 两种，按开启方式分为平开门和 _____ 两种。

6. 自动门一般指 _____，可分为 _____、_____ 和光电感应自动门三种类型。

7. 卷帘门具有 _____、_____、_____、防风、_____ 等特点。

8. 自动闭门器主要包括 _____、_____、_____ 和鼠尾弹簧等。

9. 木门窗应采用 _____ 的木材，_____ 应符合有关规范的规定。

10. 特种门的安装必须牢固。预埋件的 _____、_____、_____ 与框的连接方式必须符合 _____。

二、选择题

1. 由于我国各地经济发展水平、气候条件、风俗习惯等差别很大，造成了建筑门窗工程发展的（　　）。
    A. 多元化、多层次化　　　B. 地域化　　　　C. 风俗化　　　　　D. 经济化

2. 门窗按（　　）可分为木门窗、塑钢门窗、铝合金门窗、钢门窗、钢木门窗、无框玻璃门窗、特殊材质门窗等。
    A. 功能　　　　　　　　B. 材质　　　　　　C. 开启方式　　　　D. 档次

3. 装饰木门窗每个检验批应至少抽查（　　），并不得少于3樘，不足3樘时应全数检查。
    A. 5%　　　　　　　　B. 3%　　　　　　　C. 6%　　　　　　　D. 8%

4. 高层建筑的外窗，每个检验批应至少抽查10%，并不得少于（　　），不足6樘时应全数检查。
    A. 3樘　　　　　　　　B. 4樘　　　　　　　C. 6樘　　　　　　　D. 5樘

5. 在砖墙中的铝合金门框多选用（　　）的扁方铝管材。裁料时门框高度和宽度略小于门洞口尺寸，其误差应控制在2mm范围内。
    A. 50～44mm 或 100mm×50mm　　　B. 70～44mm 或 100mm×44mm
    C. 60～80mm 或 100mm×44mm　　　D. 70～44mm 或 120mm×44mm

6. 钙塑门窗，又称（　　），以其优良的品质使用最为广泛。
    A. 硬质 PVC 门窗　　　B. 玻璃钢门窗　　　C. 改性聚氯乙烯塑料门窗　　D. 铝门窗

7. 卷帘门按性能分为（　　）、防火型卷帘门和抗风型卷帘门等。
    A. 普通型卷帘门　　　B. 电动卷帘门　　　C. 手动卷帘门　　　D. 遥控卷帘门

8. （　　）是用于重型门扇下面的一种自动闭门器。
    A. 地弹簧　　　　　　B. 门顶弹簧　　　　C. 门底弹簧　　　　D. 鼠尾弹簧

9. 门底弹簧又称地下自动门弓，分（　　）两种。
    A. 开合式和闭合式　　B. 横式和竖式　　　C. 自动式和半自动式　　D. 上式和下式

10、玻璃的品种、规格、尺寸、色彩、图案和涂膜朝向应符合设计要求。单块玻璃大于 1.5m³ 时应使用（　　）。
    A. 安全玻璃　　　　　B. 特种玻璃　　　　C. 钢化玻璃　　　　D. 平板玻璃

三、简答题

1. 门按用途可分为哪几种？

2. 简述木门窗制作的生产操作程序。

3. 简述铝合金门窗的制作工艺流程。

4. 简述铝合金门窗的施工注意事项。

5. 塑料门窗根据所采用的材料不同，常分为哪几种类型？

6. 简述自动门安装工艺流程。

7. 卷帘门的安装方式有几种？

四、问答题

1. 木门窗安装的作业条件有哪些？

2. 概述铝合金窗的制作工艺。

3. 塑料门窗安装的施工注意事项是什么？

4. 自动门安装施工要点是什么？

5. 特种门安装工程质量要求有哪些？

单元九

细部工程施工

细部工程施工的分类，细部工程施工的制作与安装。

教学目标

通过室内门窗套、木制窗帘盒、护栏和扶手、橱柜和吊柜等细部工程的介绍，使学生能够对其制作与安装过程有一个全面的认识。

通过对制作与安装过程的深刻理解，使学生学会正确选择材料和组织施工的方法，培养学生解决施工现场常见工程质量问题的能力。

在掌握制作与安装工艺的基础上，使学生领会工程质量验收标准。

课题一　细部工程施工的分类

细部工程指室内的门窗套、木制窗帘盒和窗台板、护栏和扶手、橱柜和吊柜、室内线饰、花饰等。在现代建筑室内装饰工程中，其制作与安装质量对整个工程的装饰效果有很大的影响，正所谓"细节决定成败"。为此，施工时应优选材料、精心制作、仔细安装，使工程质量达到国家标准的规定。

课题二　细部工程施工的制作与安装

一、木门窗套的制作与安装

木门窗套能够保护门窗洞口不被破坏，能将门窗框与墙面之间的缝隙掩盖，具有重要的装饰作用。

（一）施工准备

1. 作业条件

查预留门窗洞口的尺寸、门窗洞口的垂直度和水平度是否符合设计要求。前道工序质量是否满足安装要求。检查木门窗套处的结构面或基层面是否牢固可靠，预埋防腐木砖或铁件是否齐全、位置是否正确，中距一般为500mm。如不符合要求必须及时修理或校正。

木门窗套的骨架安装，应在安装好门窗框、窗台板以后进行，钉装面板应在室内抹灰及地面做完后进行。木门窗套龙骨应在安装前将铺面板的一面刨平其余三面刷防腐剂。

2. 材料准备及要求

木门窗套制品的材质种类、规格、形状应符合设计要求，制作所使用的木材应采用干燥的木材，其含水率不应大于 12%。腐蚀、虫蛀的木材不能使用。胶合板应选择不潮湿并无脱胶、开裂、空鼓的板材。按设计构造及材质性能选用安装固定材料，其底层可选用圆钉，面层使用螺钉、膨胀螺栓、胶黏剂、气钉等。

（二）工艺流程与施工要点

1. 工艺流程

弹线→检查预埋件及洞口→铺、涂防潮层→龙骨配制与安装→钉装面板。

2. 施工要点

（1）找位与划线　木门窗套安装前，应根据设计要求，先找好标高、平面位置、竖向尺寸，进行弹线，并保证整体横平竖直以及所有门、窗洞口尺寸和高度的一致性。

（2）核查预埋件及洞口　弹线后检查预埋件是否符合设计及安装要求，主要检查排列间距、尺寸、位置是否满足钉装龙骨的要求；量测门窗及其他洞口位置、尺寸是否方正垂直，与设计要求是否相符。

（3）铺、涂防潮层　设计有防潮要求的木门窗套，在钉装龙骨时应压铺防潮卷材，或在钉装龙骨前涂刷防潮层。

（4）龙骨配制与安装。根据洞口实际尺寸，按设计规定确定龙骨断面规格，可将一侧木门窗套龙骨分三片预制，洞顶一片、两侧各一片。每片一般为两根立杆，当筒子板宽度大于 500mm，中间应适当增加立杆；横向龙骨间距不大于 400mm，面板宽度为 500mm 时，横向龙骨间距不大于 300mm。龙骨必须与预埋件钉装牢固，表面应刨平，安装后必须平、正、直。防腐剂配制与涂刷方法应符合有关规范的规定。

3. 钉装面板

（1）选板　全部进场的面板，使用前应按同房间、临近部位的用量进行挑选，使安装后面板从观感上木纹和颜色近似一致。

（2）裁板　按龙骨间距在板上划线裁板，原木材板面应刨净；胶合板、贴面板的板面严禁刨光，小面皆须刮直。面板长向对接配制时，必须考虑接头位于横龙骨处。厚木材的面板背面应做卸力槽，以免板面弯曲。一般卸力槽间距为 100mm，槽宽 10mm，槽深 5～8mm。

（3）安装　面板安装前，对龙骨位置、平直度、钉设牢固情况、防潮构造要求等再次进行检查，面板尺寸、接缝、接头处构造完全合适，木纹方向、颜色的观感尚可，才可以正式安装。安装时，面板接头处应涂胶与龙骨钉牢，钉固面板的钉子规格应适宜，钉长约为面板厚度的 2～2.5mm 倍，钉距一般为 100mm，钉帽应砸扁，并用尖冲子将钉帽顺木纹方向冲入面板表面下 1～2mm。

4. 应注意的问题

面层木纹错乱，色差过大。主要是因为轻视选料，影响了观感。应注意加工品的验收，分类挑选，匹配使用。棱角不直，接缝接头不平。主要是由于压条、贴面料规格不一，面板安装边口不齐，龙骨面不平。木门窗套上下不方正。主要是因为安装龙骨框架未调正、吊直、找顺。木门窗套上下或左右不对称。主要是因为门窗框安装偏差所致，造成上下或左右宽窄不一致，安装找线时及时纠正。

如果是门窗套成品，运至现场后经检查验收，可直接将其紧密钉固在门窗框上，钉帽应砸扁冲入，钉的间距根据门窗套的树种、材质和断面尺寸而定，一般为 400mm。

（三）质量验收

木门窗套制作与安装工程项目室内每个检验批应至少抽查 3 间（处），不足 3 间（处）应全数检查，其主控项目及检验方法、一般项目及检验方法见表 9-1、表 9-2，允许偏差及检验方法见表 9-3。

表 9-1　木门窗套制作与安装工程主控项目及检验方法

项次	项 目 内 容	检 验 方 法
1	木门窗套制作所使用材料的材质、规格、花纹和颜色、木材的燃烧性能等级和含水率、花岗石的放射性及人造木板的甲醛含量应符合设计要求及国家现行标准的有关规定	观察；检查产品合格证书、进场验收记录、性能检测报告和复检报告
2	木门窗套的造型、尺寸和固定方法应符合设计要求，安装应牢固	尺量检查；手板检查

表 9-2　木门窗套制作与安装工程一般项目及检验方法

项次	项 目 内 容	检 验 方 法
1	木门窗套表面应平整、洁净、线条顺直、接缝严密、色泽一致，不得有裂缝、翘曲及损坏	观察

表 9-3　木门窗套安装的允许偏差及检验方法

项次	项　　目	允许偏差/mm	检 验 方 法
1	正、侧面垂直度	3	用 1m 垂直检测尺检查
2	门窗套上口水平度	1	用 1m 水平检测尺和塞尺检查
3	门窗套上口直线度	3	拉 5m 线，不足 5m 拉通线，用钢直尺检查

二、木窗帘盒的制作与安装

木窗帘盒有明盒和暗盒两种，明窗帘盒整个都暴露于外部，一般是先加工成半成品，再在施工现场进行安装。暗窗帘盒的仰视部分露明，适用于有吊顶装饰的房间。按启闭方式，木窗帘盒有手动和电动之分。按构造，木窗帘盒分为单轨木窗帘盒、双轨木窗帘盒和三轨木窗帘盒，前两种应用得较多。单轨木窗帘盒构造图如图 9-1 所示。

（一）施工要点

（1）木窗帘盒的制作　木窗帘盒可根据设计要求加工成各种式样。在具体制作时，应认真选料、配料，先加工成半成品，再细致加工成型。加工时，一般将木料粗略进行刨光，再用线刨子顺木纹起线，线条光滑顺直、深浅一致，线形力求清秀。然后根据设计图纸进行组装，

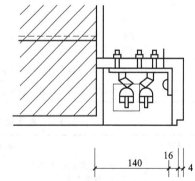

图 9-1　单轨木窗帘盒构造图

组装时应先抹胶再用钉子钉固，并及时将溢出的胶擦拭干净，不得露钉帽。

（2）定位与弹线　确定窗帘盒的安装高度及具体安装连接孔位。在同一墙面上有几个窗帘盒，应拉通线，使其高度一致。窗帘盒的安装长度一般比窗口两侧各长 150～180mm；高度上，窗帘盒的下口稍高出窗口上皮或与窗口上皮平，按标高画出固定窗帘盒的铁角位置。

（3）打孔　用冲击钻在墙上固定铁角的位置处打孔，可用膨胀螺栓或木楔螺钉或射钉等

方式来固定。固定窗帘盒。将窗帘盒中线对准窗口中线，使其两端高度一致，靠墙部位要与墙贴严，不得有缝隙，用木螺钉将铁角件与窗帘盒的木结构固定。

暗装窗帘盒的安装，主要与吊顶部分结合在一起，常见的有内藏式和外接式。

① 内藏式窗帘盒　主要在吊顶处的窗顶部位，做出一条凹槽，在槽内装好窗帘轨。作为埋入吊顶内的窗帘盒与吊顶施工时一起做好。

② 外接式窗帘盒　在吊顶平面上，做出一条贯通墙面长度的遮挡板，在遮挡板内吊顶平面上装好窗帘轨。遮挡板可用射钉或膨胀螺栓或木楔螺钉固定。

窗帘轨的安装，窗帘轨道有单轨、双轨和三轨之分。当窗宽大于 1200mm 时，窗帘轨应断开，断开处煨弯错开，煨弯曲线应平缓，搭接长度不小于 200mm。单体窗帘盒一般先安装轨道，暗窗帘盒在安装轨道时，轨道应保持在一条直线上。轨道形式有工字形、槽形和圆杆形等，具体可按产品说明书进行组装调试。

（二）应注意的问题

窗帘盒安装不平、不正，主要是因为找位、划尺寸线不认真，预埋件安装不准确，调整、处理不及时。窗帘盒两端伸出的长度不一致，主要是因为窗中心与窗帘盒中心相对不准、操作不认真所致。窗帘轨道脱落，主要是因为盖板太薄或螺钉松动造成，一般盖板厚度不宜小于 15mm。窗帘盒迎面板扭曲。加工时木材干燥不好，入场后存放受潮，安装时应及时刷油漆一遍。

（三）质量验收

木窗帘盒制作与安装工程项目室内每个检验批应至少抽查 3 间（处），不足 3 间（处）应全数检查，其主控项目及检验方法、一般项目及检验方法见表 9-4、表 9-5，允许偏差及检验方法见表 9-6。

表 9-4　木质窗帘盒制作与安装工程主控项目及检验方法

项次	项目内容	检验方法
1	木窗帘盒制作所使用材料的材质和规格、木材的燃烧性能等级和含水率、花岗石的放射性及人造木板的甲醛含量应符合设计要求及国家现行标准的有关规定	观察；检查产品合格证书、进场验收记录、性能检测报告和复检报告
2	木窗帘盒的造型、尺寸和固定方法应符合设计要求，安装应牢固	尺量检查；手板检查
3	木窗帘盒配件的品种、规格应符合设计要求，安装应牢固	手板检查；进场验收记录

表 9-5　木质窗帘盒制作与安装工程一般项目及检验方法

项次	项目内容	检验方法
1	木窗帘盒表面应平整、洁净、线条顺直、接缝严密、色泽一致，不得有裂缝、翘曲及损坏	观察
2	木窗帘盒与墙面、窗框的衔接应严密，密封胶缝应顺直、光滑	观察

表 9-6　木窗帘盒安装的允许偏差和检验方法

项次	项目	允许偏差/mm	检验方法
1	水平度	2	用 1m 水平检测尺和塞尺检查
2	上口、下口直线度	3	拉 5m 线，不足 5m 拉通线
3	两端距离窗洞口长度差	2	用钢直尺检查
4	两端出墙厚度差	3	用钢直尺检查

三、橱柜的制作与安装

大幅面橱柜可以在一面墙上安放，也可以用它装饰四面墙壁。橱柜的高度可直至天花板，充分利用空间。橱柜还可以用作房间的间壁墙，可以把两个房间截然分开或者安设透明橱柜，使两个房间半连通。厨房和餐厅、餐厅和客厅之间采用此类较多。柜体结构可采用多种方式，部件、门板可现场加工，也可购买成品。

下面以填充式橱柜为例，介绍制作安装的工艺过程。

（1）材料准备　选用优质、不变形、不开裂的木材，选购无有害物质的人造板、胶黏剂。

（2）制作　要请有施工经验的细木工并有齐全的操作工具。根据厅室用橱的位置量好实际尺寸，明确橱的用途和分隔要求。绘出制作、拼装的图纸，注明每边材料的规格尺寸，组合方法有用榫接合、胶黏剂粘贴、木螺钉接合等。橱柜的拼装配料图如图9-2所示。

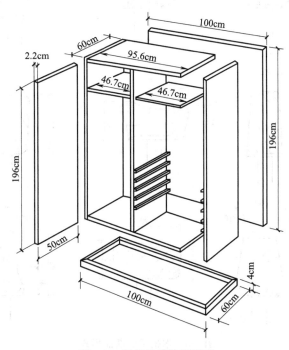

图 9-2　橱柜的拼装配料图

（3）施工操作的步骤

经制作拼装的成品质量标准：橱柜的抽屉和柜门应开关灵活、回位正确，表面应平整、洁净、色泽一致，不得有裂缝、翘曲及损坏。外形尺寸偏差不大于3mm，立面垂直度偏差不大于2mm。

橱柜的安装：弹线→框架制作→粘贴胶合板→装配底板、顶板和旁板→安装隔板、搁板→框架就位固定，安装背板、门、抽屉、五金件等。

框架就位固定是将框架各部件分别锚固于地面、顶棚和墙面。要固定的同时用线锤吊垂直，用直角尺测直角，并测对角线，务必要方正。锚固点可用水泥钢钉钉入，或用冲击钻钻孔后打入木楔，再用钉钉入。如果是安装拉门导轨，则需将备好的拉门导轨用钉钉在上下横挡相应的位置上。如果安装开门，则需将开门立入框内检验是否符合，然后再安装。同时将柜内其他功能性部件逐一装入相应位置。将柜体全部安装完毕后，注意修整仍很重要。在柜边与墙、棚交接处往往存在一些缝隙，这需采用相当的薄木片和胶、滑石粉调和的填料制成腻子填实、刮平。在立柱、横挡表面还可作单板覆面处理，增加美观。

（4）橱柜制作安装质量通病　框板内木挡间距错误；罩面板、胶合板崩裂；门扇翘曲；橱柜发霉腐烂；抽屉开启不灵。

四、栏杆和扶手的制作、安装及质量验收

栏杆和扶手是为了保证上下楼梯以及开敞空间平台处的安全而设置的，栏杆和扶手组合后需要有一定的强度。楼梯栏杆和扶手有三种类型——空花楼梯栏杆扶手、靠墙木扶手、有挡板楼梯高扶手。木扶手的断面如图9-3所示，楼梯转折处的扶手接头如图9-4所示。

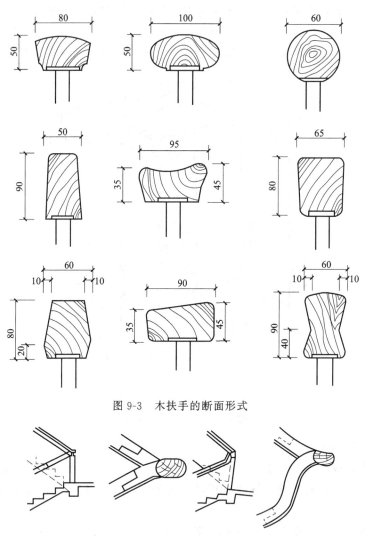

图9-3　木扶手的断面形式

图9-4　楼梯转折处的扶手接头

1. 施工准备、作业条件

施工前，墙面、楼梯抹灰完毕。金属栏杆和靠墙扶手固定支撑件安装完毕。

2. 材料准备及要求

不锈钢栏杆壁厚的规格、尺寸和形状应符合设计要求，一般壁厚不小于1.5mm，以钢木扶手可选用纹理顺直、颜色一致、少节的硬木材料，含水率不得大于12%，其花样、树

种、规格、尺寸等必须符合设计要求。一般木扶手用料的树种有水曲柳、柚木、樟木等。木扶手在制作前，先将扶手底面刨平刨直，划出中线，刨出底部凹槽，依端头的断面线刨削成型，制作弯头前应做实样板，一般采用扶手材料。

管为立杆时，壁厚不小于2mm。玻璃拦板的厚度应符合设计要求，并采用不小于12mm的钢化玻璃或夹胶玻璃。胶黏剂一般采用乳胶（聚醋酸乙烯），胶黏剂中有害物质限量应符合国家规范要求。

3. 木扶手制作与安装

（1）工艺流程　找位与划线→弯头配制→连接预装→固定→整修。

（2）施工要点

a. 找位与划线　按木扶手的位置、标高、坡度找位校正后，弹出其纵向中心线。按设计的扶手构造，根据折弯位置、角度，划出折弯或割角线。在楼梯拦板和栏杆顶面板，划出扶手直线段与弯头、折弯段的起点和终点位置。

b. 弯头配制　按拦板或栏杆顶面的斜度，配好起步弯头，可用扶手料割配弯头。采用割角对缝粘接，在断块割配区段内最少要考虑三个螺钉与支撑固定件连接固定。大于70mm断面的扶手在接头配制时，除粘接外，还应在下面做暗榫或用铁件铆固。整体弯头制作时，先做好样板，并与现场划线核对后，在弯头料上按样板划线，制成雏型毛料。按划线位置预装，与纵向直线扶手端头粘接，制作的弯头下面刻槽，与栏杆扁钢或固定件紧贴结合。连接预装。预制木扶手由下往上进行装配，先预装起步弯头及连接第一跑扶手的折弯弯头，再配上下折弯之间的直线扶手料，进行分段装配粘接，施工环境温度不低于5℃。

c. 固定　分段预装检查无误后，用木螺钉固定木扶手和栏杆（拦板），固定间距300mm。操作时应在固定点处，先将扶手料钻孔，再将木螺钉拧入，不得用锤子直接打入，螺母应达到平整。

d. 整修　扶手折弯处如有不平顺，应用细木锉锉平，找顺磨光，使其折角线清晰，坡角合适，弯曲自然，断面一致，最后用木砂纸打光。

靠墙楼梯木扶手的安装应按图纸要求的标高弹出坡度线，在墙内埋设防腐木砖或固定法兰盘，然后将木扶手的支撑件与木砖或法兰盘固定。

4. 不锈钢栏杆、扶手的制作与安装

（1）栏杆安装对基层的处理要求　预埋件设计标高、位置、数量必须符合设计及安装要求，并做防腐、防锈处理。预埋件不符要求时，应及时采取有效措施，增补埋件。

安装楼梯栏杆立杆的部位，基层混凝土不得有酥松现象，并且安装标高应符合设计要求，凹凸不平处必须剔除或修补平整，过凹处及基层蜂窝、麻面严重处，不得用水泥砂浆修补，应用高强混凝土进行修补，并待有一定强度后，方可进行栏杆安装。

（2）不锈钢栏杆扶手安装施工要点　栏杆立杆安装应按要求从施工墨线和起步处按由下向上的顺序进行。楼梯起步处平台两端立杆应先安装，安装分焊接和螺栓固定两种方法。焊接施工时，其焊条应与母材材质相同，安装时将立杆与预埋件点焊临时固定，经标高、垂直校正后，再施焊牢固。采用螺栓连接时，立杆底部金属板上的孔眼应加工成腰圆形孔，以备膨胀螺栓位置不符，安装时可做微小调整。施工时，在安装立杆基层部位，用电钻钻孔打入膨胀螺栓后，连接立杆并稍做固定。安装标高有误差时用金属薄垫片调整，经垂直、标高校正后紧固螺母。两端立杆安装完毕后，上下拉通线用同样方法安装其余立杆。立杆安装必须牢固，不得松动。立杆焊接以及螺栓连接部位，除不锈钢外，在安装完后，均应进行防腐防锈处理，并且不得外露。

镶配有机玻璃、玻璃等拦板，其拦板应在立杆完成后安装。安装必须牢固，且垂直度、水平度及斜度应符合设计要求。安装时，将拦板镶嵌于两侧立杆的槽内，槽与拦板两侧缝隙应用硬质橡胶条块嵌填牢固。待扶手安装完毕后，用密封胶嵌实。扶手焊接安装时，拦板应用防火石棉布等遮盖防护，以免焊接火花飞溅，损坏拦板。扶手安装，一般采用焊接安装（特殊尺寸除外）。使用焊条的材质应与母材相同。扶手安装顺序应从起步弯头开始，后接直扶手。扶手接口按要求角度套割正确，并用金属锉刀锉平，以免套割不准确，造成扶手弯曲和安装困难。安装时，先将起点弯头与栏杆立杆点焊固定，待检查无误后施焊牢固。弯头安装完毕后，直扶手两端与两端立杆临时点焊固定，同时将直扶手的一端头对接并点焊固定，扶手接口处应留 2～3mm 焊接缝隙，然后拉通线将扶手与每根立杆做点焊固定。待检查符合要求后，按焊接要求，将接口和扶手与立杆逐一施焊牢固。

较长的金属扶手（特别是室外扶手）安装后，其接头应考虑安装能伸缩以适应温度变化的可动式接头。可动式接头的伸缩量，如设计无要求时，一般为 20mm。室外扶手还应在可伸缩处设置漏水孔。扶手根部与混凝土、砖墙面的连接，一般也应采用可伸缩的固定方法，以免因伸缩使扶手弯曲变形。扶手与墙面连接根部应安装装饰罩遮盖。

5. 栏杆和扶手制作与安装工程的质量验收

栏杆和扶手制作与安装工程项目的质量验收，每个检验批的栏杆和扶手应全部检查，其主控项目及检验方法、一般项目及检验方法见表 9-7、表 9-8，允许偏差及检验方法见表 9-9。

表 9-7　栏杆和扶手制作与安装工程主控项目及检验方法

项次	项目内容	检验方法
1	栏杆和扶手制作所使用材料的材质、规格、数量和木材的燃烧性能等级应符合设计要求	观察；检查产品合格证书、进场验收记录、性能检测报告和复检报告
2	栏杆和扶手的造型、规格及安装位置应符合设计要求	观察；尺量检查；进场验收记录
3	栏杆和扶手安装预埋件的数量、规格、位置以及护栏与预埋件的连接点应符合设计要求	检查隐蔽工程进场验收记录和施工纪录
4	栏杆高度、栏杆间距、安装位置必须符合设计要求。栏杆安装必须牢固	观察；尺量检查；手板检查
5	栏杆玻璃应使用公称厚度不小于 12mm 的钢化玻璃或钢化夹层玻璃。当护栏一侧距楼地面高度为 5m 及以上时，应使用钢化夹层玻璃	观察；尺量检查；检查产品合格证书、进场验收记录

表 9-8　栏杆和扶手制作与安装工程一般项目及检验方法

项次	项目内容	检验方法
1	栏杆和扶手转角弧度应符合设计要求，接缝严密、表面光滑，色泽一致，不得有裂缝、翘曲及损坏	观察；手摸检查

表 9-9　栏杆和扶手安装的允许偏差及检验方法

项次	项目	允许偏差/mm	检验方法
1	栏杆垂直度	3	用 1m 垂直检测尺检查
2	栏杆间距	3	用钢直尺检查
3	扶手直线度	4	拉通线，用钢直尺检查
4	扶手高度	3	用钢直尺检查

五、玻璃拦板的安装

玻璃拦板又称玻璃拦河，是以玻璃为拦板，以扶手立柱为骨架，固定于楼地面基座上，用于建筑回廊（跑马廊）或楼梯拦板。玻璃拦板上安装的玻璃，其规格、品种由设计而定，而且强度、刚度、安全性均应计算，以满足不同场所使用的要求。

1. 回廊拦板的安装

回廊拦板由三部分组成，包括扶手、钢化玻璃拦板、拦板底座。安装方法如下。

① 扶手安装　常用的扶手有不锈钢圆管、黄铜圆管和高级木材等。扶手固定必须与建筑结构连接牢固，不得有变形，同时扶手又是玻璃上端的固定件。扶手两端一般用膨胀螺栓或预埋件与墙、柱或金属附加柱体连接在一起。扶手应是通长的，如要接长，可以拼接，但应不显现接槎痕迹。金属扶手的接长均应采用焊接。扶手尺寸、位置和表面装饰依据设计确定。

② 扶手与玻璃的固定　木质扶手、不锈钢和黄铜管扶手与玻璃板的连接，一般做法是在扶手内加设型钢，如槽钢、角钢或 H 型钢等。有的金属圆管扶手在加工成形时，即将嵌装玻璃的凹槽一次制成，可减少现场焊接工作量。

③ 玻璃拦板单块间的拼接　玻璃拦板单块与单块之间，不得挤紧拼紧，应留出 8mm 间隙。玻璃与其他材料的相交部位，也不能贴靠过紧，宜留出 8mm 间隙。间隙内注入密封胶。

④ 拦板底座的做法　玻璃拦板底座的构造处理主要是指解决玻璃拦板的固定和踢脚部位的饰面处理。固定玻璃拦板的做法较多，一般是采用角钢焊成的连接铁件进行固定，两角钢之间留出 3～5mm 的间隙。

玻璃拦板的下端不能直接坐落在金属固定件或混凝土楼地面上，应采用橡胶块作为垫块。玻璃板两侧的间隙，可填塞橡胶定位条将玻璃板夹紧，然后在缝隙上口注入密封胶。

2. 楼梯玻璃拦板的安装

对于室内楼梯拦板，其形式可以是全玻璃，称为全玻式，如图 9-5 所示；也可以是部分玻璃，称为半玻式，如图 9-6 所示。

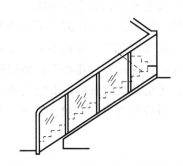

图 9-5　全玻式钢化玻璃楼梯拦板

图 9-6　半玻式钢化玻璃楼梯拦板

室内楼梯玻璃拦板的构造做法较为灵活，下面介绍其安装方法。

(1) 全玻式楼梯拦板上部的固定　全玻式楼梯拦板的上部与不锈钢或黄铜管扶手的连接，一般有三种方式：第一种是在金属管的下部开槽，厚玻璃拦板插入槽内，以玻璃胶封口；第二种是在扶手金属管的下部安装卡槽，厚玻璃拦板嵌装在卡槽内；第三种是用玻璃胶将厚玻璃拦板直接与金属粘接。

(2) 半玻式玻璃拦板的固定　半玻式玻璃拦板的固定方式多用金属卡槽将玻璃拦板固定

于立柱之间，或是在拦板立柱上开出槽位，将玻璃拦板嵌装在立柱上并用玻璃胶固定。

（3）全玻式楼梯拦板下部的固定　全玻式楼梯拦板下部与楼梯结构的连接多采用较简易的做法。图 9-7 为用角钢将玻璃板夹紧定位，然后打玻璃胶固定玻璃并封闭缝隙。图 9-8 为采用天然石材饰面板作为楼梯面装饰，在安装玻璃拦板的位置留槽，留槽宽度大于玻璃厚度5～8mm，将玻璃拦板安放于槽内之后，再加注玻璃胶封。玻璃拦板下部可加垫橡胶垫块。

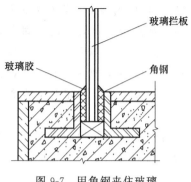

图 9-7　用角钢夹住玻璃

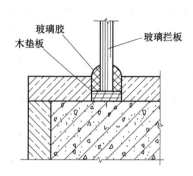

图 9-8　饰面板留槽固定玻璃

（4）施工注意事项　在墙、柱等结构施工时，应注意拦板扶手的预埋件埋设并保证其位置准确。玻璃拦板底座在土建施工时，其固定件的埋设应符合设计要求。需加立柱时，应确定其准确位置。多层走廊部位的玻璃拦板，为保证人们停靠时的安全感，较合适的高度为1.1m 左右。拦板扶手安装后，要注意成品保护，以防止由于工种之间的干扰而造成扶手的损坏。对于较长的拦板扶手，在玻璃安装前应注意其侧向弯曲，应在适当部位加设临时支柱，以相应缩短其长度而减少变形。拦板底座部位固定玻璃拦板的铁件高度不宜小于100mm，固定件的中距不宜大于 450mm。不锈钢及黄铜管扶手，其表面如有油污或杂物等影响光泽时，应在交工前进行擦拭，必要时要进行抛光。

六、花饰安装工程施工

花饰工程是传统上对于建筑工程的细部处理和装饰美化做法的综合性称谓。各种风格流派的建筑，在很大程度上是依靠花饰工程来体现和完善其艺术主张及个性追求的。

传统的花饰工程主要包括两类内容。一是表层花饰，即指各种块体或线型的图案及浮雕饰件。将其安装镶贴于建筑物内外表面，起到丰富立面或顶面造型、表现不同的装饰理念的作用，有的还兼具吸声和隔热等功能。另一类则是指各种被统称为"花格"的装饰构件，或是利用半成品饰件于现场组装的装饰处理花格状成品。无论是在建筑物内部空间或是室外庭院，它对于分隔或是联系建筑空间、美化建筑环境，包括满足遮阳、采光、通风等都起着不可替代的作用。

（1）建筑花饰的安装

在花饰安装前，必须事先做好以下施工准备工作。

安装花饰的基体或基层表面应清理洁净、平整，如遇有平整度误差过大的基体，可用手持电动机具打磨或用砂纸磨平。按照设计要求的位置和尺寸，结合花饰图案，在墙、柱或顶棚上进行实测并弹出中心线、分格线或相关的安装尺寸控制线。

凡是采用木螺钉和螺栓进行固定的花饰，如体量较大的水泥砂浆、水刷石、剁斧石、木质浮雕、玻璃钢、石膏及金属花饰等，应配合土建施工，事先在基体内预埋木砖、铁件或是预留孔洞。如果是预留孔洞，其孔径一般应比螺栓等紧固件的直径大出 12～16mm，以便安装时进行填充作业，孔洞形状宜呈底部大口部小的锥形孔。

弹线后，必须复核预埋件及预留孔洞的数量、位置和间距尺寸，检查预埋件是否埋设牢固，预埋件与基层表面是否突出或内陷过多等。同时要清除预埋铁件的锈迹，不论木砖或铁件，均应经防腐、防锈处理。在抹灰面上安装花饰时，应待抹灰层硬化固结后进行。安装镶贴花饰前，要润湿基层。在基层处理妥当后并经实测定位，一般即可正式安装花饰。如花饰造型复杂，其分块安装或图案拼镶要求较高并具有一定难度时，必须进行预安装。预安装的效果经有关方面检查合格后，将饰件编号并顺序堆放。对于较复杂的花饰图案在较重要的部位安装时，宜绘制大样图，施工时将单体饰件对号排布，要保证准确无误。

（2）花饰的基本安装方法

① 螺钉固定法　在基层薄刮水泥砂浆一道，厚度 2～3mm。水泥砂浆花饰或水刷石等类花饰的背面，用水稍加润湿，然后涂抹水泥砂浆或聚合物水泥砂浆即可镶贴。在镶贴时，注意把花饰上的预留孔洞对准预埋的木砖，然后拧上铜质、不锈钢或镀锌螺钉，要松紧适度。安装后用 1:1 水泥砂浆将螺钉孔及花饰与基层之间的缝隙嵌填密实，表面再用与花饰相同颜色的彩色（或单色）水泥浆或水泥砂浆修补至不留痕迹。修整时，应清除接缝周边的余浆，最后打磨光滑、洁净。

石膏花饰的安装方法与上述相同，但其与基层的粘接宜采用石膏灰、黏结石膏材料或白水泥浆。堵塞螺钉孔及嵌补缝隙等修饰处理也可采用石膏灰、嵌缝石膏腻子。用木螺钉固定时不应拧得过紧，以防止损伤石膏花饰。

对于钢丝网结构的吊顶或墙、柱体，其花饰的安装，除按上述做法外，对于较重的花饰应预设铜丝，安装时将预设的铜丝与骨架主龙骨绑扎牢固。

② 螺栓固定法　通过花饰上的预留孔，把花饰穿在建筑基体的预埋螺栓上。如不设预埋，也可采用膨胀螺栓。采用螺栓固定花饰的做法中，一般要求花饰与基层之间应保持一定间隙，而不是将花饰背面紧贴基层，通常要留有 30～50mm 的缝隙，以便灌浆。这种间隙灌浆的控制方法如下：在花饰与基层之间放置相应厚度的垫块，然后拧紧螺母。设置垫块时应考虑支撑、灌浆方便，避免产生空鼓。花饰安装时，应认真检查花饰图案的完整和平直、端正，合格后，如果花饰的面积较大或安装高度较高时，还需采取临时支撑稳固措施。

花饰临时固定后，用石膏将底线和两侧的缝隙堵住，即用 1.2～2.5 水泥砂浆分层灌浆。每次灌浆高度约为 10cm，待其初凝后再继续灌注。在建筑立面上按照图案组合的单元，自下而上依次安装、固定和灌浆。待水泥砂浆具有足够强度后，即可拆除临时支撑和模板。此时，还需将灌浆前堵缝的石膏清理掉，而后沿花饰图案周边用 1:1 水泥砂浆将缝隙填塞饱满和平整，外表面采用与花饰相同颜色的砂浆嵌补，并保证不留痕迹。

③ 胶黏剂粘贴法　较小型、轻型细部花饰，多采用粘贴法安装，有时根据施工部位或使用要求，在用胶黏剂镶贴的同时再辅以其他固定方法，以保证安装质量及使用安全，这是花饰工程应用最普遍的安装施工方法。粘贴花饰用的胶黏剂，应按花饰的材质品种选用。对于现场自选配制的黏结材料，其配合比应由试验确定。

目前成品胶黏剂种类繁多，如前述环氧树脂类胶黏剂，可适用混凝土、玻璃、砖石、陶瓷、木材、金属等花饰及其基层的粘贴；白乳胶可用于塑料、木质花饰与水泥类基层的粘接；氯丁橡胶类的胶黏剂也可用于多种材质花饰的粘贴。选择时应明确所用胶黏剂的性能特点，按使用说明进行选用。花饰粘贴时，有的需采取临时支撑稳定措施，尤其是对于初黏强度不高的胶黏剂，应防止其位移或坠落。

课题三 实训——细部工程实践案例

一、任务

完成细木工板、硬木饰面胶合板、橱柜等外观特征、价格的市场调查。

二、目的

熟悉常用细木工板、硬木饰面胶合板、橱柜的纹理、色泽、尺寸特征；熟悉不同价位的饰面板、橱柜的性能比较；掌握辨别细木工板、饰面板、橱柜质量优劣的方法。

三、组织形式

以小组为单位，每组 3～4 人，指定小组长，对小组进行编号。

四、分项能力标准及要求

能根据硬木饰面胶合板的油漆外观判断面层木材的种类及价位。能根据细木工板外观判断细木工板的种类及价位。能根据橱柜外观判断橱柜的面板种类及价位。完成细木工板、硬木饰面胶合板、橱柜外观、价格一览表，内容包括名称、主要特征描述及单价，数量不限。学生可根据市场调查情况，收集的信息越多越好。

小 结

通过室内门窗套、木制窗帘盒、护栏和扶手、橱柜和吊柜等细部工程的介绍，使学生能够对其制作与安装过程有一个全面的认识。

通过对制作与安装过程的学习，使学生学会正确选择材料和组织施工的方法，培养学生解决施工现场常见工程质量问题的能力。

在掌握制作与安装工艺的基础上，使学生领会工程质量验收标准。

能力训练题

一、填空题

1. 细部工程指室内的门窗套、木制窗帘盒和_____、_____、_____和吊柜、室内线饰、花饰等。

2. 木门窗套能够保护门窗洞口不被破坏，能将门窗框与墙面之间的_____，具有重要的_____作用。

3. 木窗帘盒有_____和_____两种，明窗帘盒整个都暴露于_____，一般是先加工成半成品，再在施工现场进行安装。暗窗帘盒的仰视部分露明，适用于有_____的房间。

4. 窗帘轨道有_____、_____和_____之分。

5. 窗帘盒安装_____、_____。主要是因为找位、划尺寸线不认真，预埋件安装_____、_____、处理不及时。

6. 大幅面壁柜可以在一面墙上安放，也可以用它装饰_____。壁柜的高度可_____，充分利用空间。

7. 对于室内楼梯拦板，其形式可以是全玻璃，称为_____，也可以是部分玻璃，称为_____。

8. 花饰工程是传统上对于建筑工程的_____和_____的综合性称谓。

9. 各种风格流派的建筑，在很大程度上是依靠花饰工程来_____和完善其艺术主张及_____的。

10. 安装花饰的基体或基层表面应_____、_____，如遇有平整度误差过大的基体，可用手持电动机具打磨或用_____。

二、选择题

1. 木门窗套的骨架安装，应在安装好门窗框、窗台板以后进行，钉装面板应在室内抹灰及（　　）做完后进行。

  A. 地面   B. 墙面   C. 裱糊   D. 涂料

2. 木门窗套制品的材质种类、规格、形状应符合设计要求，制作所使用的木材应采用干燥的木材，其含水率不应大于（　　）。腐蚀、虫蛀的木材不能使用。

  A. 10%   B. 15%   C. 12%   D. 13%

3. 木门窗套制作与安装工程项目室内每个检验批应至少抽查（　　）（处），不足3间（处）应全数检查。

  A. 2间   B. 3间   C. 4间   D. 5间

4. 按构造，木窗帘盒有（　　）、（　　）和（　　），前两种应用得较多。

  A. 单轨木窗帘盒 B. 电动窗帘盒 C. 单开木窗帘盒 D. 双开木窗帘盒

5. 窗帘盒的安装长度一般比窗口两侧各长（　　）；高度上，窗帘盒的下口稍高出窗口上皮或与窗口上皮平，按标高画出固定窗帘盒的铁角位置。

  A. 100～130mm B. 120～180mm C. 150～180mm D. 150～200mm

6. 花饰临时固定后，用石膏将底线和两侧的缝隙堵住，即用1.2～2.5水泥砂浆分层灌浆。每次灌浆高度约为（　　），待其初凝后再继续灌注。

  A. 5cm   B. 10cm   C. 15cm   D. 20cm

7. 不锈钢栏杆壁厚的规格、尺寸和形状应符合设计要求，一般壁厚不小于（　　）。

  A. 1mm   B. 1.2mm   C. 1.5mm   D. 1.8mm

8. 门窗套成品，运至现场后经检查验收，可直接将其紧密钉固在门窗框上，钉帽应砸扁冲入，钉的间距根据门窗套的树种、材质和断面尺寸而定，一般为（　　）。

  A. 200mm   B. 300mm   C. 400mm   D. 500mm

9. 目前成品胶黏剂种类繁多，如前述（　　），可适用混凝土、玻璃、砖石、陶瓷、木材、金属等花饰及其基层的粘贴。

  A. 环氧树脂类胶黏剂   B. 白乳胶

  C. 108胶   D. 801胶

10. 玻璃栏板单块与单块之间，不得挤紧拼紧，应留出（　　）间隙。玻璃与其他材料的相交部位，也不能贴靠过紧，宜留出（　　）间隙。

  A. 4mm   B. 6mm   C. 8mm   D. 10mm

三、简答题

1. 简述木门窗套的制作工艺流程。

2. 简述内藏式窗帘盒的制作。

3. 简述栏杆安装对基层的处理要求。

4. 简述全玻式楼梯栏板上部的固定。

5. 传统的花饰工程主要包括哪几类？

四、问答题

1. 木窗帘盒制作与安装施工要点是什么？

2. 壁柜制作与安装的质量通病有哪些？

3. 木扶手制作方法与安装工艺是什么？

4. 概述室内楼梯玻璃栏板的安装方法。

5. 概述建筑花饰的安装方法。

参 考 文 献

[1] 苏炜. 建筑构造. 北京：化学工业出版社，2010.

[2] 林晓东. 建筑装饰构造. 天津：天津科学技术出版社，2006.

[3] 纪士斌，李建华. 建筑装饰装修工程施工. 北京：中国建筑工业出版社，2003.

[4] 张若美. 建筑装饰施工技术. 武汉：武汉理工大学出版社，2004.